液压传动与控制

蔺国民　编著

内容简介

本书以理论知识为支撑，以工程实践为依托，力求满足机械类专业研究生、本科生的培养目标需求。本书阐述了液压传动与控制的基本理论，在全面介绍液压元件的基础上，对液压基本回路与典型液压传动系统进行综合分析，并介绍了液压传动系统的设计方法以及液压伺服控制的相关知识。本书内容丰富而不烦琐，层次分明而无冗余，知识经典兼顾新颖，图文并茂，可读性好。本书可作为高等院校机械、机械电子、车辆、工程机械等专业研究生和本科生的教材，也可供从事相关专业的工程技术人员参考。本书为贯彻教育部“三全育人”精神，配置了相应的课程思政案例。本书由西京学院蔺国民编著，研究生严黎明、于彩云、张诚、曾林、温钰林参与了绘图、校对等工作。本书得到了西京学院研究生自编教材建设资助项目（2021YJC-01）的资助。

图书在版编目（CIP）数据

液压传动与控制 / 蔺国民主编. -- 天津 : 天津大学出版社, 2022.9

ISBN 978-7-5618-7302-1

Ⅰ. ①液… Ⅱ. ①蔺… Ⅲ. ①液压传动②液压控制 Ⅳ. ①TH137

中国版本图书馆CIP数据核字(2022)第159470号

出版发行　天津大学出版社
地　　址　天津市卫津路92号天津大学内（邮编：300072）
电　　话　发行部：022-27403647
网　　址　www.tjupress.com.cn
印　　刷　廊坊市海涛印刷有限公司
经　　销　全国各地新华书店
开　　本　787 mm×1092 mm 1/16
印　　张　14
字　　数　350千
版　　次　2022年9月第1版
印　　次　2022年9月第1次
定　　价　42.00元

目　　录

第 1 章　液压传动概述

在液体传动中，根据其能量的传递形式，可分为液力传动和液压传动。液力传动主要是利用液体的动能进行能量转换的传动方式，使用这种传递形式的设备有液力耦合器、液力变矩器等。液压传动是利用液体的压力能进行能量转换的传动方式。在机械系统中采用液压传动技术，可以简化机械结构，减轻机构质量，减少材料消耗，降低制造成本，提升机构的可靠性，减轻劳动强度和提高工作效率。相对于机械传动来说，液压传动是一门新技术。1650 年，法国的布莱仕·帕斯卡（Blaise Pascal）提出了静压传递原理。1795 年，英国的约瑟夫·布拉曼（Joseph Braman）以水作为工作介质，以水压机的形式将液体传动应用于工业，制造出世界上第一台水压机。至 1850 年，英国研究者将帕斯卡原理先后应用于液压起重机、压力机。20 世纪中叶以后，液压传动技术在工业上才得以真正的推广使用。近几十年来，微电子和计算机技术迅速发展并逐步渗透到液压传动技术中，使液压传动技术的应用领域扩展到各个工业部门，其已成为实现生产过程自动化、提高劳动生产率等必不可少的重要手段。

案例 名人介绍：布莱仕·帕斯卡

用手机扫一扫，了解更多信息

1.1　液压传动的研究内容

液压传动利用各种液压控制元件及辅助元件，组成能够实现特定功能的基本回路，再将若干基本回路有机地组合成具有一定控制功能的传动系统，从而实现能量的传递、转换与控制。因此，与液压传动及其控制技术相关的研究涉及下列内容。

1）工作介质的物理性能及静力学、动力学特性。

2）各类液压元件的分类、结构、功能、工作原理、性能、图形符号、选型及应用。

3）各种液压回路的性能、特点和应用。

4）液压传动系统及液压元件的故障及排除方法。

5）液压传动控制系统的设计方法。

6）与液压传动相关的最新技术及发展趋势。

1.2　液压传动的工作原理

1.2.1　液压传动工作原理的定性描述

图 1-1 为磨床工作台液压传动系统的工作原理图，其中显示了换向阀分别处于 3 个工作位置时，阀体上各通油口（P、T、A、B）之间的连通关系。

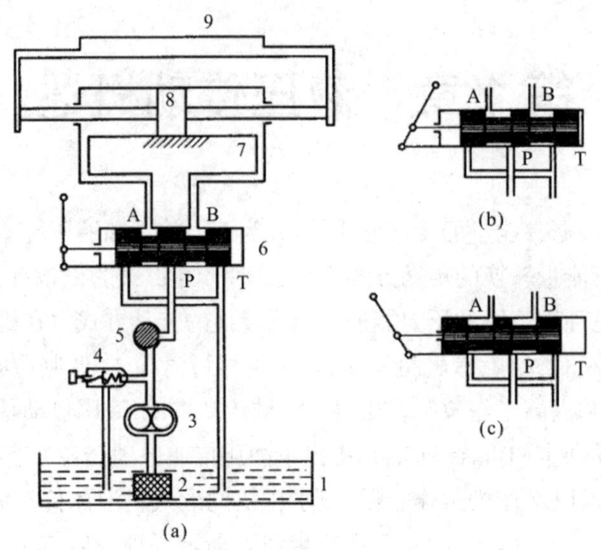

图 1-1 磨床工作台液压传动系统工作原理

(a)换向阀处于中位 (b)换向阀处于右位 (c)换向阀处于左位

1—油箱;2—过滤器;3—液压泵;4—溢流阀;5—节流阀;6—换向阀;7—液压缸;8—活塞;9—工作台

(1)油液在系统中的流动路径

液压泵 3 在电动机(图中未画出)的带动下旋转,油箱 1 中的油液经过滤器 2 被吸入液压泵 3,液压泵输出的压力油液通过节流阀 5、换向阀 6 进入液压缸 7 的左腔(或右腔),液压缸右腔(或左腔)中的油液则通过换向阀流回油箱,工作台 9 随着液压缸中的活塞 8 实现向右(或左)移动。当换向阀处于中位时,液压传动系统中的油液停止流动,工作台停止运动。

(2)液压传动的基本原理 1

工作台往复运动时,其速度是通过节流阀 5 控制的。当节流阀的开度增大时,进入液压缸的油量增多,工作台的移动速度增大;当节流阀的开度减小时,进入液压缸的油量减小,工作台的移动速度减小。这种现象说明了液压传动的基本原理 1:速度取决于流量。

(3)液压传动的基本原理 2

克服负载所需的工作压力则由溢流阀 4 控制。为了克服工作台移动时所受到的外部阻力,必然需要液压缸中的活塞产生一个足够大的推力,这个推力是由液压缸中的油液压力[①]产生的。要克服的外部阻力越大,所需的油液压力就越高;反之就越低。这种现象说明了液压传动的基本原理 2:压力取决于负载。

1.2.2 液压传动工作原理的定量描述

下面以液压千斤顶为例,对液压传动的工作原理进行定量描述。图 1-2 为液压千斤顶的工作原理图。向上提手柄 5 使小缸 4 内的活塞上移,小缸下腔因容积增大而产生真空度,

① 工程上,尤其是在液压与气压传动领域,常用“压力”指压强,物理意义为物体所受压力的大小与受力面积之比。本书介绍液压传动与控制的基本理论,为了贴近工程实际,本书仍采用这种表述方式,如液体压力(液体压强)、静压力(静压强)等。

油箱 1 中的油液通过吸油阀 2（单向阀）被吸入并充满小缸的下腔；再按压手柄 5 会使小缸 4 中的活塞下移，小缸下腔中被吸入的油液通过压油阀 3（单向阀）进入大缸 7 的下腔，使大缸中的油液被压缩，压力升高；当大缸中的油液压力升高到能产生克服作用在大活塞上的负载（重物）的重力 G 的力 F_2 时，重物就随着手柄 5 的下压而同时上升。为了能把举起的重物放下，系统中专门设置了截止阀 8。打开截止阀 8，大活塞就会在 G 和自身重力作用下下移，大活塞腔内的油液经截止阀 8 流回油箱。

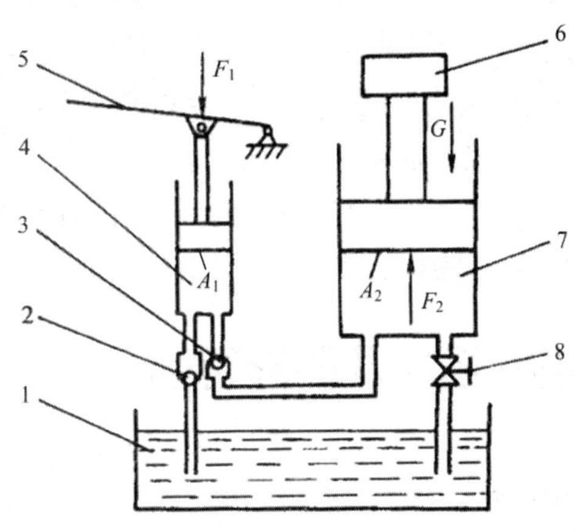

图 1-2　液压千斤顶工作原理

1—油箱；2—吸油阀；3—压油阀；4—小缸；5—手柄；6—负载（重物）；7—大缸；8—截止阀

现就图 1-2 所示的液压传动系统进行定量分析。设大、小活塞的工作面面积分别为 A_2、A_1。当系统处于平衡状态时，作用在大活塞上的力为 $G(F_2)$，作用在小活塞上的力为 F_1，根据帕斯卡静压原理，大、小活塞下腔以及连接导管构成的密闭容腔内的油液具有相等的压力 p，如果忽略活塞运动时的摩擦阻力，则有

$$p = \frac{G}{A_2} = \frac{F_2}{A_2} = \frac{F_1}{A_1} \tag{1-1}$$

或

$$F_2 = F_1 \cdot \frac{A_2}{A_1} \tag{1-2}$$

式中：F_2 为油液作用在大活塞上的作用力，其大小等于外负载产生的重力 G。

式（1-1）说明，系统的压力 p 取决于外部的负载。式（1-2）表明，当 $A_2/A_1 \gg 1$ 时，作用在小活塞上一个很小的力 F_1，便可在大活塞上产生一个很大的力 F_2 以举起负载（重物）。这就是液压千斤顶的工作原理。

另外，设大、小活塞的移动速度分别为 v_1 和 v_2，则系统在不考虑泄漏情况下稳态工作时，有

$$v_1 A_1 = v_2 A_2 = q \tag{1-3}$$

或

$$v_2 = v_1 \frac{A_1}{A_2} = \frac{q}{A_2} \tag{1-4}$$

式中:q 为流量,为单位时间内输出(或输入)的液体体积。

式(1-4)表明,在缸的结构尺寸一定时,大活塞的运动速度取决于流量。使大活塞上的负载上升所需的功率为

$$P = F_2 v_2 = pA_2 \frac{q}{A_2} = pq \tag{1-5}$$

式中:P 为功率(W);p 为压力(Pa);q 为质量流量(m^3/s)。

由此可见,液压传动系统内的压力和流量之积就是功率,称为液压功率。

由这个例子也可清楚地看出:在小缸中,手按动小活塞所产生的机械能变成了油液的压力能;在大缸中,进入大缸的油液的压力能通过大活塞转换成为克服负载所需的机械能。所以,液压传动系统的工作原理可以概括如下:在液压传动系统中,会发生两次能量转变,即先把机械能转换为液体的压力能,通过管路的传递和控制元件对液体的压力和流量进行控制和调节后,再把液体的压力能转换为机械能。

1.3 液压传动系统的组成及图形符号

1.3.1 液压传动系统的组成

由前述磨床工作台液压传动系统的工作原理可知,液压传动是以液体作为工作介质来实现能量传递的。一个完整的液压传动系统主要由以下几部分组成。

1)动力元件:将原动机(电动机、内燃机、人力等)所输出的机械能转换成液体的压力能的元件。其作用是向液压传动系统提供具有一定压力和体积的液体。动力元件包括各种液压泵,它是液压传动系统的“心脏”。

2)执行元件:将液体的压力能转换成机械能以驱动工作机构的元件。这类元件包括各类液压缸和液压马达,它是液压传动系统的“四肢”。

3)控制元件:用来控制或调节液压传动系统中液体的压力、流量和流动方向,以保证执行元件完成预期工作的元件。这类元件主要指各种液压阀,如溢流阀、节流阀、换向阀等,它是液压传动系统的“大脑”。

4)辅助元件:将动力元件、执行元件和控制元件连接在一起,组成一个完整的液压传动系统。例如,导管和接头、油箱、过滤器、蓄能器、密封件和仪表在液压传动系统中分别起连接、储油、过滤、储能、密封、测量的作用。辅助元件对保证液压传动系统正常工作具有重要作用。

1.3.2 液压传动系统的图形符号

图 1-1 是一种半结构式的液压传动系统工作原理图,它有直观性强、容易理解的优点,当液压传动系统发生故障时,根据这种工作原理图进行检查虽然很方便,但图形比较复杂,绘制较为烦琐。为了便于阅读、分析、设计和绘制原理图,国内外在工程实际中都普遍采用液压元件的图形符号。按照规定,这些图形符号只表示元件的功能,不表示元件的结构和参

数,并以元件的静止状态或零位状态来表示。当液压元件无法用图形符号表述时,仍允许采用半结构式原理图。为此,我国制定了《流体传动系统及元件 图形符号和回路图 第 1 部分:图形符号》(GB/T 786.1—2021)。其中,最常用的元(辅)件图形符号参见附录 A。图 1-3 为用图形符号表示的磨床工作台液压传动系统的工作原理图。

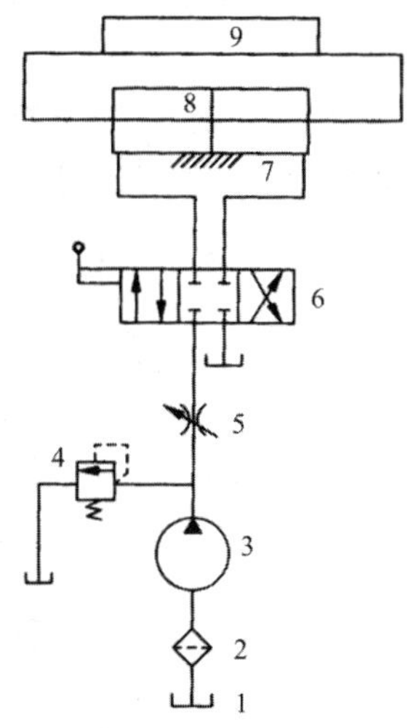

图 1-3　图形符号表示的磨床工作台液压传动系统工作原理

1—油箱;2—过滤器;3—液压泵;4—溢流阀;5—节流阀;6—换向阀;7—液压缸;8—活塞;9—工作台

1.4　液压传动的特点

1.4.1　液压传动的优点

液压传动之所以能得到广泛应用,是由于它与机械传动、电气传动相比具有以下主要优点。

1)传动机构布置灵活。由于液压传动系统是由管路连接的,所以借助管路的连接可以方便灵活地布置传动机构,这是比机械传动优越的地方。例如,在井下抽取石油的泵可采用液压传动来驱动,以克服长驱动轴笨重、效率低的缺点。由于液压缸的推力很大,又加之布置方便,在挖掘机等重型工程机械上,已基本取代了传统的机械传动装置,不仅操作方便,而且传力大、效率高。

2)无级调速范围宽阔。液压传动系统可在大范围内实现无级调速。它借助液压阀或变量泵、变量马达,可以实现无级调速,调速比可达 1∶2 000,并可在液压传动系统的工作过程中进行调速。

3)结构轻便灵巧。液压传动系统的质量轻、结构紧凑、惯性力小。例如,具有相同功率的液压马达的体积仅为电动机的 12%~13%。液压泵和液压马达的单位功率重量指标为牛 / 瓦(N/W)。例如,发电机和电动机的该指标为 0.03 N/W,而液压泵和液压马达的该指标可小至 0.002 5 N/W，约为发电机和电动机的 10%。

4）传动惯性力相对较小。由于液压传动系统中的执行元件的运动速度较低，所以其惯性力较小，便于实现精确传动。

5）传递动作均匀平稳。由于负载变化时执行元件的速度变化量小，所以液压传动系统传递动作均匀平稳。因此，对平稳性要求较高的金属切削机床（如磨床）广泛采用液压传动系统。

6）具有过载保护，安全耐用。液压传动系统中有溢流阀等过载保护元件，可确保系统安全、可靠地运行。同时，系统中的液压元件能实现自行润滑，因此使用寿命长。

7）与电气系统结合的美好前景。将液压控制和电气控制技术相结合，即使用各种电控控制阀时，液压传动系统能很容易地实现复杂的自动工作循环，而且可以实现遥控。

8）便于设计、制造和推广。液压元件已实现了标准化、系列化和通用化，便于设计、制造和推广。

1.4.2 液压传动的缺点

液压传动虽然优点突出，但也存在一些缺点，在选用时应引起注意。

1）油液泄漏污染周边环境。液压传动系统如果发生密封失效，会引起油液泄漏，致使液压元件及周边环境受到污染，并影响系统的正常工作。

2）对环境温度变化非常敏感。对于液压传动系统，环境温度的变化会导致液体的黏度发生变化，引起执行元件的运动特性改变。所以，液压传动系统不宜在温度变化很大的环境条件下工作。

3）元件加工工艺复杂。由于液压元件体积小、精度高，所以对加工工艺要求高，成本随之升高。

4）所发故障不易排查。液压传动系统因为元件结构复杂、精密，影响系统正常工作的原因繁多，因此系统发生故障后不易检查和排除。

5）元件配合精度很高。为了减少泄漏，以及为了满足某些性能上的要求，液压元件的装配精度很高，对加工和装配有很高的要求。

6）所用能源不宜通用。液压传动系统要求有单独的能源，不像电力传动系统那样可以通用电源。

总之，液压传动的优点很突出且随着设计制造和使用水平的不断提高，有些缺点正在逐步被克服。

1.5 液压传动的应用及发展

1.5.1 液压传动的应用

工业各部门使用液压传动的出发点是不尽相同的，有的是利用液压传动在传递动力上的优点，如工程机械、压力机械和航空工业采用液压传动的主要原因是它结构简单、体积小、质量轻，输出功率大；有的是利用液压传动在操纵控制上的优点，如机床上采用液压传动是取其能在工作过程中实现无级变速，易于实现频繁的换向，易于实现自动化。此外，有不同精度要求的主机也会选用不同控制形式的液压传动。液压传动在机械行业中的应用实例见表 1-1。

表 1-1　液压传动在机械行业中的应用实例

行业	应用实例
工程机械	挖掘机、装载机、推土机、压路机等
起重机械	汽车吊车、港口龙门吊等
运输机械	叉车、铲车、自卸车等
矿山机械	凿岩机、开掘机、开采机、破碎机、提升机、液压支架等
建筑机械	打桩机、液压千斤顶、平地机等
农业机械	联合收割机、拖拉机、农具悬挂系统等
冶金机械	电炉炉顶及电极升降机、轧钢机、压力机等
轻工机械	打包机、注塑机、校直机、橡胶硫化机、造纸机等
汽车工业	平板车、高空作业车、汽车制动防抱死系统、助力转向系统等
智能机械	折臂式小车装卸器、数字式体育锻炼机、模拟驾驶舱、机器人等
军事领域	飞机起落架收放系统、舰艇操纵系统等

1.5.2　液压传动的发展

液压与气压传动技术在工业中广泛应用是 20 世纪中叶以后的事情。由于要使用石油制品作为工作介质，近代液压传动的发展是受自 19 世纪崛起并蓬勃发展的石油工业推动的。最早实践成功的液压传动装置是舰艇上的炮塔转位器。在第二次世界大战期间，一些武器使用了功率大、反应快、动作准的液压传动和控制装置，大大提高了武器性能，也极大地促进了液压技术的发展。战后，液压传动技术迅速转向民用，并随着各种标准的不断制定和完善，以及各类元件的标准化、规格化、系列化，在机械制造、工程机械、农业机械、汽车制造等行业中推广开来。20 世纪 60 年代后，原子能技术、空间技术、计算机技术、微电子技术等的发展再次快速推动了液压传动技术的发展，使之在国民经济的各方面都发挥了重要应用。目前，液压传动在国民经济中的某些领域已占有压倒性的优势。

案例 名人介绍：钱学森

用手机扫一扫，了解更多信息

我国的液压工业始于 20 世纪 50 年代，最初的液压产品只用于机床和锻压设备，后来才逐步应用于拖拉机和工程机械。自 1964 年我国开始从国外引进一些液压元件的生产技术并逐步自行设计液压产品以来，我国设计和制造的液压元件已在各种机械设备上得到了广泛应用。自 20 世纪 80 年代起，我国加速了对国外先进液压产品和技术的有计划引进、消化、吸收和国产化工作，力求我国的液压工业在产品质量、经济效益、研究开发等各个方面全方位地赶上世界先进水平。当前,我国的液压技术在高压、高速、大功率、高效率、低噪声、经久耐用、高度集成化等性能指标方面都取得了重大的进展,在比例控制、伺服控制、数字控制等技术上取得了许多成就。此外,我国在液压元件和液压传动系统的计算机辅助设计、计算机仿真和优化以及微机控制等开发性工作方面,日益显示出优势。

随着微电子技术快速发展并渗透到液压传动技术中,微电子与液压传动技术的结合创造出了很多高可靠性、低成本的微型节能液压元件,为液压传动技术在工业各部门中的应用开辟出了更为广阔的空间。随着相关科学技术的发展,液压传动技术得以不断创新和提高,液压传动技术的持续发展体现在以下 4 个方面。

1)提高元件性能,创制新型元件,不断小型化和微型化。

2)高度组合化、集成化和模块化。

3)和微电子技术相结合,实现智能化。

4)研发特殊工作介质,推进工作介质多元化。

案例 诗词赏析《沁园春·雪》

用手机扫一扫,了解更多信息

思考题

1-1 何谓液压传动?液压传动的基本原理是什么?

1-2 液压传动系统若能正常工作,必须有哪几部分构成要素?各部分的作用是什么?

1-3 与其他传动方式相比,液压传动有哪些特点?

第 2 章　液压流体力学基础

液体和气体统称为流体,流体力学是研究流体平衡和运动规律的一门科学。本章主要讲述液压传动系统的工作介质的性质和选用以及流体力学的基本规律,为本书后续内容的学习奠定必要的理论基础。

2.1　液压液

液压传动系统的工作介质是液压液,其在液压传动与控制中起传递能量和传递控制信号的作用。液压传动及控制所用的工作介质为油液或其他合成液体。因此,在学习液压传动与控制之前,必须先了解液压工作介质的基本知识。需要说明的是,如无特别指出,本书中讨论的液压传动系统的工作介质默认为液压油。

2.1.1　液压传动系统的工作介质

(1)功能

液压传动系统所用的工作介质为液压油液或其他合成液体,应具备以下功能。

1)传动:把由液压动力元件所输出的压力能传递给执行元件或液压信号传感元件。

2)润滑:润滑液压动力元件、控制元件及执行元件,以减小摩擦副之间的摩擦阻力。

3)冷却:吸收并带出液压装置所产生的热量。

4)去污:去除工作中产生的磨粒和液压传动系统中的污染物。

5)防锈:防止液压传动系统中金属零件锈蚀。

(2)基本要求

为使液压传动系统长期保持正常的工作性能,其工作介质应在以下方面满足相关要求。

1)可压缩性:工作介质的可压缩性应尽可能小,响应性好。

2)黏度:工作介质应具有适当的黏度且黏温特性好,温度及压力对黏度的影响小。

3)润滑性:工作介质应能对液压元件的滑动部位充分润滑。

4)安定性:工作介质应不易因热、氧化或水解而变质,剪切稳定性好,使用寿命长。

5)抗泡沫性:工作介质中的气泡应容易逸出并消除。

6)抗乳化性:除含水液压液外,工作介质应容易实现油水分离。

7)洁净性:工作介质的质地要纯净,尽可能不含污染物,当污染物从外部侵入时能迅速分离。

8)相容性:工作介质应对金属、密封件、橡胶软管、涂料等有良好的相容性。

9)阻燃性:工作介质应具有燃点高、挥发性小的特点。

10)环保性:工作介质应无毒和无臭。

11)其他性能:工作介质的比热容和热导率要大。

(3)分类

国际标准化组织(ISO)对液压传动系统所使用的工作介质的分类标准见表 2-1。我国的国家标准《润滑剂、工业用油和相关产品(L 类)的分类 第 2 部分: H 组(液压系统)》(GB/T 7631.2—2003)与其等效。目前,90% 以上的液压设备采用石油基液压油。基油为精制的石油润滑油馏分。为了改善油液的性能,以满足液压设备的不同要求,往往在基油中加入各种添加剂。添加剂有两类:一类用于改善油液的化学性能,包括抗氧化剂、防腐剂、防锈剂等;另一类用于改善油液的物理性能,包括增黏剂、抗磨剂、防爬剂等。另外,在某些液压传动系统中,也用水作为工作介质。

表 2-1 液压传动工作介质的种类

类别	组成与特性	代号
石油基液压油	无添加剂石油基液压油	L-HH
	HH+ 抗氧化剂、防锈剂	L-HL
	HL+ 抗磨剂	L-HM
	HL+ 增黏剂	L-HR
	HM+ 增黏剂	L-HV
	HM+ 防爬剂	L-HG
	无特定难燃性的合成液	L-HS
含水液压液	高含水液压液	L-HFA
	油包水乳化液	L-HFB
	含聚合物水溶液	L-HFC
合成液压液	磷酸酯无水合成液(HFDR)	L-HFD
	氯化烃无水合成液(HFDS)	
	HFDR 和 HFDS 液混合的无水合成液	

注:HH—基础油;HL—普通液压油;HM—抗磨液压油。

2.1.2 物理性质

工作介质的基本性质有多种,其中与液压传动系统的性能密切相关的物理性质有密度、可压缩性、黏性及黏温特性。

(1)密度

单位体积液体所具有的质量称为该液体的密度,即

$$\rho=\frac{m}{V} \tag{2-1}$$

式中:ρ 为液体的密度;V 为液体的体积;m 为液体的质量。

常用液压传动工作介质的密度见表 2-2。

液体的密度随着压力或温度的变化而发生变化：压力越大，密度越大；温度越高，密度越小。但因液体的密度随压力、温度的变化量很小，所以，一般在工程计算中忽略液体密度的变化。

表 2-2　常用液压传动工作介质的密度（20 ℃）

工作介质	密度（kg/m³）	工作介质	密度（kg/m³）
抗磨液压液（L-HM32）	0.87×10^3	水-乙二醇液压液（L-HFC）	1.06×10^3
抗磨液压液（L-HM46）	0.88×10^3	通用磷酸酯液压液（L-HFDR）	1.15×10^3
油包水乳化液（L-HFB）	0.93×10^3	飞机用磷酸酯液压液（L-HFDR）	1.05×10^3
水包油乳化液（L-HFAE）	0.99×10^3	10 号航空液压油	0.85×10^3

（2）可压缩性

液体因所受压力增高而发生体积缩小的性质称为可压缩性。当压力为 p_0 时，液体的体积为 V_0，当压力增加 Δp 时，液体的体积减小 ΔV，则液体在单位压力变化下的体积相对变化量（压缩率）的表达式为

$$k=-\frac{1}{\Delta p}\frac{\Delta V}{V_0} \tag{2-2}$$

式中：k 为液体的压缩率。

由于压力增加时液体的体积减小，两者变化方向相反，为使 k 成为正值，在式（2-2）等号右侧须加一负号。

液体压缩率 k 的倒数，称为液体的体积模量，表达式为

$$K=\frac{1}{k} \tag{2-3}$$

表 2-3 中列出了各种工作介质的体积模量。由表中石油基液压油体积模量的数值可知，它的可压缩性远远高于钢（钢的弹性模量为 2.1×10^5 MPa）。

表 2-3　各种工作介质的体积模量 K（20 ℃、1×10^5 Pa）

工作介质	体积模量（MPa）	工作介质	体积模量（MPa）
石油基液压油	$(1.40\sim2.00)\times10^3$	水-乙二醇液压液	3.45×10^3
水包油乳化液	1.95×10^3	磷酸酯液压液	2.65×10^3
油包水乳化液	2.30×10^3		

在一般情况下，工作介质的可压缩性对液压传动系统的性能影响不大，但在高压下或研究系统动态性能、计算远距离操纵的液压传动机构的性能时，则必须考虑工作介质的可压缩性。

石油基液压油的体积模量与温度、压力有关。温度升高时，其 K 值减小，在液压油正常工作温度范围内，K 值会有 5%~25% 的变化；压力增大时，K 值增大，但二者的变化不呈线性关系，当 $p\geqslant3$ MPa 时，K 值基本上不再增大。

由于空气的可压缩性很大,因此当工作介质中有游离气泡时, K 值将大大减小,且起始压力的影响明显增大。但是在液体内的游离气泡不可能完全避免,因此一般建议石油基液压油的 K 值取(0.7~1.4) $\times 10^3$ MPa,且应采取措施尽量减少工作介质中的游离空气的含量。

(3)黏性

液体在外力作用下流动时,由于液体分子间存在内聚力,会产生一种阻碍液体分子之间进行相对运动的内摩擦力。液体的这种产生内摩擦力的特性称为液体的黏性。

由于液体具有黏性,当液体发生剪切变形时,液体内就产生阻滞变形的内摩擦力,由此可见,黏性表征了液体抵抗剪切变形的能力。处于相对静止状态的液体中不存在剪切变形,因而也不存在对变形的抵抗,只有当运动液体流层间发生相对运动时,液体对剪切变形的抵抗,也就是黏性才表现出来。黏性所起的作用为阻滞液体内部的相互滑动,在任何情况下它都只能延缓滑动的过程而不能消除滑动。

黏性的大小可用黏度来衡量。黏度是衡量液体黏性的主要指标,是液体的重要物理性质。当液体流动时,液体与固体壁面的附着力及液体本身的黏性使液体内各处的速度大小不等。以液体在如图 2-1 所示的平行平板间的流动情况为例,设上平板以速度 v_0 向右运动,下平板固定不动。紧贴于上平板的液体黏附在上平板,其速度与上平板运动速度 v_0 相同;紧贴于下平板的液体黏附在下平板上,其速度等于零;两平行板中间的液体的速度按线性分布。可以把这种流动看成许多无限薄的液体层在运动,当运动较快的液体层在运动较慢的液体层上滑过时,两液体层之间由于黏性就产生内摩擦力。根据实际测定的数据,液体层间的内摩擦力 F 与液体层的接触面积 A 及液体层的相对流速 $\mathrm{d}u$ 成正比,而与此两液体层间的距离 $\mathrm{d}y$ 成反比,即

$$F = \mu A \frac{\mathrm{d}u}{\mathrm{d}y} \tag{2-4}$$

以 $\tau = F/A$ 表示切应力,则有

$$\tau = \frac{F}{A} = \mu \frac{\mathrm{d}u}{\mathrm{d}y} \tag{2-5}$$

式中: F 为液体层间的内摩擦力; u 为液体质点的运动速度; y 为两平行板间的距离; μ 为衡量液体黏度的比例系数,称为绝对黏度或动力黏度; $\mathrm{d}u/\mathrm{d}y$ 表示液体层间速度差异的程度,称为速度梯度。

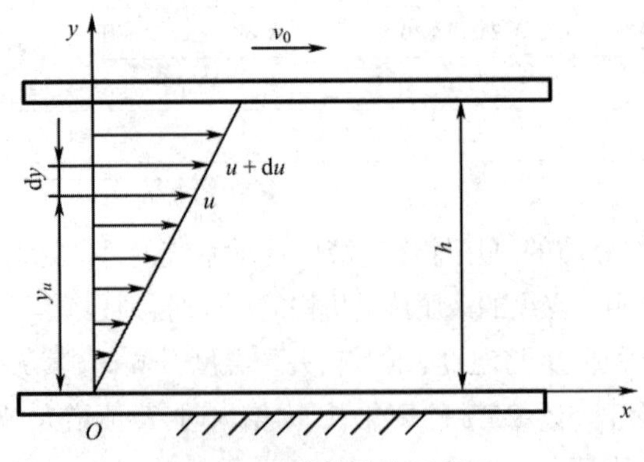

图 2-1 液体的黏度示意图

式(2-5)是液体内摩擦定律的数学表达式。当速度梯度变化时，μ 为常数的液体称为牛顿液体；否则称为非牛顿液体。除高黏性或含有大量特种添加剂的液压工作介质外，一般的液压工作介质均可看作牛顿液体。

液体的黏度通常有三种不同的度量方法。

Ⅰ. 绝对黏度

绝对黏度又称动力黏度，它直接表示液体的黏性，即内摩擦力的大小。动力黏度的物理意义是当速度梯度 $du/dy = 1$ 时，单位面积上的内摩擦力的大小。动力黏度的国际单位制(SI)计量单位为 N·s / m² 或 Pa·s，其表达式为

$$\mu = \frac{F}{A\frac{du}{dy}} \tag{2-6}$$

Ⅱ. 运动黏度

运动黏度是液体绝对黏度 μ 与密度 ρ 的比值，表达式为

$$\nu = \frac{\mu}{\rho} \tag{2-7}$$

式中：ν 为液体的运动黏度，m²/s；μ 为液体的动力黏度，N·s / m² 或 Pa·s；ρ 为液体的密度，kg/m³。

运动黏度的单位为 m²/s，工程上使用的单位还有 cm²/s，通常称为斯托克斯(St，简称“斯”)。St 的单位太大，应用不便，通常用厘斯来表示，符号为 cSt，$1\ \text{cSt} = 1 \times 10^{-2}\ \text{St} = 1 \times 10^{-6}\ \text{m}^2/\text{s}$。

Ⅲ. 相对黏度

相对黏度是以相对于蒸馏水的黏度来表示某液体黏度的。相对黏度又称条件黏度。各国采用的相对黏度单位有所不同，如赛氏黏度、雷氏黏度等。

我国采用恩氏黏度(°E)，如被测液体温度为 T(℃)时的恩氏黏度(°E_T)的表达式为

$$°E_T = \frac{t_1}{t_0} \tag{2-8}$$

式中：t_1 为温度为 T 的 200 mL 被测液体在自重作用下流过直径 2.8 mm 小孔所需的时间；t_0 为同体积的蒸馏水在 20 ℃时流过同一孔所需时间。

工业上一般以 20、50 和 100 ℃作为测定恩氏黏度的标准温度，并相应地以符号 °E_{20}、°E_{50} 和 °E_{100} 表示。知道恩氏黏度以后，利用经验公式就可将其换算成运动黏度(m²/s)，换算式为

$$\nu = \left(7.31\ °E_T - \frac{6.31}{°E_T}\right) \times 10^{-6} \tag{2-9}$$

(4)黏温特性

油液的黏度随温度变化而变化的特性称为黏温特性。液压油黏度对温度的变化十分敏感，当温度升高时，其分子之间的内聚力减小，黏度就随之降低。不同种类的液压油，其黏度随温度变化的规律也不同。油液黏度的变化直接影响液压传动系统的性能和泄漏量，因此

希望油液黏度随温度的变化越小越好。黏温特性常用黏度指数(Viscosity Index，VI)来度量,它表示该液体的黏度随温度变化的程度与相同温度变化时标准液的黏度变化程度之比。几种典型工作介质的黏度指数见表2-4。

表2-4 典型工作介质的黏度指数

工作介质	黏度指数	工作介质	黏度指数
石油基液压油 L-HM	≥95	水-乙二醇液压液 L-HFC	140~170
石油基液压油 L-HR	≥160	磷酸酯液压液 L-HFDR	−31~170
石油基液压油 L-HG	≥90	油包水乳化液 L-HFB	130~170

2.1.3 液压油的选用

液压油是液压传动系统的工作介质,对液压装置的机构和元件起着润滑、冷却和防锈等作用。液压传动系统的压力、温度和流速在很大的范围内变化,液压油的质量直接影响液压传动系统的工作性能。因此,合理选用液压油尤为重要。

(1)液压油的质量要求

液压传动系统所用的液压油一般应满足的要求包括:①对人体无害且成本低廉;②黏度适当,黏温特性好;③润滑性能好,防锈能力强;④质地纯净;⑤对金属和非金属材料的相容性好;⑥抗泡沫性和抗乳化性好;⑦体积膨胀系数较小;⑧燃点高,凝点低;⑨氧化稳定性好,不易变质。

(2)液压油的选用

正确而合理地选用液压油是保证液压设备高效工作的前提。选用液压油时,黏度是一个重要参数,其影响运动部件的润滑、缝隙处的泄漏,以及液压油流动时的压力损失、系统的温升等。总之,应尽量选用质量好的液压油,虽然初始成本高些,但由于优质液压油的使用寿命长、对元件损害小,所以从整个使用周期看,其经济性要比劣质油好。表2-5中列出了常见液压油的系列品种。液压油牌号中的数字表示温度在40 ℃下油液运动黏度的平均值,“原名”栏内为过去的牌号,其中的数字表示在50 ℃时油液运动黏度的平均值(单位为cSt)。

表2-5 常见液压油系列品种

种类	牌号		原名	用途
	油名	代号		
普通类	N_{32}号液压油	YA-N_{32}	20号精密机床液压油	用于环境温度为0~45 ℃的中、低压液压系统
	N_{68}G号液压油	YA-N_{68}	40号液压/导轨油	
抗磨类	N_{32}号抗磨液压油	YA-N_{32}	20号抗磨液压油	用于环境温度为−10~40 ℃的中、高压液压系统
	N_{150}号抗磨液压油	YA-N_{150}	80号抗磨液压油	
	N_{168}K号抗磨液压油	YA-N_{168}K	40号抗磨液压油	

续表

种类	牌号		原名	用途
	油名	代号		
低温类	N_{15} 号低温液压油	YA-N_{15}	低凝液压油	用于环境温度为 -20~40 ℃的高压液压系统
	N_{46}D 号低温液压油	YA-N_{46}D	工程液压油	
高黏度指数类	N_{32}H 号高黏度指数液压油	YA-N_{32}D	—	用于温度变化小、对黏温性能要求高的液压系统

2.2　液体静力学

液压传动是以液体作为工作介质进行能量传递的，为了更好地掌握液压传动技术，就需要研究液体处于相对平衡状态下的力学规律。所谓相对平衡是指液体内部各质点间没有相对运动，液体本身完全可以和容器一起如同刚体一样做各种运动。因此，液体在相对平衡状态下不呈现黏性、不存在切应力，只有法向的压应力，即静压力。本节主要介绍液体的平衡规律、压强分布规律及液体对物体壁面的作用力。

2.2.1　液体的压力及其性质

作用在液体上的力有两种：一是质量力，二是表面力。

质量力作用在液体的所有质点上，它的大小与质量成正比。属于质量力的有重力、惯性力等。单位质量液体受到的质量力称为单位质量力，只受重力作用的液体的单位质量力在数值上等于重力加速度。

表面力作用于所研究液体的表面，如法向力、切向力。表面力可以是其他物体（如活塞、大气）作用在液体上的力，也可以是一部分液体作用在另一部分液体上的力。对于液体整体来说，其他物体作用在液体上的力属于外力，而液体间的作用力属于内力。由于理想液体质点间的内聚力很小，液体不能抵抗拉力或切向力，即使是微小的拉力或切向力都会使液体发生流动。因为静止的理想液体不存在质点间的相对运动，也就不存在拉力或切向力，所以静止的理想液体只能承受压力。所谓静压力是指静止液体单位面积上所受的法向力。液体内某质点处的法向力 ΔF 对其微小面积 ΔA 之比的极限称为压力 p，即

$$p=\lim_{\Delta A\to 0}\frac{\Delta F}{\Delta A} \tag{2-10}$$

若法向力均匀地作用在面积 A 上，则压力表示为

$$p=\frac{F}{A} \tag{2-11}$$

式中：A 为液体的有效作用面的面积；F 为液体的有效作用面上所受的法向力。

静压力具有下述两个重要特征。

1）液体静压力垂直于作用面，其方向与该面的内法线方向一致。

2）在静止液体中，任何一点所受到的各方向的静压力都相等。

2.2.2 液体静力学基本方程及其物理意义

静止液体内部的受力情况可用图 2-2 来说明。设容器中装满液体，在任意一点 A 处取一微小面积 $\mathrm{d}A$，该处距液面距离为 h，距 OX 轴的距离为 Z，容器液平面距 OX 轴的距离为 Z_0。为了求得任意微小面积 $\mathrm{d}A$ 处的压力，可取一液柱为分离体，如图 2-2(b)所示。根据静压力的特性，作用于这个液柱上的力在各方向都呈平衡状态，据此建立各作用力在 Z 方向的平衡方程。微小液柱顶面上的作用力为 $p_0\mathrm{d}A$(方向向下)和液柱本身的重力 G(方向向下)，液柱底面对液柱的作用力为 $p\mathrm{d}A$(方向向上)，则平衡方程为

$$p\mathrm{d}A = p_0\mathrm{d}A + G = p_0\mathrm{d}A + \rho gh\mathrm{d}A \tag{2-12}$$

可得

$$p = p_0 + \rho gh \tag{2-13}$$

式中：ρ 为液体的密度；g 为重力加速度；h 为液柱的高度。

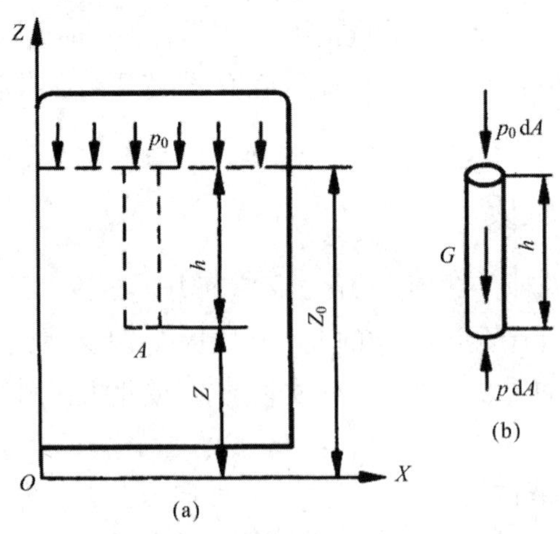

图 2-2 静止液体内质点的压力

(a)装满液体的容器 (b)液柱分离体

分析式(2-13)可得以下结论。

1)静止液体中任一点的压力均由两部分组成，即液面上的表面压力 p_0 和液体自重引起的对该点的压力 ρgh。

2)静止液体内的压力随质点距液面的深度变化呈线性规律分布，且在同一深度上各点的压力相等。压力相等的所有点组成的面称为等压面。很显然，在重力作用下静止液体的等压面为一个水平面。

3)可通过下述三种方式使液面产生压力 p_0：①通过固体壁面使液面产生压力，如柱塞泵中的柱塞端面对液压油施压；②通过气体使液面产生压力，如农药喷雾器中的空气对药液液面施压；③通过不同质的液体使液面产生压力，如冷水将储水式电热水器中的热水顶出。

2.2.3　压力的传递

帕斯卡原理：若在处于密封容器中静止液体的部分边界面上施加外力使其压力发生变化，只要液体仍保持其原来的静止状态不变，则液体中任一点的压力均将发生同样大小的变化。帕斯卡原理的应用见图 2-3。液压传动是依据帕斯卡原理实现力的传递、放大和方向变换的。液压传动系统的压力完全取决于外负载。

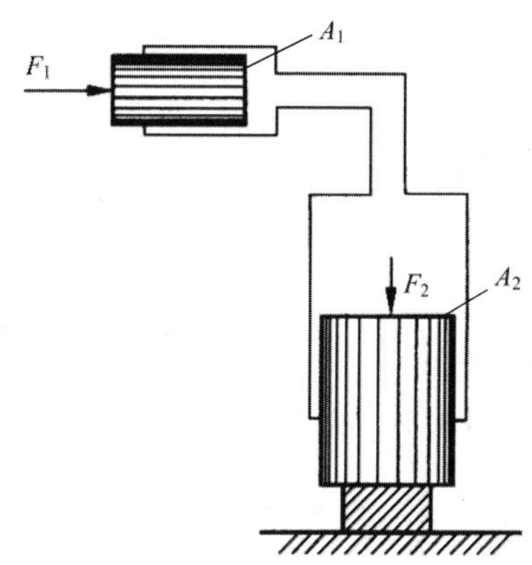

图 2-3　帕斯卡原理的应用

2.2.4　压力的表示方法

根据压力度量基准的不同，压力的表示方法有两种：绝对压力和相对压力。

（1）绝对压力

以绝对零压力作为基准所表示的压力，称为绝对压力。

（2）相对压力

以当地大气压（1 标准大气压 = 1.01×10^5 Pa）为基准所表示的压力，称为相对压力。相对压力分为两种：表压力与真空度。

Ⅰ. 表压力

绝对压力大于大气压力时的相对压力，即"表压力 = 绝对压力 - 大气压力"。

工程上用压力表测量压力，压力表指示为"0"时，说明压力表内的相对压力为"0"，而其绝对压力为 1 个标准大气压。对于绝大多数的测压仪表，因其外部均受大气压力作用，所以仪表指示的压力是相对压力。如不特别指明，液压传动中所提到的"压力"均为相对压力。

Ⅱ. 真空度

真空度为绝对压力小于大气压力时的相对压力，即"真空度 = 大气压力 - 绝对压力"。英语 Vacuum 意为真空，故真空度用"V"表示。

真空度有两个特点：

1）真空度的值小于 1 个标准大气压；

2）真空度大于 0。

各种压力之间的相互关系如图 2-4 所示。压力单位为帕斯卡，简称“帕”，符号为 Pa，1 Pa = 1 N/m²。由于此单位很小，工程上使用不便，因此工程上常使用千帕(kPa)或兆帕(MPa)，1 MPa = 1 000 kPa =1 × 10⁶ Pa。

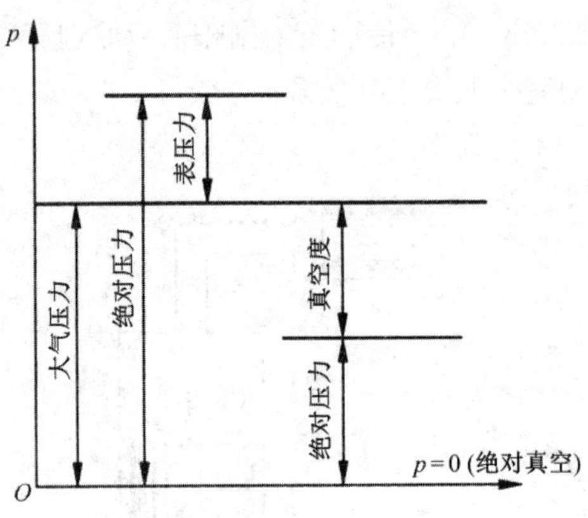

图 2-4 各种压力之间的关系

2.2.5 静压力对固体壁面的作用力

静止液体和固体壁面相接触时，固体壁面将受到由液体静压力所产生的作用力。当固体壁面为一平面时，作用在该面上作用力的方向是相互平行的，故静压力作用在固体平面上产生的总力 F 等于静压力 p 与承压面积 A 的乘积，且作用方向垂直于固体壁面，即

$$F = pA \tag{2-14}$$

当固体壁面为一曲面时，作用在曲面上各点处的作用力方向是不平行的，因此静压力作用在固体曲面某一方向 x 上产生的总力 F_x 等于静压力 p 与曲面在该方向投影面积 A_x 的乘积，即

$$F = pA_x \tag{2-15}$$

上述结论对于任何固体壁面都是适用的。下面以液压缸的缸筒为例进一步进行阐述。

设液压缸两端面封闭，缸筒内充满着压力为 p 的油液，缸筒半径为 r，长度为 l，如图 2-5 所示。这时，缸筒内壁面上各点的静压力大小相等且均为 p，但并不平行。因此，为求得油液作用于缸筒右半壁的内表面在 x 方向上的总力 F_x，需要在壁面上取一微小面积 $\mathrm{d}A = l\mathrm{d}s = lr\mathrm{d}\theta$，则油液作用在 $\mathrm{d}A$ 上的力 $\mathrm{d}F$ 的水平分量 $\mathrm{d}F_x$ 的表达式为

$$\mathrm{d}F_x = \mathrm{d}F\cos\theta = p\mathrm{d}A\cos\theta = plr\cos\theta\mathrm{d}\theta$$

对上式积分后得

$$F_x = \int \mathrm{d}F_x = \int_{-\pi/2}^{\pi/2} plr\cos\theta\,\mathrm{d}\theta = 2lrp = pA_x$$

即 F_x 等于压力 p 与微小面积在缸筒右半壁面在 x 方向上的投影面积 A_x 的乘积。

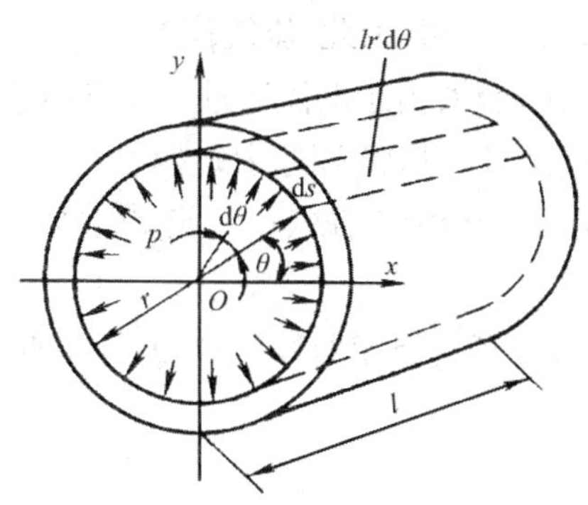

图 2-5　静压力作用在液压缸缸筒内壁上的力

2.3　液体动力学

流体运动学研究流体的运动规律,流体动力学研究作用于流体上的力与流体运动之间的关系。流体的连续方程、能量方程和动量方程是流体运动学和流体动力学的三个基本方程。当气体流速比较低($v < 5$ m/s)时,气体和液体的这三个基本方程完全相同。因此,为方便起见,本节在讲述这些基本方程时仍以液体为主要研究对象。

2.3.1　基本概念

(1)理想液体

把既无黏性又不可压缩的假想液体称为理想液体。实际液体具有黏性,研究液体流动时必须考虑黏性的影响。但由于这个问题非常复杂,所以开始分析时可以假设液体没有黏性,然后再考虑黏性的作用,并通过实验验证等办法对理想化的结论进行补充或修正。

(2)恒定流动

液体流动时,如果液体中任何一点的压力、速度和密度都不随时间而变化,便称液体是在做恒定流动;反之,只要压力、速度或密度中有一个参数随时间变化,则称液体的流动为非恒定流动。

(3)一维流动

当液体整体朝单个方向流动时,称为一维流动。一维流动最简单,但是严格意义上的一维流动要求液流截面上各质点处的速度矢量完全相同,这种情况在现实中极为少见。通常把封闭容器内液体的流动按一维流动处理,再用实验数据来对结果进行修正。液压传动研究中,对工作介质流动的分析讨论就是这样进行的。

当液体做平面流动时,称为二维流动;当液体做空间流动时,称为三维流动。

(4)流线

流线是流场中的一条条曲线。它表示在同一瞬时流场中各质点的运动状态。流线上的每一质点的速度矢量与这条曲线相切，因此，流线代表了某一瞬时一群流体质点的流动方向，如图 2-6 所示。对于非恒定流动，由于液流通过空间点的速度随时间变化，因而流线形状也随时间变化；对于恒定流动，流线形状不随时间变化。由于流场中每一质点在每一瞬时只能有一个速度，所以两条流线不能相交，流线也不能突然转折，只能是一条光滑的曲线。

（5）流管

在流场中画一不属于流线的任意封闭曲线，通过该封闭曲线上各点的流线所组成的表面称为流管，如图 2-7 所示。

图 2-6 流线　　图 2-7 流管

（6）流束

流管内的流线群称为流束。根据流线不会相交的性质，流管内外的流线均不会穿越流管，故流管与真实管道相似。将流管截面无限缩小趋近于零，便获得微小流管或微小流束。微小流束截面上各点处的流速可以认为是相等的。流线彼此平行的流动称为平行流动；流线间夹角很小或流线曲率半径很大的流动称为缓变流动。平行流动和缓变流动都近似为一维流动。

（7）通流截面

流束中与所有流线正交（垂直）的截面称为通流截面，如图 2-8 中的 A 面和 B 面，通流截面上每点处的流动速度都垂直于这个面。

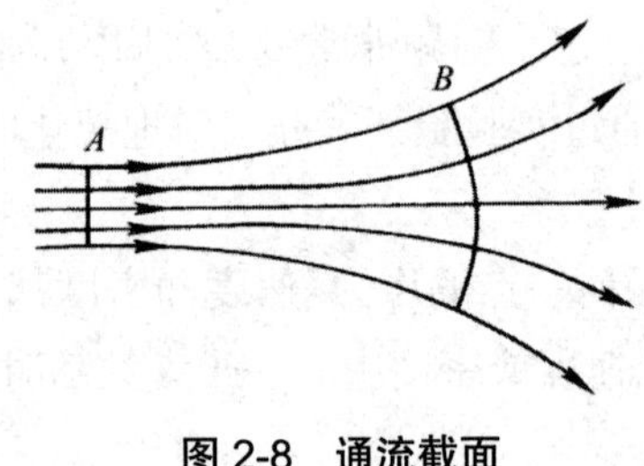

图 2-8 通流截面

（8）流量

单位时间内流过某通流截面的液体体积称为流量，常用 q 表示，即

$$q=\frac{V}{t} \tag{2-16}$$

式中：q 为流量，在液压传动领域中，流量的常用单位有 L/min、m^3/s；V 为液体的体积，常用单位有 L、m^3；t 为流过液体体积 V 所需的时间，常用单位有 min、s。

（9）平均流速

由于实际液体具有黏性，液体在管道内流动时，在通流截面上的各质点的流速不相等，管壁处流速为零，管道中心处流速最大。管道内的质点流速分布如图 2-9（a）所示。若求流经整个通流截面（面积为 A）的流量，可在通流截面 A 上取一微小流束的截面 dA，如图 2-9（b）所示。因此，通过 dA 的微小流量为

$$dq = u dA \tag{2-17}$$

可见，要求得 q 值，必须先知道质点流速 u 在整个通流截面上的分布规律，即

$$q = \int_A u dA \tag{2-18}$$

因为黏性液体质点流速 u 在管道中的分布规律很复杂，为方便起见，在液压传动中常采用一个假想的平均流速 v 来计算流量，并认为液体以平均流速 v 流经通流截面的流量等于以实际流速流过的流量，即

$$q = \int_A u dA = vA \tag{2-19}$$

由此得出通流截面上的平均流速为

$$v = \frac{q}{A} \tag{2-20}$$

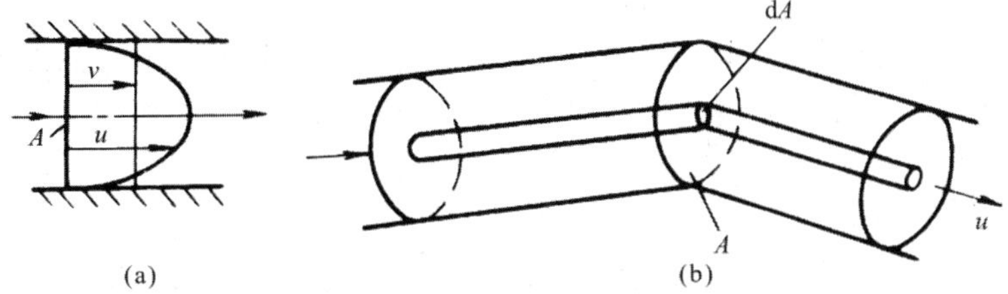

图 2-9　流量和平均流速

2.3.2　连续方程

连续方程是流量连续方程的简称，它是液体运动学方程，其实质是质量守恒，所以也称质量方程。质量守恒方程的另一种表示形式，就是理想液体做恒定流动时的体积守恒。

在液体做恒定流动的流场中任取一流管，其两端通流截面面积分别为 A_1、A_2，如图 2-10 所示。在流管中取一微小流束，并设微小流束两端的截面面积为 dA_1、dA_2，液体流经这两个微小截面的流速和密度分别为 u_1、ρ_1 和 u_2、ρ_2。

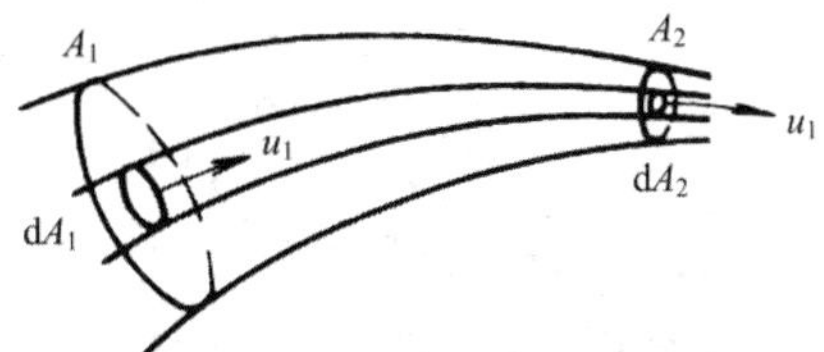

图 2-10　连续方程推导示意图

根据质量守恒定律，在单位时间内从截面 dA_1 流入微小流束的液体质量应与从截面 dA_2 流出微小流束的液体质量相等，即

$$\rho_1 u_1 \mathrm{d}A_1 = \rho_2 u_2 \mathrm{d}A_2 \tag{2-21}$$

如忽略液体的可压缩性，即 $\rho_1 = \rho_2$，则有

$$u_1 \mathrm{d}A_1 = u_2 \mathrm{d}A_2 \tag{2-22}$$

对上式进行积分，便得出经过截面 A_1、A_2 流入、流出整个流管的流量关系，即

$$\int_{A_1} u_1 \mathrm{d}A_1 = \int_{A_2} u_2 \mathrm{d}A_2 \tag{2-23}$$

根据式(2-18)和式(2-20)，式(2-23)可写为

$$q_1 = q_2 \tag{2-24}$$

或

$$v_1 A_1 = v_2 A_2 \tag{2-25}$$

式中：q_1 和 q_2 分别为流经截面 A_1 和 A_2 的流量；v_1 和 v_2 分别为流体在截面 A_1 和 A_2 上的平均流速。

由于两通流截面是任意取的，故有

$$q = v_1 A_1 = v_2 A_2 = \text{常数} \tag{2-26}$$

这就是液流的流量连续方程，它说明在恒定流动中，通过流管各截面的不可压缩液体的流量是相等的。换句话说，液体是以同一个流量在流管中连续地流动着；而液体的流速与流通截面面积成反比。黄河壶口瀑布因河床变窄而水流湍急就是这个道理。

2.3.3 能量方程

能量方程又称伯努利(Bernoulli)方程，它是流动液体的能量守恒定律。由于流动液体的能量问题比较复杂，所以先从理想液体的流动情况着手，然后再进一步研究实际液体的流动问题。

(1)理想液体的运动微分方程

在液流的微小流束上取出一段截面面积为 dA、长度为 ds 的微元体，如图 2-11 所示。在一维流动情况下，对理想液体来说，作用在微元体上的外力有两种：压力在两端截面上所产生的作用力、作用在微元体上的重力。下面逐个进行分析。

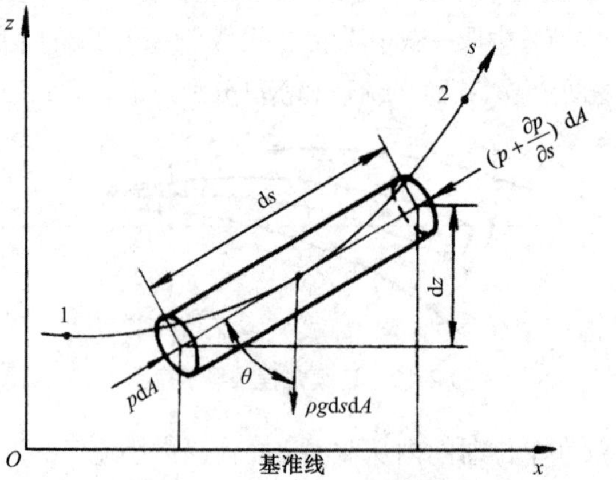

图 2-11 理想液体的一维流动

1）压力在两端截面上所产生的作用力的表达式为

$$p\mathrm{d}A-\left(p+\frac{\partial p}{\partial s}\mathrm{d}s\right)\mathrm{d}A=-\frac{\partial p}{\partial s}\mathrm{d}s\mathrm{d}A \tag{2-27}$$

式中：$\partial p/\partial s$ 为沿流线方向的压力梯度。

2）作用在微元体上的重力为 $-\rho g\mathrm{d}s\mathrm{d}A$（负号表示方向与 z 轴正向相反）。

在恒定流动下这一微元体的惯性力为

$$ma=\rho\mathrm{d}s\mathrm{d}A\frac{\mathrm{d}u}{\mathrm{d}t}=\rho\mathrm{d}s\mathrm{d}A\left(u\frac{\partial u}{\partial s}\right) \tag{2-28}$$

式中：u 为流体微元沿流线的运动速度，$u=\mathrm{d}s/\mathrm{d}t$。

根据牛顿第二定律，流体的作用力为

$$\sum F=ma=\rho\mathrm{d}s\mathrm{d}A\left(u\frac{\partial u}{\partial s}\right)=-\frac{\partial p}{\partial s}\mathrm{d}s\mathrm{d}A-\rho g\mathrm{d}s\mathrm{d}A\cdot\cos\theta$$

由于 $\cos\theta=\partial z/\partial s$，代入上式，整理后可得

$$-\frac{1}{\rho}\frac{\partial p}{\partial s}-g\frac{\partial z}{\partial s}=u\frac{\partial u}{\partial s} \tag{2-29}$$

式（2-29）即为理想液体沿流线恒定流动微分方程。它表示了单位质量液体的力平衡方程。

（2）理想液体的能量方程

将式（2-29）沿流线 s 从截面 1 积分到截面 2（图 2-12），便得到流体微元流动时的能量关系式，即

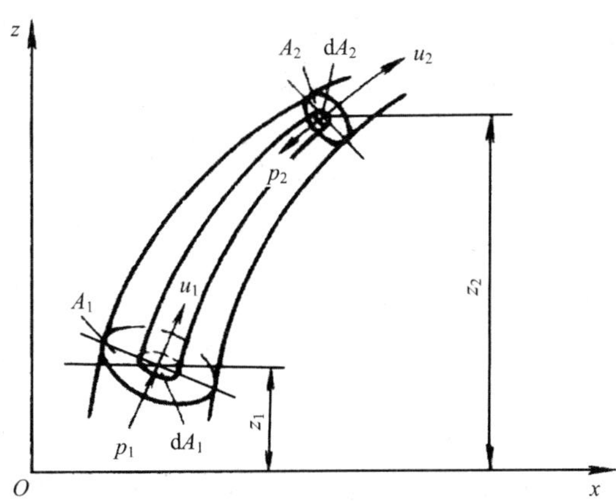

图 2-12　流管内液流能量方程推导示意

$$\int_{截面_1}^{截面_2}\left(-\frac{1}{\rho}\frac{\partial p}{\partial s}-g\frac{\partial z}{\partial s}\right)\mathrm{d}s=\int_{截面_1}^{截面_2}\frac{\partial}{\partial s}\left(\frac{u^2}{2}\right)\mathrm{d}s$$

上式两边同除以重力加速度 g，移项后整理得

$$\frac{p_1}{\rho g}+z_1+\frac{u_1^2}{2g}=\frac{p_2}{\rho g}+z_2+\frac{u_2^2}{2g} \tag{2-30}$$

由于在图 2-12 中，截面1、2 是任意取的，故式(2-30)也可写为

$$\frac{p}{\rho g}+z+\frac{u^2}{2g}=\text{常数} \tag{2-31}$$

式(2-30)或式(2-31)就是理想液体微小流束做恒定流动时的能量方程或伯努利方程。它比液体静压基本方程多了一项，即单位重力液体的动能 $u^2/2g$(称为速度水头)。

理想液体能量方程的物理意义：理想液体在做恒定流动时，具有压力能、位能和动能三种能量形式，在任一截面上这三种能量形式之间可以相互转换，但三者之和保持不变，即能量守恒。

(3)实际液体的能量方程

实际液体流动时还需克服由于黏性所产生的摩擦阻力，故存在能量损耗。设图 2-12 中微元体从截面 1 流到截面 2 过程中因黏性而损耗的能量为 h'_{w}，则实际液体微小流束做恒定流动时的能量方程为

$$\frac{p_1}{\rho g}+z_1+\frac{u_1^2}{2g}=\frac{p_2}{\rho g}+z_2+\frac{u_2^2}{2g}+h'_{\mathrm{w}} \tag{2-32}$$

为了求得实际液体的能量方程，图 2-12 示出了一段流管中的液流，两端的通流截面面积分别为 A_1、A_2，在此液流中取出一微小流束，两端的通流截面面积各为 $\mathrm{d}A_1$ 和 $\mathrm{d}A_2$，其相应的压力、流速和高度分别为 p_1、u_1、z_1 和 p_2、u_2、z_2。这一微小流束的能量方程为式(2-30)，将式(2-30)的两端乘以相应的微小流量 $\mathrm{d}q$，然后各自对液流的通流截面面积 A_1 和 A_2 进行积分，得

$$\int_{A_1}\left(\frac{p_1}{\rho g}+z_1\right)u_1\mathrm{d}A_1+\int_{A_1}\frac{u_1^2}{2g}u_1\mathrm{d}A_1=\int_{A_2}\left(\frac{p_2}{\rho g}+z_2\right)u_2\mathrm{d}A_2+\int_{A_2}\frac{u_2^2}{2g}u_2\mathrm{d}A_2+\int_q h'_{\mathrm{w}}\mathrm{d}q \tag{2-33}$$

式(2-33)等号左端及右端前两项积分式分别表示单位时间内流过 A_1 和 A_2 的流量所具有的总能量，而等号右端最后一项则表示流管内的液体从 A_1 流到 A_2 因黏性摩擦而损耗的能量。

为使式(2-33)便于使用，首先将图 2-12 中截面处的流动限于平行流动(或缓变流动)。这样，通流截面 A_1 和 A_2 可视作平面，在通流截面上除重力外，无其他质量力，因而通流截面上各点处的压力具有与液体静压力相同的分布规律，即

$$\frac{p}{\rho g}+z=\text{常数}$$

接着，用平均流速 v 代替通流截面 A_1 或 A_2 上各点处不等的质点流速 u，令单位时间内截面 A 处液流的实际动能和按平均流速计算出的动能之比为动能修正系数 α，其表达式为

$$\alpha=\frac{\int_A\rho\frac{u^2}{2}u\,\mathrm{d}A}{\frac{1}{2}\rho Avv^2}=\frac{\int_A u^3\mathrm{d}A}{v^3A} \tag{2-34}$$

此外，对液体在流管中流动时因黏性摩擦而产生的能量损耗，也用平均能量损耗的概念来处理，即令

$$h_w = \frac{\int_q h'_w \mathrm{d}q}{q}$$

将上述关系式代入式(2-33)，整理后可得

$$\frac{p_1}{\rho g} + z_1 + \frac{\alpha_1 v_1^2}{2g} = \frac{p_2}{\rho g} + z_2 + \frac{\alpha_2 v_2^2}{2g} + h'_w \tag{2-35}$$

式中：α_1、α_2 分别为截面 A_1 和 A_2 上的动能修正系数；h'_w 为单位重力液体从截面 A_1 流到截面 A_2 过程中的能量损耗。

式(2-35)就是仅受重力作用的实际液体在流管中做平行(或缓变)流动时的能量方程，它的物理意义是实际液体能量守恒。

在应用式(2-35)时，必须注意 p 和 z 应为通流截面的同一点上的两个参数。为方便起见，通常把这两个参数都取在通流截面的轴心处。

案例 名人介绍：文丘里

用手机扫一扫，了解更多信息

例 2-1　计算文丘里流量计的流量

文丘里流量计如图 2-13 所示，试推导文丘里流量计测定流量的原理公式。

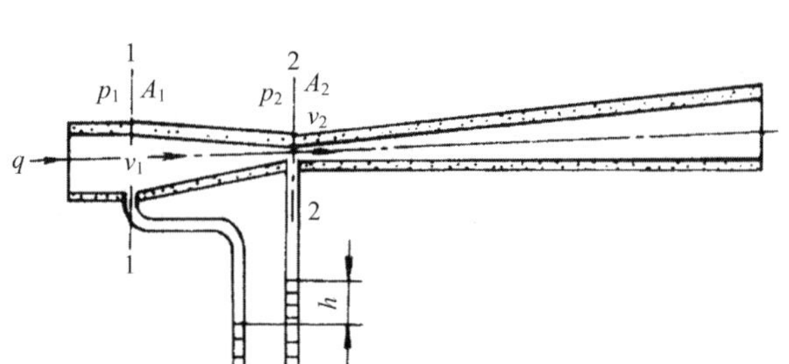

图 2-13　文丘里流量计

解：在文丘里流量计上取 2 个通流截面 1—1 和 2—2，其面积、平均流速和压力分别为 A_1、v_1、p_1 和 A_2、v_2、p_2。若不计能量损失，对通过此流量计的液流采用理想液体的能量方程，并取动能修正系数 $\alpha = 1$，则有

$$\frac{p_1}{\rho g} + \frac{v_1^2}{2g} = \frac{p_2}{\rho g} + \frac{v_2^2}{2g}$$

根据连续方程，又有

$$v_1 A_1 = v_2 A_2 = q$$

则文丘里流量计的 U 形管内的压力平衡方程为

$$p_1 + \rho g h = p_2 + \rho' g h$$

式中：ρ 和 ρ' 分别为液体和水银的密度。

将上述 3 个方程联立求解，则可得到

$$q = v_2 A_2 = \frac{A_2}{\sqrt{1 - \left(\frac{A_2}{A_1}\right)^2}} \sqrt{2g \frac{\rho' - \rho}{\rho} h} = C\sqrt{h}$$

式中:C为电流液体密度确定的常数。

即流量可以直接按水银压差计的读数h换算得到。

例 2-2 计算液压泵吸油口处的真空度

液压泵吸油装置如图 2-14 所示。设油箱液面压力为p_1,液压泵吸油口处的绝对压力为p_2,吸油口距油箱液面的高度为h。

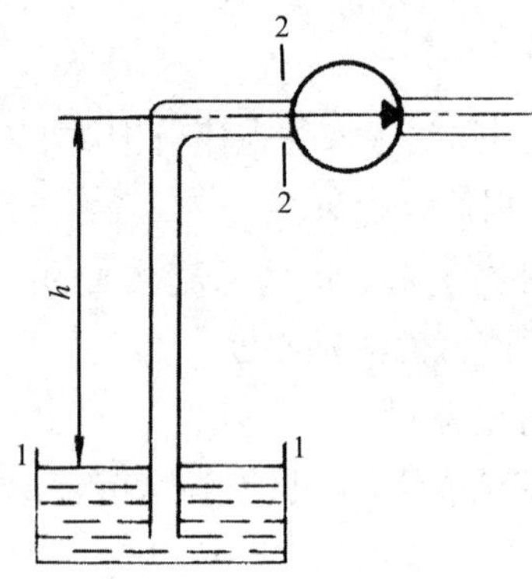

图 2-14 液压泵吸油装置

解:以油箱液面 1—1 截面为基准面,泵的吸油口处为 2—2 截面。取两截面处的动能修正系数α_1、α_2均为 1,对 1—1 和 2—2 截面建立实际液体的能量方程:

$$\frac{p_1}{\rho g}+\frac{v_1^2}{2g}=\frac{p_2}{\rho g}+h+\frac{v_2^2}{2g}+h_w$$

图示油箱液面与大气接触,故$p_1=p_a$;设v_1为油箱中液面的下降速度,由于v_1远远小于v_2,故v_1可近似为零;v_2为吸油口处液体的流速,它等于流体在吸油管内的流速;h_w为吸油管路的能量损失。因此,上式可简化为

$$\frac{p_a}{\rho g}=\frac{p_2}{\rho g}+h+\frac{v_2^2}{2g}+h_w$$

所以液压泵吸油口处的真空度为

$$p_a-p_2=\rho gh+\frac{1}{2}\rho v_2^2+\rho gh_w=\rho gh+\frac{1}{2}\rho v_2^2+\Delta p$$

由此可见,液压泵吸油口处的真空度由 3 部分组成:①把油液提升到高度h所需的压力;②将静止液体加速到v_2所需的压力;③吸油管路的压力损失。

2.3.4 动量方程

动量方程是动量定理在流体力学中的具体应用。动量定理指出,作用在物体上的合外力的大小等于物体在力作用方向上的动量的变化率,即

$$\sum F=\frac{\mathrm{d}I}{\mathrm{d}t}=\frac{\mathrm{d}(mv)}{\mathrm{d}t} \tag{2-36}$$

运用动量方程,可以计算液流作用在固体壁面上的力。将动量定理应用于液体时,需要在任意时刻t从流管中取出一个由通流截面 1 和 2 及通过通流截面边界线的流线所围起来

的液体体积，如图2-15所示，其中截面1和2是控制表面。在此控制体积内取一微小流束，其在截面1和2上的通流截面面积为 dA_1 和 dA_2，平均流速为 v_1 和 v_2。假定控制体积经过 dt 后流到新的位置1′和2′，则在 dt 时间内控制体积中液体质量的动量变化为

$$d\left(\sum I\right)=I_{\mathrm{III}(t+dt)}-I_{\mathrm{III}(t)}+I_{\mathrm{II}(t+dt)}-I_{\mathrm{I}(t)} \tag{2-37}$$

体积 V_{II} 中液体在 $t+dt$ 时的动量为

$$I_{\mathrm{II}(t+dt)}=\int_{V_{\mathrm{II}}}\rho u_2 dV_{\mathrm{II}}=\int_{A_2}\rho u_2 dA_2 u_2 dt \tag{2-38}$$

式中：ρ 为液体的密度。

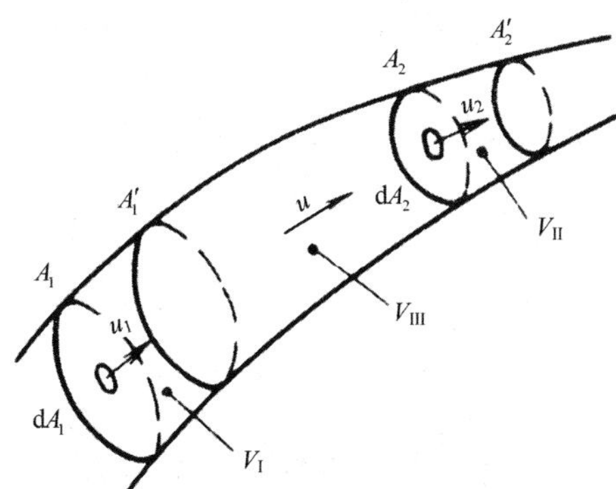

图2-15　流管内液流动量定理推导示意

同样，可推得体积 V_{I} 中液体在 t 时的动量为

$$I_{\mathrm{I}(t)}=\int_{V_{\mathrm{I}}}\rho u_1 dV_{\mathrm{I}}=\int_{A_1}\rho u_1 dA_1 u_1 dt$$

另外，式（2-37）中等号右侧的第1、2项为

$$I_{\mathrm{III}(t+dt)}-I_{\mathrm{III}(t)}=\frac{d}{dt}\left[\int_{V_{\mathrm{III}}}\rho u dV_{\mathrm{III}}\right]dt$$

当 $dt\to 0$ 时，体积 $V_{\mathrm{III}}\approx V$，将以上关系代入式（2-36）和式（2-37），得

$$\sum F=\frac{d}{dt}\left[\int_V \rho u dV\right]+\int_{A_2}\rho u_2^2 dA_2-\int_{A_1}\rho u_1^2 dA_1 \tag{2-39}$$

若用流管内液体的平均流速 v 代替截面上的质点流速 u，其误差用一动量修正系数 β 予以修正，且不考虑液体的可压缩性，即

$$A_1 v_1=A_2 v_2=q=\int_A u dA$$

则式（2-34）经整理后可写为

$$\sum F=\frac{d}{dt}\left[\int_V \rho u dV\right]+\rho q(\beta_2 v_2-\beta_1 v_1) \tag{2-40}$$

上式中的动量修正系数 β 等于实际动量与按平均流速计算出的动量之比，即

$$\beta=\frac{\int_A u dm}{mv}=\frac{\int_A u(\rho u dA)}{(\rho uA)v}=\frac{\int_A u^2 dA}{v^2 A} \tag{2-41}$$

式（2-40）即为流体力学中的动量定理方程。等式左侧为作用于控制体积内液体上外力的矢量和；而等式右侧第一项是使控制体积内的液体加速（或减速）所需的力，称为瞬态力；

等式右侧第二项是由于液体在不同控制表面上具有不同速度所引起的力，称为稳态力。

对于做恒定流动的液体，式(2-40)等号右侧第1项等于零，于是有

$$\sum F = \rho q(\beta_2 v_2 - \beta_1 v_1) \tag{2-42}$$

必须注意，式(2-40)和式(2-42)均为矢量方程式，在应用时可根据具体要求向指定方向投影，列出该方向上的动量方程，然后再进行求解。

若控制体积内的液体在所讨论的方向上只有与固体壁面间的相互作用力，则这两种力大小相等，方向相反。

例 2-3 有一固定导板(图 2-16)，将直径 $d = 0.1$ m、流速 $v = 20$ m/s 的射流转过 90°，液体的密度 $\rho = 1\ 000$ kg/m³。试求导板作用于液体的合力大小及方向。

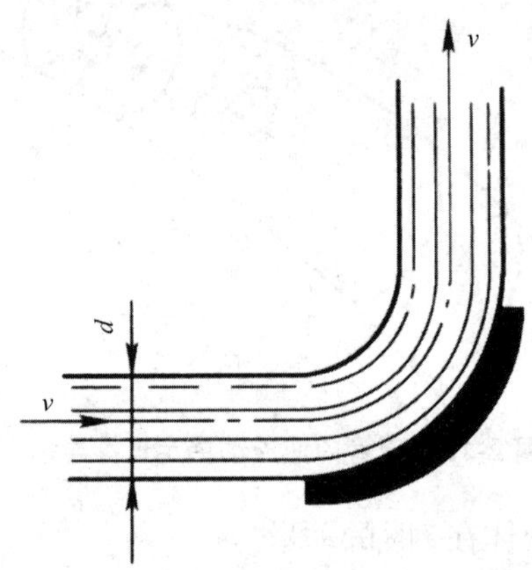

图 2-16 射流动量变化对导管产生力

解： 按图 2-16 所示对水平方向 x、垂直方向 y 分别列出动量方程。

x 方向：$-F\cos\theta = \beta\rho q(0 - v)$

y 方向：$F\sin\theta = \beta\rho q(v - 0)$

上述两式相除得：

$$\frac{\sin\theta}{\cos\theta} = \tan\theta = 1$$

所以，$\theta = 45°$，即 F 与 x 轴的夹角为 135°。

取 $\beta = 1$，有

$$F = \beta\rho q v \frac{1}{\cos\theta} = \beta\rho A v^2 \frac{1}{\cos 45°} = 4\ 442.9\ \text{N}$$

2.4 管道中液流的特性

本节通过介绍液体流经圆管及各种管道接头时的流动情况，进而分析流动时所产生的能量损失，即压力损失。

2.4.1　流态与雷诺数

（1）层流和湍流

19 世纪末，英国物理学家雷诺首先通过实验，观察了水在圆管内的流动情况，发现液体有两种流动状态：层流和湍流（又称紊流）。实验结果表明，在层流中，液体质点互不干扰，液体的流动呈线性或层状且平行于管道轴线；而在湍流中，液体质点的运动杂乱无章，除了平行于管道轴线的运动外，还存在着剧烈的横向运动。

液体在流动过程中，其流层之间同时存在着两种力：黏性力和惯性力。在层流状态下，液体流速较低，质点主要受黏性制约，不能随意运动，黏性力起主导作用；在湍流状态下，液体流速较高，黏性的制约作用减弱，惯性力起主导作用。

（2）雷诺数

液体的流动状态可用雷诺数来判别。实验证明，液体在圆管中的流动状态不仅与管内液体的平均流速 v 有关，还与管径 d、液体的运动黏度 ν 有关。而用来判别液流状态的是由这三个参数所组成的无量纲数，即雷诺数 Re，其表达式为

$$Re = \frac{vd}{\nu} \tag{2-43}$$

液流由层流转变为湍流时的雷诺数和由湍流转变为层流时的雷诺数不同，后者数值小。所以，一般用液流由湍流转变为层流时的雷诺数作为判别流动状态的依据，称为临界雷诺数，用 Re_{cr} 表示。当雷诺数小于临界雷诺数 Re_{cr} 时，液流为层流；反之，液流为湍流。

对于非圆截面的管道来说，雷诺数 Re 应用下式计算：

$$Re = \frac{vd_H}{\nu} \tag{2-44}$$

式中：d_H 为通流截面的水力直径，它等于 4 倍通流截面面积 A 与湿周（流体与固体壁面相接触的周长）x 之比，即

$$d_H = \frac{4A}{x} \tag{2-45}$$

水力直径对管道的通流能力影响很大。水力直径大，意味着液流与管壁接触少，阻力小，通流能力强，即使通流截面面积较小时也不容易堵塞。在面积相等但形状不同的所有通流截面中，圆形的水力直径最大。几种常见管道的水力直径 d_H 和临界雷诺数 Re_{cr} 见表 2-6。

表 2-6　几种常用管道的水力直径 d_H 和临界雷诺数 Re_{cr}

管道截面形状	水利直径 d_H	临界雷诺数 Re_{cr}
直径为 d 的圆	d	2 000
边长为 a 的正方形	a	2 100
两边各为 a、b 的长方形	$2ab/(a+b)$	1 500
宽度为 δ 的长方形缝隙	2δ	1 400
缝隙为 δ 的同心圆环	2δ	1 100
阀口开度为 δ 的滑阀	2δ	260

2.4.2 圆管层流

液体在圆管中的层流流动是液压传动中的最常见现象，在设计和使用液压传动系统时，期望管道中的液流保持层流状态。

（1）流动速度

图 2-17 所示为液体在等径水平圆管中做恒定层流时的情况。在管内取出一段半径为 r，长度为 l，轴心与管轴相重合的小圆柱体，作用在其两端的压力分别为 p_1 和 p_2，作用在其侧面的内摩擦力为 F_f。液体等速流动时，小圆柱体处于受力平衡状态，表达式为

$$(p_1 - p_2)\pi r^2 = F_f \tag{2-46}$$

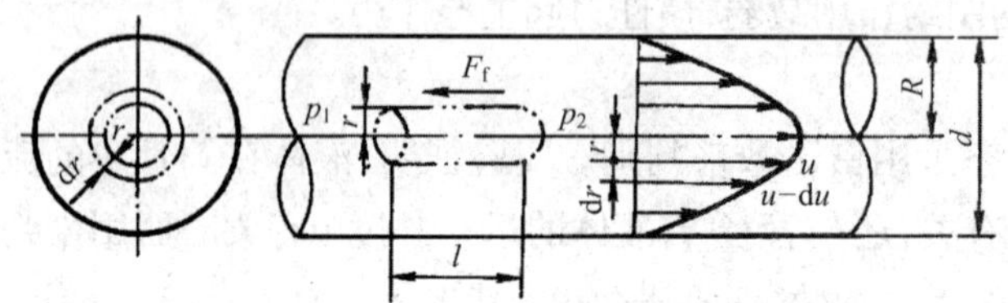

图 2-17 圆管中的层流

由内摩擦力的表达式 $F_f = -2\pi r l \mu \dfrac{du}{dr}$（因管中流速 u 随 r 增大而减小，故速度梯度 du/dr 为负值，为使 F_f 为正值，所以内摩擦力表达式中有一负号）。令 $\Delta p_\lambda = p_1 - p_2$，并将 F_f 代入式（2-46），则得

$$\frac{du}{dr} = -\frac{\Delta p_\lambda}{2\mu l} r$$

即

$$du = -\frac{\Delta p_\lambda}{2\mu l} r dr$$

对上式进行积分，并利用边界条件，当 $r = R$ 时，$u = 0$，得

$$u = \frac{\Delta p_\lambda}{4\mu l}(R^2 - r^2) \tag{2-47}$$

可见管内流速 u 随半径 r 从管壁到轴线按抛物线规律分布，抛物线的顶点在轴线处。最大流速 u_{max} 出现在轴线上（$r = 0$），其值为

$$u_{max} = \frac{\Delta p_\lambda}{4\mu l} R^2 \tag{2-48}$$

式中：Δp_λ 为沿程压力损失，具体在后面内容中介绍。

（2）圆管层流的流量

在半径 r 处取出一厚度为 dr 的微小圆环（图 2-17），其面积 $dA = 2\pi r dr$，通过此环形面积的流量为 $dq = u dA = 2\pi u r dr$，对此式积分得

$$q = \int_0^R dq = \int_0^R 2\pi u r dr = \int_0^R 2\pi \frac{\Delta p_\lambda}{4\mu l}(R^2 - r^2) r dr = \frac{\pi R^4}{8\mu l}\Delta p_\lambda \tag{2-49}$$

将（2-49）式中的半径 R 用直径 d 替换，得到圆管层流的流量表达式为

$$q = \frac{\pi d^4}{128\mu l}\Delta p_{\lambda} \tag{2-50}$$

由圆管层流的流量表达式,可得如下结果:

1)如欲将黏度为 μ 的液体在直径为 d、长度为 l 的直管中以流量 q 流过,则其管端必须有大小为 Δp_{λ} 的压降;

2)若该管两端的压差为 Δp_{λ},则这种液体在管中的流量必等于 q。

(3)平均流速

根据通流截面上平均流速的定义,可得

$$v = \frac{q}{A} = \frac{d^2}{32\mu l}\Delta p_{\lambda} \tag{2-51}$$

将平均流速 v 与最大流速 u_{max} 比较,可得出重要结论:液体在圆管层流流动时的平均流速为最大流速的一半。

(4)动能修正系数和动量修正系数

将式(2-47)和式(2-51)分别代入动能修正系数的表达式(2-34)和动量修正系数的表达式(2-41),可得到层流时的动能修正系数 $\alpha = 2$,动量修正系数 $\beta = 4/3$。

2.4.3　圆管湍流

液体做湍流流动时,流体质点在空间任一点处的速度的大小和方向都是随时间变化的。这种流动在本质上是非恒定流动。为了便于分析问题,工程上在处理湍流流动的参数时,引入一个时均流速 $\bar{u}$ 的概念,从而把湍流当作恒定流动来看待。

液体在湍流状态下的流速变化情况如图 2-18 所示。如果在某一时间间隔 t_1(时均周期)内,液体以某一时均流速 $\bar{u}$ 流经任一微小截面(面积为 $\mathrm{d}A$)的液体量等于同一时间内以真实的流速 u 流经同一截面的液体量,即

$$\bar{u}t_1\mathrm{d}A = \int_0^{t_1} u\mathrm{d}A\mathrm{d}t$$

则湍流的时均流速的表达式为

$$\bar{u} = \frac{1}{t_1}\int_0^{t_1} u\mathrm{d}t \tag{2-52}$$

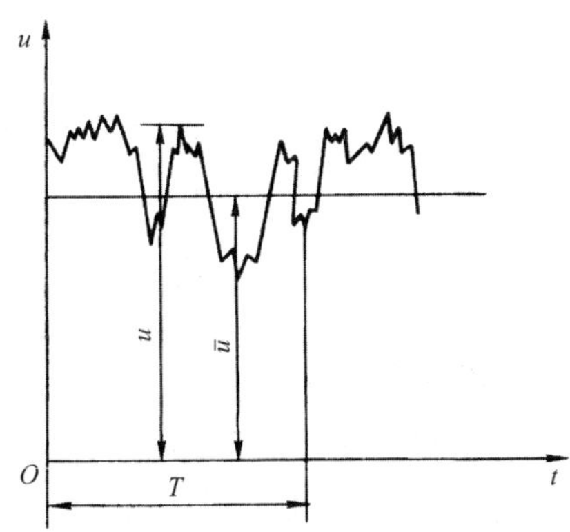

图 2-18　湍流的流速

2.4.4 压力损失

实际的液体是有黏性的,所以液体在流动时产生的黏性阻力要损耗一定能量,这种能量损耗表现为压力损失。在液压系统中,损耗的能量会转变为热量,使油液温度升高而性能变差。因此,在设计液压传动系统时,应重点考虑尽量减小压力损失。

液体在流动时产生的压力损失分为两种:一种是液体在等径直管内流动时因摩擦而产生的压力损失,称为沿程压力损失;另一种是液体流经管道的弯头、接头、阀口及突然变化的截面等处时,因流速或流向发生急剧变化而在局部区域产生流动阻力所造成的压力损失,称为局部压力损失。

(1)沿程压力损失

由圆管层流的流量公式(2-50)所求得的Δp_λ,即为沿程压力损失

$$\Delta p_\lambda = \frac{128\mu l}{\pi d^4} q \tag{2-53}$$

将$\mu = \nu\rho$、$Re = \frac{vd}{\nu}$、$q = \frac{\pi d}{4} v$代入式(2-53)式并整理后得

$$\Delta p_\lambda = \frac{64}{Re}\frac{l}{d}\frac{\rho v^2}{2} = \lambda \frac{l}{d}\frac{\rho v^2}{2} \tag{2-54}$$

式中:ρ为液体的密度;λ为沿程阻力系数,理论值为$64/Re$。

考虑到液体在实际流动时还存在温度变化等问题。因此对于沿程阻力系数,液体在金属管道中流动时取$75/Re$,在橡胶软管中流动时取$80/Re$。

液体在直管中做湍流流动时,其沿程压力损失的表达式与层流时相同,仍为

$$\Delta p_\lambda = \lambda \frac{l}{d}\frac{\rho v^2}{2} \tag{2-55}$$

(2)局部压力损失

局部压力损失Δp_ξ与液体的动能直接有关,表达式为

$$\Delta p_\xi = \xi \frac{\rho v^2}{2} \tag{2-56}$$

式中:ρ为液体的密度;v为液体的平均流速;ξ为局部阻力系数。

由于液体流经局部阻力区域的流动情况非常复杂,所以局部阻力系数ξ的值仅在个别场合可用理论求得,一般都必须通过实验来确定或从有关手册中查得。

(3)液压传动系统管路的总压力损失

液压传动系统的管路一般由若干段管道和一些阀、过滤器、管接头、弯头等组成,因此管路总的压力损失Δp就等于所有直管中的沿程压力损失$\sum \Delta p_\lambda$与所有元件处的局部压力损失$\sum \Delta p_\xi$之和,即

$$\Delta p = \sum \Delta p_\lambda + \sum \Delta p_\xi = \sum \lambda \frac{l}{d}\frac{\rho v^2}{2} + \sum \xi \frac{\rho v^2}{2} \tag{2-57}$$

必须指出,式(2-57)仅在两相邻局部压力损失之间的距离大于管道内径10~20倍时才是正确的。因为液流流经局部阻力区域时会受到很大的干扰,要经过一段距离才能稳定下来。如果距离太短,液流还未稳定就又要经过下一个局部阻力区域,它所受到的扰动将更为

严重，这时的阻力系数可能会比正常值大好几倍。

在通常情况下，液压传动系统的管路并不长，所以沿程压力损失比较小，而阀等元件导致的局部压力损失却较大。因此，管路总的压力损失一般以局部损失为主。

考虑阀和过滤器等液压元件对压力损失的影响时，往往并不应用式（2-56），因为此时液流情况比较复杂，难以计算。它们的压力损失数值可从产品样本提供的曲线中直接查到。但是有的产品样本提供的是元件在额定流量 q_r 下的压力损失 Δp_r，当实际通过的流量 q 不等于额定流量 q_r 时，可依据局部压力损失 Δp_ξ 与 v^2 成正比的关系按下式计算

$$\Delta p_\xi = \Delta p_r \left(\frac{q}{q_r} \right)^2 \tag{2-58}$$

2.4.5　减少压力损失的措施

可以采用下列措施减少压力损失，提高液压传动系统的性能。

1）缩短管道长度，减少管道弯曲，尽量避免管道截面的突然变化。

2）减小管道内壁表面的粗糙度，使其尽可能光滑。

3）选用的液压油黏度应适当。低黏度液压油可降低液流的黏性摩擦，但可能无法保证液流为层流；高黏度液压油虽利于产生层流，但黏性摩擦却会大幅增加。所以，液压油的黏度应在保证液流为层流的基础上，尽量减少黏性摩擦。

4）管道应有足够大的通流面积，将液流的速度限制在适当的范围内。

2.5　孔口与缝隙的流动特性

在液压传动系统中，常遇到油液流经孔口（小孔）或缝隙的情况，如节流调速中的节流小孔、液压元件相对运动表面间的各种间隙。研究液体流经这些小孔和间隙的流量压力特性，对研究节流调速性能、计算泄漏都很重要。

2.5.1　液体在小孔中的流动

液体流经小孔的情况可以根据孔长 l 与孔径 d 的比值分为 3 种情况：$l/d \leqslant 0.5$ 时，称为薄壁小孔；$0.5 < l/d \leqslant 4$ 时，称为短孔；$4 < l/d$ 时，称为细长孔。

（1）液体流经薄壁小孔的流动

液体流经薄壁小孔的情况如图 2-19 所示。液流在小孔上游大约 $d/2$ 处开始加速并从四周流向小孔。由于流线不能突然转折到与管轴线平行，在惯性力作用下，外层流逐渐向管轴方向收缩，逐渐过渡到与管轴线方向平行，从而形成收缩截面。对于圆孔，约在小孔下游 $d/2$ 处完成收缩。通常把最小收缩面面积 A_c 与孔口截面面积 A_0 之比值称为收缩系数 C_c，即

$$C_c = \frac{A_c}{A_0} = \frac{\dfrac{\pi d_2^2}{4}}{\dfrac{\pi d^2}{4}} = \left(\frac{d_2}{d} \right)^2 \tag{2-59}$$

在图 2-19 中取 2 个通流截面,液体收缩前的通流截面 1 和液体截面收缩到最小处的通流截面 2,由伯努利方程推导出通过薄壁小孔的流量为

$$q = C_d A_0 \sqrt{\frac{2\Delta p}{\rho}} \tag{2-60}$$

式中:C_d 为流量系数,$C_d = C_c C_v$;C_v 为小孔速度系数,$C_v = 1/\sqrt{1+\xi}$。

液体的流量系数 C_d 因其收缩程度不同而有所差异。

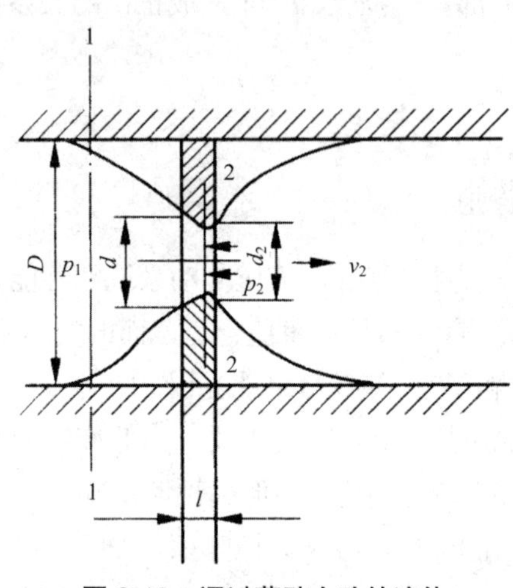

图 2-19 通过薄壁小孔的液体

Ⅰ. 完全收缩液体的流量系数 C_d

在液体完全收缩的情况下,当 $Re > 1 \times 10^5$ 时, C_d 可以认为是不变的常数,计算时取平均值 $C_d = 0.60 \sim 0.61$。当 $Re = 800 \sim 5\,000$ 时,C_d 的表达式为

$$C_d = 0.964 Re^{-0.05}$$

Ⅱ. 不完全收缩液体的流量系数 C_d

在液体不完全收缩的情况下,流量系数可增大至 0.7 ~ 0.8,见表 2-7。当小孔不是刃口形式而是带棱边或小倒角的孔时,C_d 值将更大。

表 2-7 不完全收缩时液体的流量系数 C_d

A_0/A	0.1	0.2	0.3	0.4	0.5	0.6	0.7
C_d	0.602	0.615	0.634	0.661	0.696	0.742	0.804

(2)液体流经细长孔和短孔的流动

液体流经短孔的流量可用薄壁小孔的流量公式,但流量系数 C_d 不同,一般取 0.82。短孔比薄壁小孔制造简单,适合作为固定节流元件用。

由式(2-47)可知,流经细长小孔的液体的流量与小孔前后的压差 Δp 的一次方成正比,同时由于公式中也包含油液的黏度 μ。因此,流量受油温的变化较大。为了便于分析问题,流过孔口的液体流量 q 可表示为

$$q = KA_0\Delta p^m \tag{2-61}$$

式中：A_0 为孔口面积；m 为指数，薄壁小孔的 $m = 0.5$，细长孔的 $m = 1$；K 为孔口通流系数，薄壁小孔的 $K = C_d(2/\rho)^m$，细长孔的 $K = d^2/32\mu l$。

2.5.2　液体在缝隙中的流动

液压元件内部的各零件之间有相对运动，必须要有适当的间隙。间隙过大，会造成泄漏；间隙过小，会加剧零件磨损甚至发生卡死。液压元件内部的各零件之间的间隙会导致两种泄漏：内泄漏和外泄漏。图 2-20 为内泄露和外泄露的示意图。内泄漏时，油液不会流失，但泄漏掉油液的压力能会转换为热能，使油温升高；外泄漏时，油液流失到外界，不仅造成能量损失，还造成油液损失，而且污染环境。可见泄漏导致系统的性能变差，效率降低。泄漏是由压差和间隙造成的，研究液体流经间隙的泄漏量、压差与间隙之间的关系，对提高液压元件的性能及保证液压系统正常工作很有必要。缝隙中的流动一般为层流，分为三类：由压差造成的流动称为压差流动；由相对运动造成的流动称为剪切流动；由压差与剪切同时作用所形成的压差剪切流动。

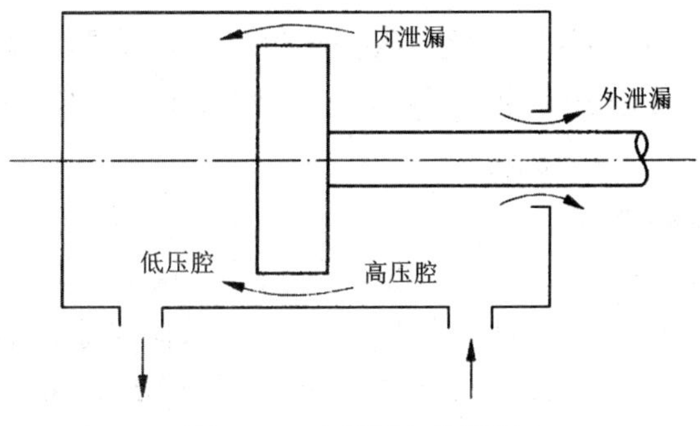

图 2-20　内泄漏与外泄漏

（1）平行平板间隙内的液体流动

平行平板间隙内的液体流动，如图 2-21 所示。

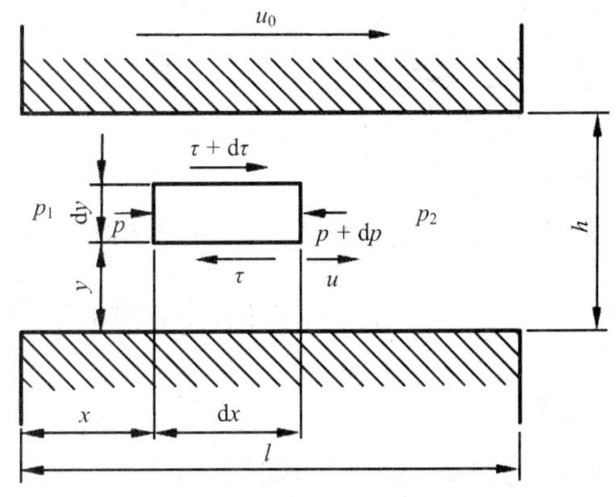

图 2-21　平行平板间隙内的液体流动

Ⅰ. 压差流动

在一对宽为 b、长为 l、间隔为 h 的平行板之间，液体各流层之间无相对运动，在平行板的两端施加压力差 $\Delta p=p_1-p_2$，液体在压差作用下，由 p_1 端流向 p_2 端，这样的流动称为压差流动。压差流动的泄漏量为

$$q=\frac{bh^3}{12\mu l}\Delta p \tag{2-62}$$

Ⅱ. 剪切流动

当一平板不动，另一平板以速度 u_0 做相对运动时，由于液体的黏性力作用，紧贴运动平板的液体以 u_0 速度运动，紧贴于不动板的液体保持静止，中间液体的速度呈线性分布，液体做剪切流动，故其平均流速 $v=u_0/2$。于是平板运动使液体通过平板间隙的泄漏流量为

$$q=vA=\frac{u_0}{2}bh \tag{2-63}$$

Ⅲ. 压差剪切流动

压差和剪切同时作用下，平行板之间液体的泄漏量为

$$q=\frac{bh^3}{12\mu l}\Delta p\pm\frac{u_0}{2}bh \tag{2-64}$$

在式（2-64）中，等号右侧的第 1 项为压差流动引起的泄漏量；等号右侧的第 2 项为剪切流动引起的泄漏量，当其作用效果与压差流动一致时，取“+”号，否则取“-”号。

（2）圆柱环形间隙内的液体流动

Ⅰ. 同心环形间隙内的液体流动

图 2-22 所示为同心环形间隙内的液体流动，当缝隙宽度与圆柱直径之比 h/d 远小于 1 时，可以将环形间隙内的液体流动近似地看作平行平板间隙内的液体流动，只要将式（2-64）平板的宽度 b 用圆环的周长 πd 代替，即可得到同心环形间隙内的液体泄漏流量。

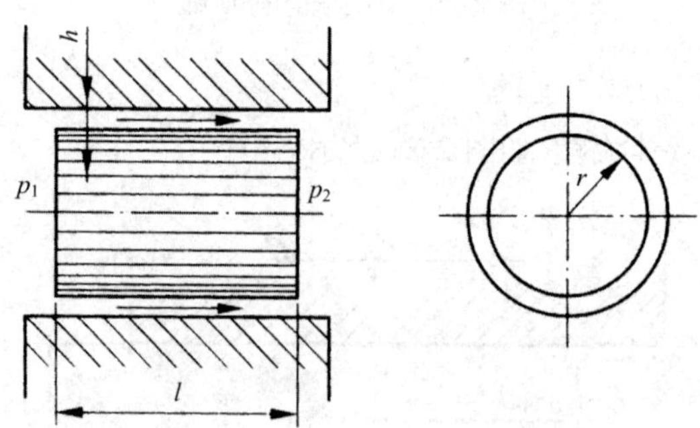

图 2-22　同心圆环形间隙内的液体流动

在压差和剪切同时作用下，同心环形间隙内的液体的泄漏量为

$$q=\frac{\pi dh^3}{12\mu l}\Delta p\pm\frac{\pi dh}{2}u_0 \tag{2-65}$$

式（2-65）中，“+”号和“-”号的确定方法同式（2-64）。

Ⅱ. 偏心环形间隙内的液体流动

液压元件中经常出现偏心环形间隙的情况，如活塞与液压缸体不同心时就会形成偏心环状间隙。图 2-23 为偏心环形间隙内的液体流动示意图。

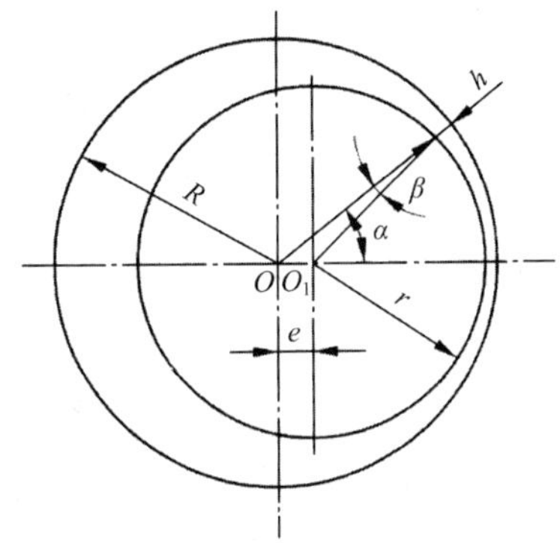

图 2-23　偏心环形间隙内的液体流动

液压缸体的内半径为 R，其圆心为 O，活塞半径为 r，其圆心为 O_1，偏心距为 e，相对偏心率 $\varepsilon = e/e_{max}$。设半径在任一角度 α 时，两圆柱表面间隙为 h，其泄漏流量的表达式为

$$q = \frac{\pi d h_0^3}{12\mu l}\Delta p\left(1+1.5\varepsilon^2\right) \pm \frac{\pi d h_0}{2}u_0 \tag{2-66}$$

式(2-66)中，等号右侧第 1 项为压差流动的泄漏量，第 2 项为剪切流动的泄漏量，当长圆柱表面相对短圆柱表面的运动方向与压差流动方向一致时取“+”号，否则取“-”号。

由式(2-66)可以看出，当 $\varepsilon = 0$ 时即为同心环形间隙，成为式(2-65)。当 $\varepsilon = 1$，即偏心距 e 等于最大偏心距 e_{max}（$e_{max} = R - r$）时，其流量为同心时流量的 2.5 倍，这说明偏心对泄漏量的影响显著。所以，液压元件对同心度的要求较高。

2.6　液压冲击和气穴现象

2.6.1　液压冲击

(1)液压冲击及其成因

在液压传动系统中，当快速换向或突然关闭、开启液压阀门时，液流的速度、方向急剧地改变，流动液体的惯性或运动部件的惯性会使系统内的压力发生突然变化，这种现象称为液压冲击。引起液压冲击现象的原因有两个：管内液流速度突变、运动部件制动。在研究液压冲击时，必须把液体当作弹性物体，同时还须考虑管壁的弹性。

图 2-24 所示为某液压传动油路的一部分。管路 A 的入口端装有蓄能器，出口端装有快速电磁换向阀。当换向阀打开时，管中的流速为 v_0，压力为 p_0，现在来研究当阀门突然关闭时，阀门前及管中压力变化的规律。

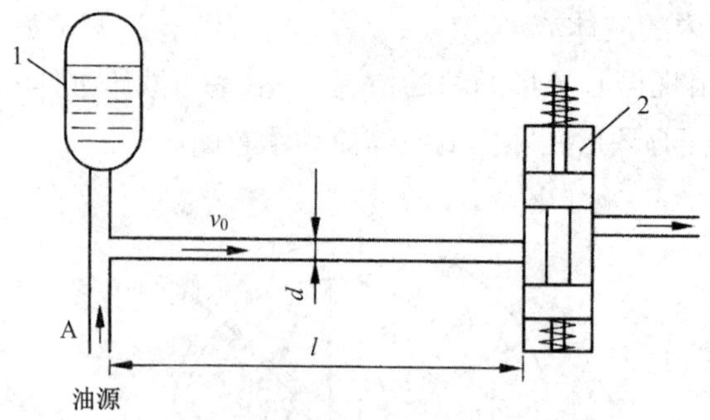

图 2-24 发生液压冲击的液压传动油路

1—蓄能器;2—快速电磁换向阀

当阀门突然关闭时,如果认为液体是不可压缩的,则管中整个液体将如同刚体一样同时静止下来。但实验证明并非如此,如图 2-25 所示,事实上只有紧邻着阀门的一层厚度为 Δl 的液体于 Δt 时间内首先停止流动。之后,液体被压缩,压力增高 Δp,同时管壁亦发生膨胀。在下一个无限小时间 Δt 段后,紧邻着的第二层液体又停止下来,其厚度亦为 Δl,也受压缩,同时这段管子也膨胀了些。以此类推,第三层、第四层液体逐层停止下来,并产生增压,这样就形成了一个高压区和低压区的分界面(称为增压波面),它以速度 c 从阀门处开始向蓄能器方向传播。c 称为液压冲击波的传播速度,它实际上等于液体中的声速。

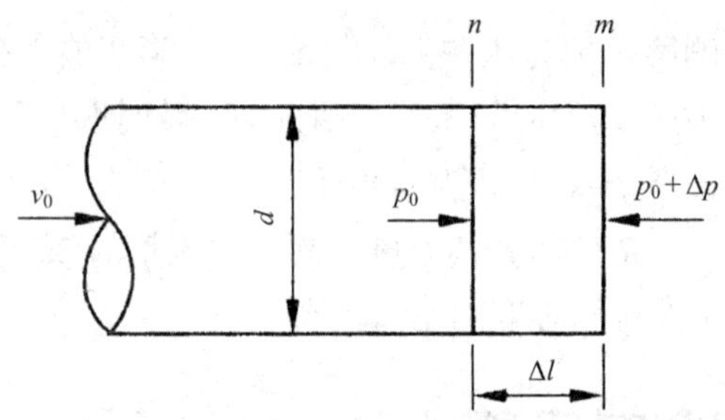

图 2-25 阀门突然关闭时的受力分析

一般情况下,液压冲击波在管道中的传播速度 $c = 890\sim1\,420$ m/s。c 的表达式为

$$c=\frac{\sqrt{\dfrac{K}{\rho}}}{\sqrt{1+\dfrac{d}{\delta}\dfrac{K}{E}}} \tag{2-67}$$

式中:K 为液体的体积模量;d 为管道的内径;δ 为管道的壁厚;E 为管道材料的体积模量。

(2)液压冲击的危害

液压冲击的危害不可小觑,具体如下。

1)液压冲击的压力是设计工作压力的数倍,液压冲击会引起液压管路破裂。

2)损坏液压传动系统的密封装置。

3)损坏液压元件。

4)使压力控制元件产生误动作。

5)液压冲击所产生的冲击波会引起液压传动系统振动。

6)液压冲击所产生的冲击波会引起液压传动系统噪声。

(3)减小液压冲击的措施

为了减小液压冲击的不利影响,一般可采用如下措施。

1)缓慢关闭阀门,削减冲击波的强度。

2)在阀门前设置蓄能器,以减小冲击波传播的距离。

3)适当加大管径,将管中流速限制在适当范围内。

4)正确设计阀口或设置制动装置,使运动部件制动时的速度变化比较均匀。

5)采用换向时间可调的换向阀,以延长阀门关闭和运动部件制动换向的时间。

6)尽可能缩短管长,以减小液压冲击波的传播时间。

7)采用橡胶软管。

8)在系统中装设安全阀,其可起到卸载作用。

9)降低机械系统的振动。

2.6.2　气穴

(1)气穴及其产生原理

液体中一般都溶解有空气,常态时水中溶解有约 2% 体积的空气,液压油中溶解有 6%~12 % 体积的空气。呈溶解状态的气体对油液体积弹性模量没有影响,呈游离状态的小气泡则对油液的体积弹性模量有显著影响。空气的溶解度与压力成正比。当压力降低时,原先压力较高时溶解于油液中的气体成为过饱和状态,于是就分解出游离状态的微小气泡,其速率是较低的,但当压力低于空气分离压 p_g 时,溶解的气体就要以很高速度分解出来并成为游离的微小气泡,进而聚合长大,使原来管道中连续的油液达到混有许多气泡的不连续状态,这种现象称为气穴现象。油液的空气分离压随油温及空气溶解度而变化,当油温 t = 50 ℃时,$p_g < 4$ MPa。

(2)气穴现象的危害

气穴现象会引起系统的振动,产生冲击、噪声、气蚀等不良后果,使液压传动系统的工作状况恶化。其中,气蚀的危害最为严重。

因气穴产生的腐蚀,称为气蚀。管道中发生气穴现象时,气泡随着液体流入高压区,体积急剧缩小,气泡又被液体吸收,形成局部真空,周围液体质点以极大的速度来填补这一空间,使气泡凝结处瞬间局部压力高达数十兆帕,温度可达近千度。在气泡凝结处附近的壁面上,因反复受到高压冲击与高温,以及油液中逸出气体较强的酸化作用,使金属表面产生腐蚀。一般来说,造成气穴的原因包括:①泵吸入管路连接、密封不严,使空气进入管道;②回油管高出油面使空气冲入油中而被泵吸油管吸入油路;③泵吸油管道的吸油阻力过大;④泵吸油管中油液的流速过高。此外,当油液流经节流部位时,流速增高,压力降低,节流部位前、后的压力的比值为 $p_1/p_2 \geqslant 3.5$ 时,将发生节流气穴。

(3)气穴现象的预防

为了防止气穴现象的发生,应采取如下预防措施:

1)限制泵吸油口离油面的高度;

2)增大泵吸油口直径;

3)减小滤油器的压力损失;

4)对于自吸能力差的泵,采用辅助供油;

5)确保管路密封良好,防止空气渗入;

6)节流口压降要小,一般控制节流口前、后压力比小于 3.5;

7)选用抗腐蚀能力强的金属材料制造液压零件;

8)液压零件设计合理,提高零件的表面加工质量;

9)提高零件的力学强度。

思考题与习题

2-1 为什么压力会有多种不同测量与表示方法?说明表压与真空度的异同点。

2-2 为什么说压力是能量的一种表现形式?

2-3 为什么能依据雷诺数来判别流动状态?它的物理意义是什么?

2-4 为什么减缓阀门的关闭速度可以降低液压冲击?为什么在液压传动中对管道内油液的最大流速要加以限制?

2-5 流线有什么特点?为什么流线不能突然转折?

2-6 如图所示的充满液体的倒置 U 形管,一端位于一液面与大气相通的容器中,另一端位于一密封容器中。容器与管中的液体相同,密度为 ρ。在静止状态下,左右容器液面高度差为 h_1,右容器液面与水平连接管的高度差为 h_2,试求在 A、B 两点处的真空度。

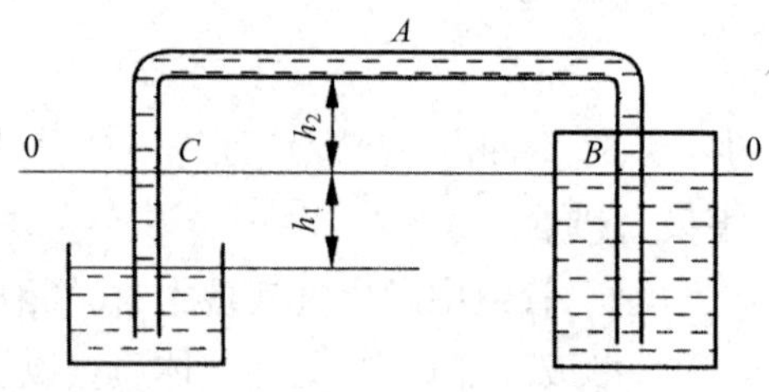

习题图 2-6

2-7 如图所示安全阀,按设计当压力为 p 时阀应开启,弹簧刚度为 k,大活塞直径为 D、小活塞直径为 D_0,忽略大气压力。试求该阀的弹簧预压缩量 x_0。

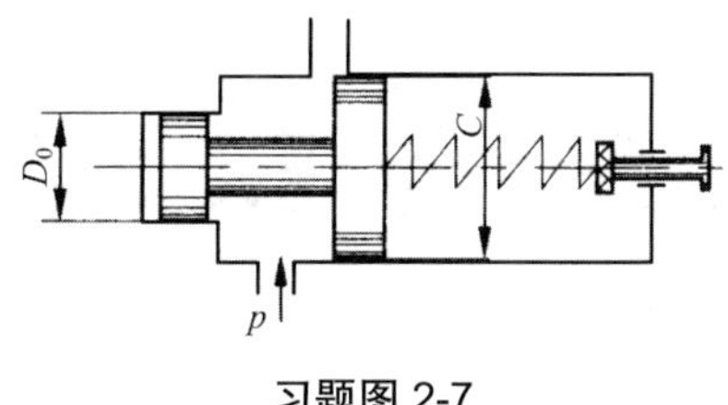

习题图 2-7

2-8　变量液压泵出口与油箱之间安装一节流阀，节流阀节流口为细长孔，当泵流量为 q_1 时，节流阀前的压力为 p_1。节流阀流量系数为 C_d，节流孔直径为 d，液体密度为 ρ。试回答：①泵流量增加到 q_2 时，节流阀前的压力 p_2 是多少；②若将节流阀节流口改为薄壁小孔，节流阀前的压力 p_2 有何变化？

2-9　如图所示，一直径为 D 的露天储油罐，其近底部的出油管直径为 d，出油管中心与储油罐液面相距 H。设油液密度为 ρ；在出油过程中，油罐液面高度不变，出油管处压力表读数为 p_1；忽略一切压力损失且动能修正系数为 1.0。试求装满容积为 Q 的油车需要的时间 t。

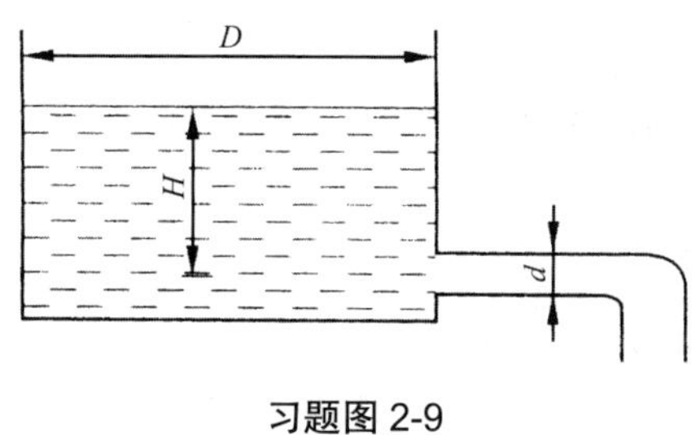

习题图 2-9

第3章　液压动力元件

液压动力元件是向液压传动系统输送具有一定压力和流量的清洁的工作介质的能源装置,它可以是液压泵站或液压泵组。液压泵站一般由液压泵、油箱和一些辅助元件组成。其中,辅助元件是相对独立的,可根据系统的不同要求来取舍,各种液压阀也可以经过集成后,安装在液压泵站上。液压泵站远离主机,作为能源装置而自成一体。液压泵组则是与主机紧密相连的单个或成组安装的液压动力元件。

3.1　液压泵概述

液压动力元件是将原动机输入的机械能转换为液体的压力能的能量转换装置。液压泵是最常见的液压动力元件,为液压传动系统提供具有一定压力和流量的液压液。液压泵的性能直接影响液压传动系统的可靠性和稳定性。本书所述液压动力元件就是各种液压泵。

3.1.1　对液压泵的基本要求

1)外观美观,色泽应与主机协调。

2)节能,当系统不输出功率时,具有自动卸荷的能力。

3)工作平稳,产生的振动、噪声应小于规定值。

4)与电气、电子控制结合使用时,能实现远程控制。

5)可利用过载保护或其他措施确保其工作可靠。

6)密封性能好。

3.1.2　液压泵的工作原理

液压传动系统所用的各种液压泵的工作原理都是依靠液压泵的密封工作腔(简称"密封腔")容积的交替变化来实现吸油和压油的,所以液压泵又被称为容积式泵。图3-1所示为单柱塞式液压泵的工作原理。

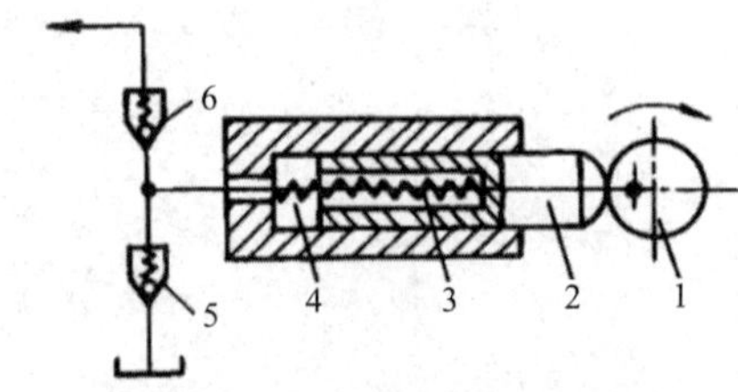

图3-1　单柱塞式液压泵工作原理

1—偏心轮;2—柱塞;3—弹簧;4—密封工作腔;5—吸油阀;6—压油阀

偏心轮 1 旋转时，柱塞 2 在偏心轮 1 和弹簧 3 作用下在缸体中左右移动。柱塞右移时，缸体中的密封腔容积增大，产生真空度，油液通过吸油阀 5 吸入，此时压油阀 6 关闭；柱塞左移时，缸体密封腔的容积变小，将吸入的油液通过压油阀 6 输到液压传动系统中，此时吸油阀 5 是关闭的。液压泵就是依靠其密封腔容积的周期性变化来实现吸入和输出油液的。偏心轮每转动一周，液压泵完成压油和吸油动作各一次。

液压泵吸油时，油箱的油液在大气压作用下使吸油阀 5 开启，而压油阀 6 在阀的弹簧作用下关闭；液压泵输油时，吸油阀 5 在液压和弹簧作用下关闭，而压油阀 6 在液压作用下开启。这种吸入和压出油液的转换，称为配流。液压泵的配流方式有确定式配流（如配流盘、配流轴）和阀式配流（如滑阀、座阀）等。

根据以上分析可知，液压泵的正常工作需要具备以下条件：

1）具有密闭的工作腔；

2）密闭工作腔的容积可交替变化，以实现吸油与压油；

3）设有配流装置，确保吸油腔与压油腔隔开；

4）液压油箱内不能产生真空度，即液压油箱内的压力不小于一个大气压。

3.1.3　液压泵的主要性能参数

（1）压力

Ⅰ. 工作压力 p

工作压力是液压泵的出口处的实际压力，其大小取决于外负载。

Ⅱ. 额定压力 p_s

额定压力是液压泵在连续使用中允许达到的最高压力，其大小取决于液压泵零部件材料的强度，液压泵的结构类型和密封性。

由于不同液压传动系统的用途不同，所需的压力也不同，为了便于液压元件的设计、生产和选用，通常将液压压力分为 5 个等级，见表 3-1。

表 3-1　液压压力分级

压力分级	低压	中压	中高压	高压	超高压
压力（MPa）	≤2.5	>2.5~8	>8~16	>16~32	>32

（2）液压泵的排量、流量

Ⅰ. 排量 V

排量是指在没有泄漏情况下，泵轴转过一周所能排出的液体的体积。排量的大小仅与液压泵的几何尺寸有关。

Ⅱ. 流量 q

液压泵的流量可分为理论流量、实际流量和额定流量。

1）理论流量 q_t，是液压泵在没有泄漏情况下，单位时间内所输出的油液体积，其大小等

于泵轴转速 n 和排量 V 之乘积，即

$$q_t = nV \tag{3-1}$$

式中：q_t 为理论流量，常用的单位为 m^3/s、L/min。

2）实际流量 q，是单位时间内液压泵实际输出的油液体积。液压泵在运行时，其出口压力大于零，因而在液压泵内部油液有泄漏，使液压泵的实际流量小于理论流量。

3）额定流量 q_s，是液压泵在额定转速和额定压力下输出的流量。

（3）功率与效率

Ⅰ. 输入功率 P_i

液压泵的输入功率 P_i，是原动机输出的驱动液压泵轴转动的机械功率，其值等于液压泵轴的转动角速度 ω 与实际输入力矩 T_i 的乘积，表达式为

$$P_i = \omega T_i \tag{3-2}$$

Ⅱ. 输出功率 P_o

液压泵的输出功率 P_o，是液压泵输出的液压功率。如不考虑液压泵在能量转换过程中的损失，则输入功率等于输出功率。此时，有理论功率，表达式为

$$P_t = pVn = T_t\omega = 2\pi T_t n \tag{3-3}$$

式中：T_t 为液压泵的理论转矩；ω 为液压泵的角速度；n 为液压泵的转速。

实际上，液压泵在能量转换过程中一定是有能量损失的，因此输出功率总小于输入功率，两者之差值即为功率损失。功率损失可分为容积损失和机械损失。

1）容积损失，是指因内泄漏、气穴和油液在高压下受压缩等而造成的流量损失，其中泄漏是主要原因。随着液压泵压力的增高，泄漏量增大，液压泵输出的实际流量随之减小。用容积效率 η_V 表征容积损失，其表达式为

$$\eta_V = \frac{q}{q_t} = \frac{q_t - \Delta q}{q_t} = 1 - \frac{\Delta q}{q_t} \tag{3-4}$$

式中：Δq 为某一工作压力下液压泵的流量损失，即泄漏量，其与泵的输出压力成正比，即 $\Delta q = k_1 p$，k_1 为泄漏系数。

因此，容积效率可表示为

$$\eta_V = 1 - \frac{k_1 p}{q_t} \tag{3-5}$$

由式（3-5）可知，输出压力越高、泄漏系数越大，泄漏量也就越大，泵的容积效率 η_V 就越低。

2）机械损失。因泵运动部件的内摩擦而造成转矩损失。设转矩损失为 ΔT，实际输入转矩为 $T = T_t + \Delta T$，用机械效率 η_m 来表征机械损失，表达式为

$$\eta_m = \frac{T_t}{T} = \frac{T_t}{T_t + \Delta T} \tag{3-6}$$

总效率 η 是指液压泵的输出功率与输入功率之比，即

$$\eta = \frac{P_o}{P_i} = \frac{pq}{T_i\omega} = \eta_V \eta_m \tag{3-7}$$

综上，可得出结论：液压泵的总效率等于容积效率和机械效率之乘积。

3.1.3　液压泵的分类

液压泵的种类繁多，分类方法也不一样。按液压泵的排量能否调节，可将液压泵分为定量泵和变量泵；按液流方向能否改变，可分为单向泵和双向泵；按结构形式，可分为叶片泵、柱塞泵、齿轮泵和螺杆泵等。此外，对于每一类泵还可细分为多种类型。液压泵的图形符号见图 3-2。

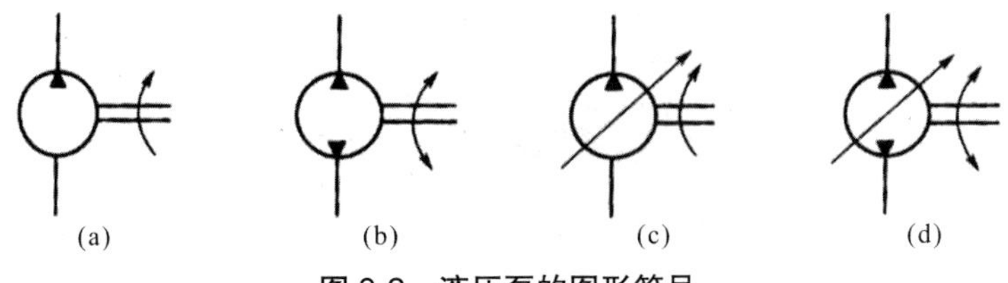

图 3-2　液压泵的图形符号

(a)单向定量泵　(b)双向定量泵　(c)单向变量泵　(d)双向变量泵

3.2　齿轮泵

齿轮泵的种类有很多，按工作压力可大致分为低压齿轮泵（$p \leqslant 2.5$ MPa）、中压齿轮泵（$p = 2.5\sim8$ MPa）、中高压齿轮泵（$p = 8\sim16$ MPa）、高压齿轮泵（$p = 16\sim32$ MPa）、超高压齿轮泵（$p > 32$ MPa）。目前，国内生产和应用较多的是中压、低压、中高压齿轮泵和高压齿轮泵，超高压齿轮泵正处在发展和研制阶段。

按啮合形式，齿轮泵可分为外啮合齿轮泵和内啮合齿轮泵两种，其中外啮合齿轮泵应用广泛，而内啮合齿轮泵则多作为辅助泵。

3.2.1　外啮合齿轮泵

(1)工作原理

图 3-3 所示为外啮合齿轮泵的工作原理。在泵的壳体 1 内有一对相同的外啮合齿轮，即主动齿轮 2 和从动齿轮 3。由于齿轮端面与壳体端盖之间的缝隙、齿轮齿顶与壳体内表面的间隙均很小，因此可以看成齿轮将齿轮泵壳体内腔体分隔成左、右两个密封的工作容腔。当齿轮按图示方向旋转时，右侧的轮齿逐渐脱离啮合，使右侧的密封腔的容积逐渐增大，形成局部真空，油箱中的油液在大气压力的作用下，经泵的吸油口进入密封腔，因此这个密封腔称为吸油腔。随着齿轮的转动，齿槽内的油液从右侧密封腔被带到了左侧密封腔，在左侧的密封腔中，两个齿轮的轮齿逐渐进入啮合，一侧齿轮的轮齿逐渐插入另一侧齿轮的齿槽内，使左侧密封腔的容积逐渐减小并把齿槽内的油液挤出，因此这个密封腔称为压油腔。随着齿轮不断地旋转，齿轮泵不断地吸油和压油，实现了连续向液压传动系统输送油液的过程。在齿轮泵中，吸油区和压油区由相互啮合的轮齿和泵体分隔开来，因此没有单独的配流装置。

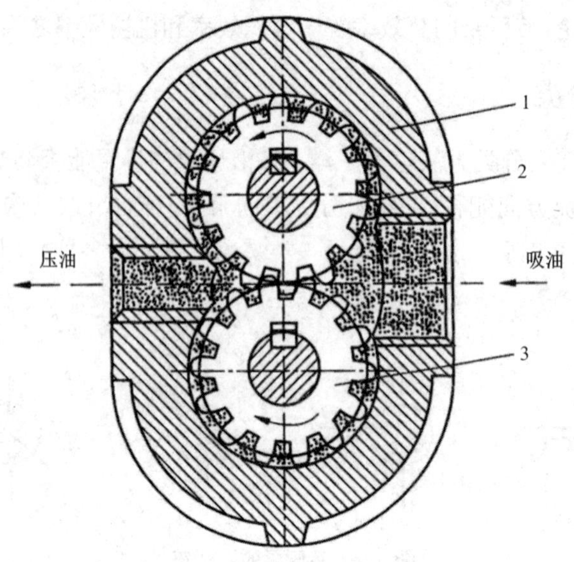

图 3-3 外啮合齿轮泵的工作原理

1—壳体;2—主动齿轮;3—从动齿轮

在齿轮泵工作过程中,只要齿轮旋转方向不变,吸、压油腔的位置也是确定不变的,轮齿啮合线一直起着分隔吸、压油腔的作用,因此轮齿啮合线是外啮合齿轮泵的配流装置。

(2)齿轮泵的流量和脉动率

外啮合齿轮泵的排量可近似看作是两个啮合齿轮的所有齿槽容积之和。若假设齿槽容积等于轮齿体积,则当齿轮齿数为 z,模数为 m,分度圆直径为 d,有效齿高为 h,齿宽为 b 时,根据齿轮参数表达式有 $d=mz$,$h=2m$,齿轮泵的排量近似为

$$V=\pi dhb=2\pi zm^2b \tag{3-8}$$

实际上,齿槽容积比轮齿体积稍大一些,并且齿数越少误差越大,因此在实际计算中用 3.33~3.50 来代替上式中的圆周率(π 值),齿数少时取上限。此时,齿轮泵的排量为

$$V=(6.66\sim7)zm^2b \tag{3-9}$$

由此得齿轮泵的输出流量为

$$q=(6.66\sim7)zm^2bn\eta_V \tag{3-10}$$

式中:n 为齿轮泵的转速;η_V 为齿轮泵的容积效率。

实际上,由于齿轮泵在工作过程中,排量是转角的周期函数,排量脉动导致齿轮泵的瞬时流量也是脉动的。

流量脉动会直接影响液压传动系统工作的平稳性,引起压力脉动,使液压管路系统产生振动和噪声。如果液压泵的流量脉动频率与系统的固有频率一致,还会引起共振,加剧液压传动系统的振动和噪声。若齿轮泵的最大瞬时流量为 q_{max}、最小瞬时流量为 q_{min},平均流量为 q_0,则流量脉动率为

$$\sigma=\frac{q_{max}-q_{min}}{q_0} \tag{3-11}$$

流量脉动率是衡量容积式液压泵流量品质的一个重要指标。在容积式液压泵中,齿轮

泵的流量脉动最大，并且齿数越少，脉动率越大，这是外啮合齿轮泵的一个缺点。相对而言，内啮合齿轮泵比外啮合齿轮泵的流量脉动率要小得多。

(3)外啮合齿轮泵的结构特点

图 3-4 所示为 CB-B 型齿轮泵的结构。CB-B 型齿轮泵为无侧板式，它是具有三片式结构的中低压齿轮泵，特点是结构简单，但不能承受较高的压力。CB-B 型齿轮泵的额定压力为 2.5 MPa，流量为 2.5~125 mL/r，转速为 1 450 r/min，主要用于机床液压传动系统的动力源以及各种补油、润滑和冷却系统。如图所示，主动轴 7 上装有主动齿轮，从动轴 9 上装有从动齿轮；定位销 8 和螺钉 2 把泵体 4 与后泵盖 5、前泵盖 1 装在一起，形成齿轮泵的密封腔；泵体两端面上开有封油卸荷槽口 d，可防止油液向外泄漏和减轻螺钉拉力；油孔 a、b、c 可使轴承处油液流向吸油口。

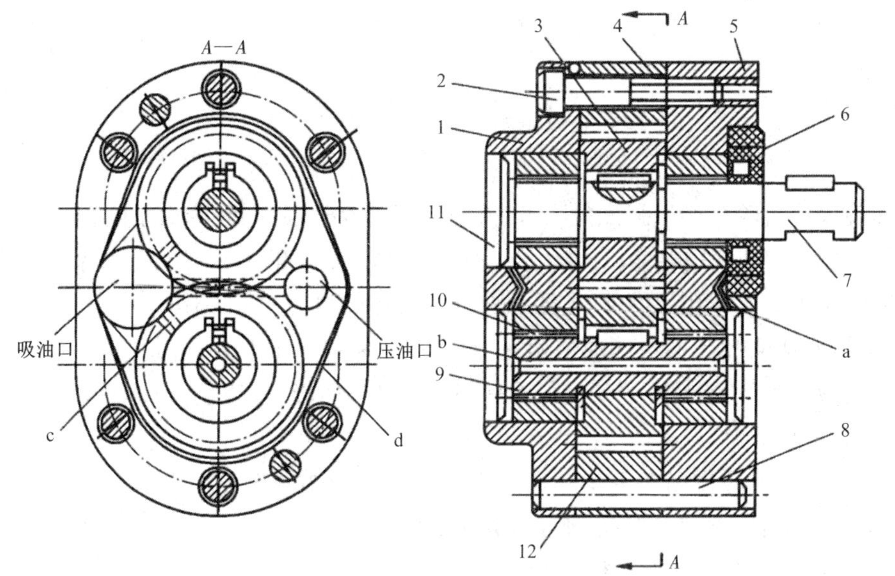

图 3-4 CB-B 型外啮合齿轮泵结构

1—前泵盖；2—螺钉；3—主动齿轮；4—泵体；5—后泵盖；6—密封圈；7—主动轴；8—定位销；9—从动轴；10—滚针轴承；11—堵头；12—从动齿轮；a、b、c—油孔；d—封油卸荷槽口

(4)外啮合齿轮泵结构的问题

Ⅰ. 困油现象

齿轮泵要平稳地工作，齿轮啮合时的重叠系数必须大于 1，即在前一对轮齿尚未脱开时，后一对轮齿必须进入啮合。此时，就有一部分油液被围困在两对轮齿啮合时所形成的密封腔之内，如图 3-5 所示。这个密封容积随齿轮转动先由最大(图 3-5(a))逐渐减到最小(图 3-5(b))，又由最小逐渐增到最大(图 3-5(c))。密封容积减小时，被困油液受到挤压而产生瞬间高压，密封腔的被困油液若无油道与排油口相通，油液将从缝隙中被挤出，导致油液发热，轴承等零件也受到附加冲击载荷的作用；密封容积增大时，因无油液补充，又会形成局部真空，使溶于油液中的气体离析出来，产生气穴。这就是齿轮泵的困油现象。

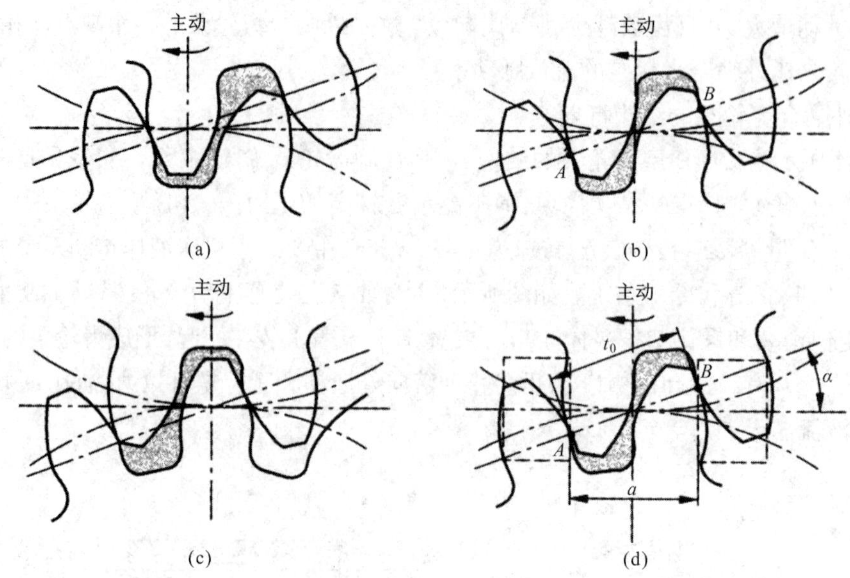

图 3-5 齿轮泵的困油现象及消除措施

(a)密封容积最大 (b)密封容积最小 (c)密封容积最大 (d)两端盖板上开卸荷槽

困油现象使齿轮泵产生强烈的噪声,并引起振动和气蚀,同时降低泵的容积效率,影响油泵工作的平稳性和使用寿命。因此,要设法消除困油造成的不利影响。消除困油的方法,通常是在两端盖板上开卸荷槽,即在图 3-5(d)中的虚线框位置开卸荷槽。当密封腔的容积减小时,通过右侧的卸荷槽与压油腔相通,而当密封腔的容积增大时,通过左侧的卸荷槽与吸油腔相通,两卸荷槽的间距必须确保在任何时候都不使吸、排油腔相通。

Ⅱ.径向不平衡力

在齿轮泵中,油液作用在齿轮外缘上的压力是不均匀的,从低压腔到高压腔,压力沿齿轮旋转的方向逐齿递增,如图 3-6 所示。因此,齿轮和轴受到径向不平衡力的作用,且工作压力越高,径向不平衡力越大。径向不平衡力的表达式为

$$F = K\Delta pBD_e \tag{3-12}$$

式中:K 为系数,一般取 0.75;Δp 为油泵进、出口的压力差;B 为齿宽;D_e 为齿顶圆直径。

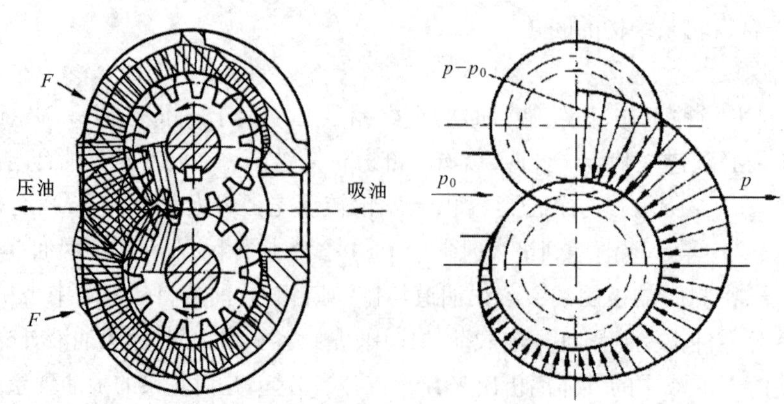

图 3-6 液压径向力分布示意图

径向力不平衡现象严重时能使泵轴弯曲，导致齿顶接触泵体并产生磨损，同时也降低了轴承使用寿命。为了减小径向不平衡力的影响，常采取以下方法。

1)缩小压油口。缩小压油口可以减小高压油在齿轮上的作用面，使压油腔的高压油仅作用在 1~2 齿的范围内(图 3-7)。

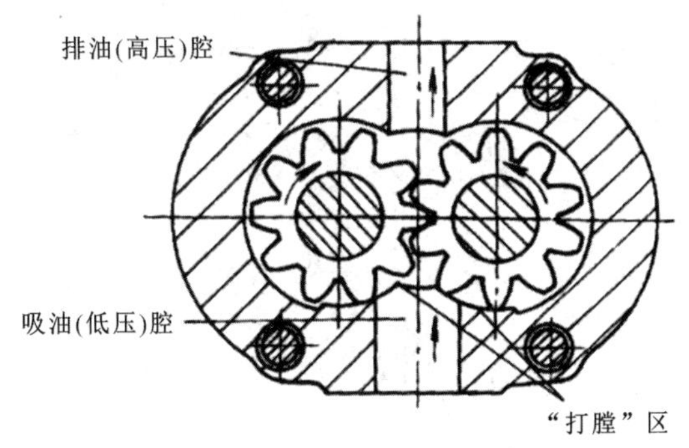

图 3-7　缩小外齿轮泵的压油口

2)开凿压力平衡槽。如图 3-8 所示，在油泵盖板上开平衡槽 1 和 2，分别与低、高压腔相通，产生一个与吸、压油腔对应的液压径向力以起到平衡压力的作用，但此时油泵的内泄漏量变大。

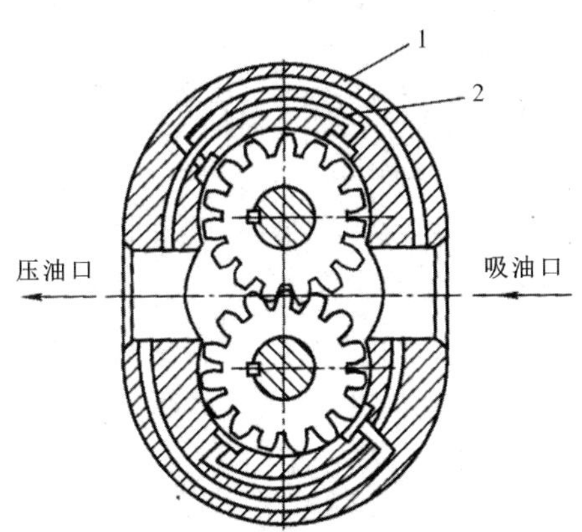

图 3-8　开凿压力卸荷槽减小径向力示意

3)适当增大径向间隙，使齿顶不与泵体接触。

Ⅲ. 泄漏及端面间隙的自动补偿

外啮合齿轮泵压油腔与吸油腔之间因存在压力差，压油腔的油液在压力差的作用下向吸油腔泄漏，泄漏有 3 条途径：①通过齿轮啮合线处的间隙；②通过泵体内孔和齿顶圆之间的径向间隙；③通过齿轮两端面和盖板间的端面间隙。

在这三类间隙中，端面间隙处的泄漏量最大，一般占总泄漏量的 70%~80%，而且泵的压力越高泄漏量就越大。因此，为了提高齿轮泵的压力和容积效率，需要从齿轮泵的结构上采取措施，对端面间隙进行自动补偿。通常采用的端面间隙自动补偿装置有浮动轴套式(图

3-9)、浮动侧板式(图 3-10)。其原理都是引入压力油使轴套或侧板紧贴在齿轮端面上,压力越高,间隙越小,可自动补偿齿轮端面因磨损造成的间隙。

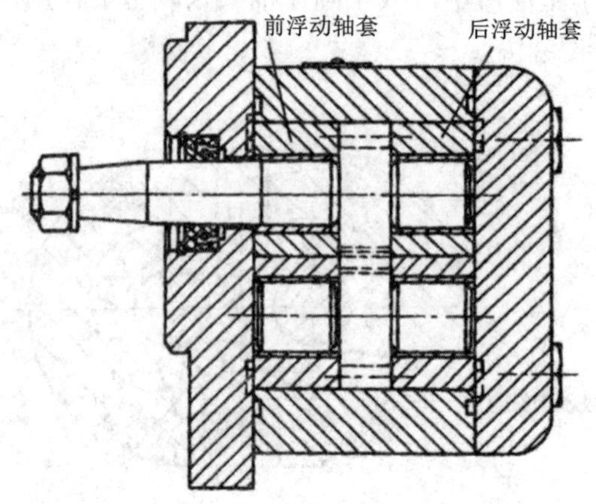

图 3-9 浮动轴套式端面间隙自动补偿装置

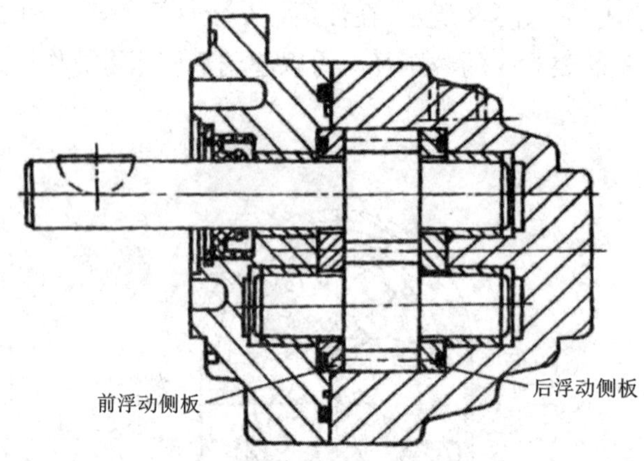

图 3-10 浮动侧板式端面间隙自动补偿装置

3.2.2 内啮合齿轮泵

内啮合齿轮泵的齿轮有渐开线齿形和摆线齿形两种。内啮合齿轮泵的小齿轮轴与大齿轮轴之间存在偏心距,小齿轮为主动轮,大齿轮为从动轮,在工作时大齿轮随小齿轮同向旋转,泵体内部纵轴线两侧形成两个容积交替变化的密封腔,当齿轮沿图 3-11 所示的方向(逆时针)转动时,左侧的密封腔为吸油腔,右侧的密封腔为压油腔。

(1)渐开线齿形内啮合齿轮泵

图 3-11(a)所示为渐开线齿形内啮合齿轮泵,其中小齿轮和内齿轮之间安装有一块月牙形隔板,以便把吸油腔和压油腔隔开,起配流装置的作用。

(2)摆线齿形内啮合齿轮泵

图 3-11(b)所示为摆线齿形内啮合齿轮泵,又称摆线转子泵,其结构特点是小齿轮比内

齿轮少一个齿。当在最高位置时，小齿轮的齿顶紧紧顶在内齿轮的齿槽底部；当在图 3-11（b）所示的最低位置时，小齿轮的齿顶与内齿轮的齿顶紧密吻合。图中纵轴上的小齿轮轮齿与内齿轮轮齿相啮合，将泵体内的吸油腔与压油腔隔开，起配流装置的作用。

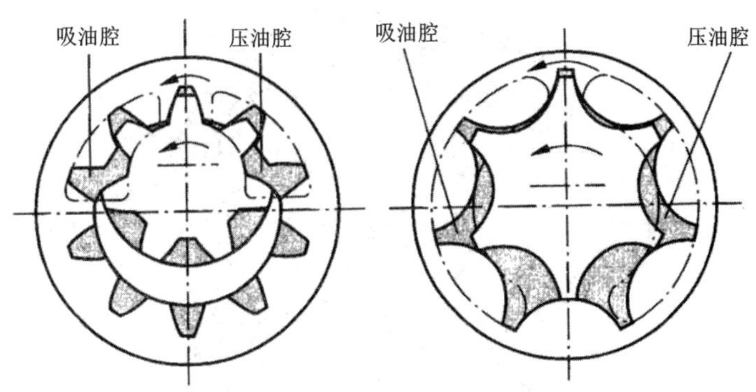

图 3-11　内啮合齿轮泵结构示意图

（a）渐开线齿形内啮合齿轮泵　（b）摆线齿形内啮合齿轮泵

（3）内啮合齿轮泵的特点及应用

1）与外啮合齿轮泵相比，内啮合齿轮泵的优点包括：①结构紧凑，尺寸小，质量轻；②运转平稳，噪声低；③无困油现象；④流量脉动小；⑤在高转速工作时，容积效率高。

2）内啮合齿轮泵的缺点包括：①在低速、高压下工作时，压力脉动大，容积效率低；②齿形复杂，加工困难，价格较贵；③不适合高压工作场合。

3）内啮合齿轮泵一般用于中低压系统。在闭式系统中，常用这种泵作为补油泵。

3.3　叶片泵

叶片泵是应用最广泛的一种液压泵，常用在工程机械、船舶、机床等设备的液压传动系统中。相对于齿轮泵来说，叶片泵具有出流量均匀、脉动小、噪声低等优点，但因其结构较复杂，对油液的污染比较敏感，所以主要用于对速度平稳性要求较高的中低压系统。随着结构、工艺及材料的不断改进，叶片泵正向着中高压及高压方向发展。叶片泵的分类方法较多，按排量是否可变，可分为定量叶片泵和变量叶片泵；按油液流动方向是否可变，可分为单向叶片泵和双向叶片泵；按叶片泵吸、压油液次数，又可分为双作用叶片泵和单作用叶片泵。

3.3.1　双作用叶片泵

（1）组成

双作用叶片泵主要由定子、转子、叶片、配油盘、转轴和泵体等组成。

（2）工作原理

双作用叶片泵的工作原理如图 3-12 所示。转子 2 旋转时，叶片 3 靠离心力和叶片根部所受高油压的共同作用，从转子 2 上的滑槽中伸出并紧贴在定子 1 的内表面上。相邻两叶片和转子的外圆柱面、定子的内表面及前后配油盘(端盖)形成一个密封腔。这种油泵的密封腔总数等于叶片数。

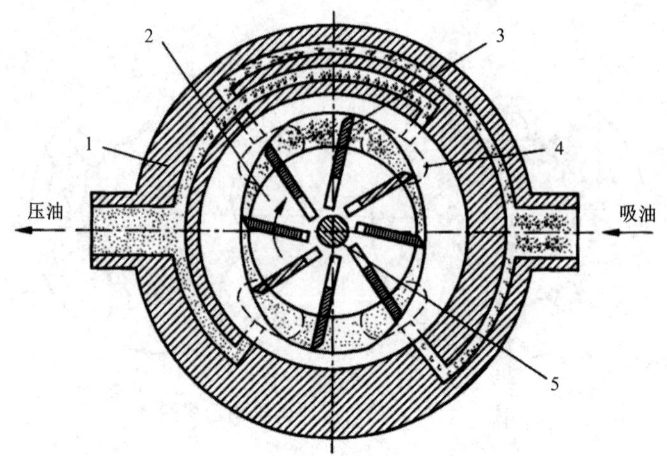

图 3-12 双作用叶片泵的工作原理

1—定子;2—转子;3—叶片;4—配油盘;5—转轴

当转子顺时针方向旋转时,密封腔的容积在左上角和右下角处逐渐增大,形成局部真空而吸油,为吸油区;在左下角和右上角处逐渐减小而压油,为压油区(图 3-12)。吸油区和压油区之间有一段封油区将吸、压油区隔开。这种泵的转子每转一周,每个密封腔完成吸油和压油各两次,所以称为双作用叶片泵。泵的两个吸油区和两个压油区是轴对称的,因而作用在转子上的径向液压力平衡,所以这种泵又称为平衡式叶片泵。

(3)排量和流量

双作用叶片泵的转子每转一周,通过过渡封油区的液体的体积为一圆环体积的 2 倍。圆环外半径等于定子的长半径 R、内半径等于定子的短半径 r,圆环厚度等于叶片宽度 b。若不考虑叶片厚度的影响,双作用叶片泵的理论排量为

$$V = 2\pi\left(R^2 - r^2\right)b \tag{3-13}$$

式中:R 为定子的长半径;r 为定子的短半径;b 为叶片宽度。

双作用叶片泵的平均实际流量为

$$q_V = 2\pi\left(R^2 - r^2\right)bn\eta_V \tag{3-14}$$

式中:n 为叶片泵的转速; η_V 为叶片泵的容积效率。

因叶片有一定的厚度,根部又始终连通压油腔,在吸油区的叶片不断伸出,根部容积要由压力油来补充,减少了输出量,造成少量流量脉动,但脉动率较小。理论分析可知,流量脉动率在叶片数为 4 的整数倍,且大于 8 时最小,故双作用叶片泵的叶片数通常取为 12 或 16。

(4)结构特点

定子内的表面由四段圆弧和四段过渡曲线组成,形状类似于椭圆,且定子和转子是同心

布置的，泵的供油流量无法调节，所以双作用叶片泵属于定量泵。

Ⅰ. 定子曲线

图 3-13 所示为双作用叶片泵的定子曲线。定子内表面曲线实质上由两段长半径 R 圆弧（α 对应的范围）、两段短半径 r 圆弧（α' 对应的范围）和四段过渡曲线（β 对应的范围）八个部分组成。理想的过渡曲线不仅应使叶片在槽中滑动时的径向速度变化均匀，而且应使叶片转到过渡曲线和圆弧段交接点处的加速度突变不大，以减小冲击和噪声，同时还应使泵的瞬时流量脉动最小。

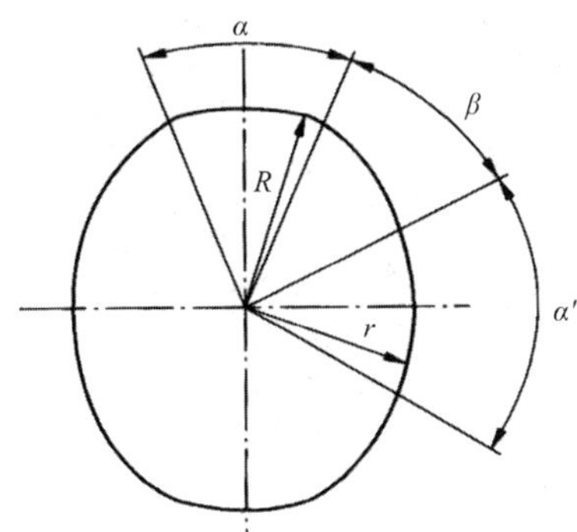

图 3-13　双作用叶片泵的定子曲线

Ⅱ. 叶片倾角

从图 3-12 中可以看到，叶片顶部随同转子上的叶片槽顺转子旋转方向转过一角度，即前倾一个角度，其目的是减小叶片和定子内表面接触时的压力角，从而减少叶片和定子之间的摩擦。当叶片以前倾角安装时，叶片泵不允许反转。

Ⅲ. 端面间隙

为了使转子和叶片能自由旋转，它们与配油盘两端面间应保持有一定间隙。但间隙过大将使泵的内泄漏增加，容积效率降低。为了提高压力，减少端面泄漏，采取的间隙自动补偿措施是将配油盘的外侧与压油腔连通，使配油盘在液压推力作用下压向转子。泵的工作压力越高，配油盘就越贴紧转子，对转子端面间隙进行自动补偿。

3.3.2　单作用叶片泵

（1）组成

单作用叶片泵主要由定子、转子、叶片、配油盘、转动轴和泵体等组成，如图 3-14 所示。

（2）工作原理

图 3-14 所示为单作用叶片泵的工作原理。与双作用叶片泵显著不同之处是，单作用叶片泵的定子内表面是一个圆柱形面，转子轴与定子轴之间有一偏心距 e，两端的配油盘上只开有一个吸油口和一个压油口。转子旋转一周，每一叶片在转子槽内往复滑动一次，每相邻两叶片间的密封腔容积发生一次增大和缩小的变化，容积增大时通过吸油窗口吸油，容积缩小时则通过压油窗口压油。在这种泵的工作工程中，转子每转动一周，吸油、压油各一次，故

称该泵为单作用叶片泵。又因这种泵的转子受不平衡的径向液压力作用,故又称为非卸荷式叶片泵。改变定子和转子间的偏心距 e,就可以改变泵的排量,故单作用叶片泵属于变量泵。

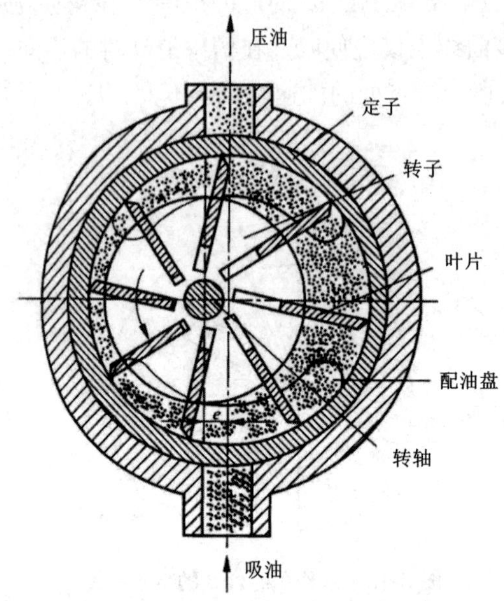

图 3-14 单作用叶片泵的工作原理

(3)排量和流量

如果不考虑叶片的厚度,设定子内径为 D,定子与转子的偏心距为 e,叶片宽度为 b,转子转速为 n,则泵的排量近似为

$$V = 2\pi beD \tag{3-15}$$

单作用叶片泵的平均实际流量为

$$q = 2\pi beDn\eta_V \tag{3-16}$$

式中:b 为叶片宽度;e 为定子与转子的偏心距;D 为定子内表面圆直径;n 为转速; η_V 为容积效率。

(4)单作用叶片泵的结构特点

1)定子和转子偏心安置。移动定子位置以改变偏心距,就可以调节泵的输出流量。当泵轴转动方向保持不变而偏心距反向时,吸油、压油方向将改变,即吸油口将变成压油口,压油口将变成吸油口。

2)叶片后倾。为了减少叶片与定子间的磨损,叶片底部油槽采取在压油区通压力油、吸油区与吸油腔连通的结构形式,保障叶片的底部和顶部所受的液压力平衡,叶片仅靠旋转时产生的离心力作用向外运动并顶在定子的内表面上。根据力学分析,叶片后倾一个角度更有利于叶片向外伸出,通常后倾角为 24°。

3)叶片数目为奇数。实验结果和理论分析结果均显示,对于单作用叶片泵,奇数叶片泵的脉动率比偶数叶片泵的脉动率小,因此叶片数一般取 13 或 15。

4)径向液压力不平衡。由于转子及轴承上承受的径向力不平衡,所以单作用叶片泵不宜用于高压系统,其额定压力一般不超过 7 MPa。

(5)限压式变量叶片泵

Ⅰ.分类

改变单作用叶片泵流量的方法有手调和自调两种。自调单作用叶片泵又根据其工作特性的不同,分为限压式、恒压式和恒流量式三类。因限压式变量叶片泵应用广泛,下面以此为例来讲解。

Ⅱ.结构

图 3-15(a)显示限压式变量叶片泵的工作原理;图 3-15(b)显示其变量特性曲线。转子的中心 O_1 是固定的,定子可以沿着滑轨(图中未画出)左右移动;在限压弹簧的弹簧力作用下,定子 2 被推向右端,使定子中心 O_2 和转子中心 O_1 之间有一初始偏心距 e_0(最大偏心距)。e_0 决定了泵的最大流量,其大小可用调节螺钉调节。泵的出口压力 p,经泵体内部通道作用于有效面积为 A 的柱塞上,使柱塞对定子产生一个克服弹簧力的作用力 $F=pA$。泵的限定压力 p_b 可通过调节螺钉改变弹簧的压缩量来获得,设弹簧的预紧力为 F_S。

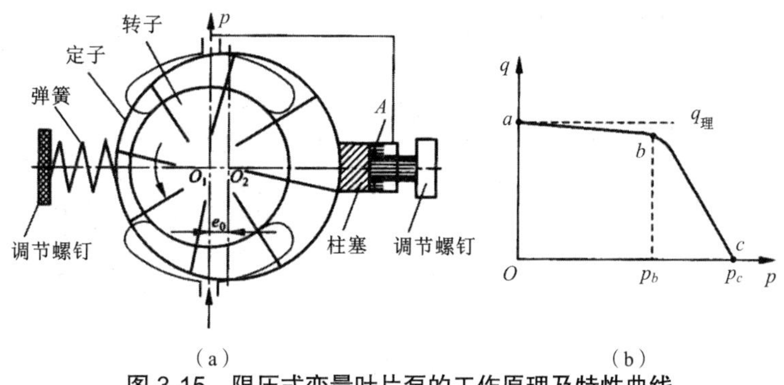

图 3-15　限压式变量叶片泵的工作原理及特性曲线

(a)工作原理　(b)特性曲线

Ⅲ.工作原理

当泵的工作压力小于限定压力 p_b 时,则 $F<F_S$,此时定子不移动,最大偏心距 e_0 保持不变,实际偏心距 e 就是最大偏心距 e_0。此时,泵输出流量基本上维持最大,如图 3-15(b)所示,图中曲线 ab 段稍有下降是由泵的内部流量泄漏所引起;bc 段是泵的变量段,b 点为特性曲线的拐点,所对应的工作压力为

$$p_b=\frac{k_S x_0}{A} \tag{3-17}$$

式中:k_S 为弹簧的刚度系数;x_0 为弹簧的预压缩量。

当泵的工作压力升高而大于限定压力 p_b 时,定子向左偏移 x,偏心距 $e=e_0-x$ 减小,泵的流量也减小。泵出口所对应的工作压力为

$$p=\frac{k_S(x_0+x)}{A} \tag{3-18}$$

当泵的工作压力达到极限压力 $p_c = p_{max}$ 时,偏心距 e 为零,定子向左偏移量 $x = e_0$,泵没有输出流量。泵出口所对应的工作压力为

$$p_c = \frac{k_S(x_0 + e_0)}{A} \tag{3-19}$$

Ⅳ. 流量压力特性曲线的调整

调整限压式变量叶片泵上的调整点,可以改变泵的流量压力特性,具体分析如下。

1)调节弹簧预压缩量 x_0,可以改变 p_b 和 p_c 的值,使曲线的 bc 段左右平移。弹簧调紧时,弹簧预压缩量 x_0 增大,p_b 和 p_c 均增大,使曲线的 bc 段向右平移。反之,bc 段向左平移。

2)调整流量调节螺钉,可以改变油泵的最大输出流量,使曲线的 ab 段上下平移。拧入调节螺钉(向左)时,最大偏心距减小,油泵的最大输出流量随之减小,使曲线的 ab 段向下平移。反之,ab 段向上平移。

3)更换刚度不同的弹簧,可以改变 bc 段的斜率。弹簧越软,bc 段越陡峭(斜率越大);反之,弹簧越硬,bc 段越平坦(斜率越小)。

3.3.3 单作用叶片泵与双作用叶片泵比较

由于叶片泵的不同作用方式,单、双作用叶片泵之间存在明显的差异,见表 3-2。

表 3-2 单、双作用叶片泵比较

项目	单作用叶片泵	双作用叶片泵
别名	非卸荷式叶片泵	平衡式叶片泵
定子转子轴	偏心	同心
定子内表面	圆柱面	八段线组成的类椭圆曲面
泵轴每转	吸油、压油各 1 次	吸油、压油各 2 次
流量特点	变量	定量
液流方向	双向	单向
叶片数目	奇数,一般为 13 或 15	4 的倍数,一般为 12 或 16
叶片倾斜	后倾	前倾
叶根油腔	在压(吸)油区通压(吸)油腔	通压油腔
径向力	有	无
图形符号		

3.4 柱塞泵

柱塞泵是依靠柱塞在缸体内往复运动,使密封腔容积产生变化来实现吸油、压油的。由

于其主要部件柱塞与缸体的工作部分均为圆柱表面，因此加工方便、配合精度高、密封性能好。同时，柱塞泵的主要零件处于受压状态，使材料强度性能得到充分利用，故柱塞泵常做成高压泵。只要改变柱塞的工作行程就能改变泵的排量，易于实现单向或双向变量。所以，柱塞泵具有压力高、结构紧凑、效率高及流量调节方便等优点。柱塞泵的缺点是结构较为复杂，有些零件对材料及加工工艺的要求较高。因此，在各类容积式泵中，柱塞泵的价格最高。柱塞泵常用于需要高压、大流量和流量需要调节的液压系统，如龙门刨床、拉床、液压机、起重机械等设备的液压传动系统。

柱塞泵按柱塞排列方向的不同，分为径向柱塞泵和轴向柱塞泵两类，而轴向柱塞泵又可细分为直轴式轴向柱塞泵和斜轴式轴向柱塞泵。

3.4.1　径向柱塞泵

（1）组成

径向柱塞泵主要由转子、定子、柱塞、配油铜套、配油轴等零件组成。

（2）工作原理

图 3-16 所示为径向柱塞泵的工作原理图。柱塞沿径向均匀地布置在转子上。配油铜套和转子紧密配合，并套装在配油轴上，配油轴固定不动。转子连同柱塞由电动机带动一起旋转。柱塞靠离心力（有些结构是靠弹簧或低压补油作用）紧压在定子的内表面上。由于定子和转子之间有一偏心距 e，所以当转子按图示方向旋转时，柱塞在上半周内向外伸出，因其底部的密封容积逐渐增大，产生局部真空而成为吸油腔，通过固定在配油盘轴上的窗口 a 吸油。当柱塞处于下半周时，柱塞底部的密封容积逐渐减小而成为压油腔，通过配油轴窗口 b 把油液压出。转子转一周，每个柱塞各吸、压油一次。若改变定子和转子的偏心距 e，则泵的输出流量也改变，即为径向柱塞变量柱塞泵；若偏心距 e 从正值变为负值，则进油口和压油口互换，即为双向径向变量柱塞泵。

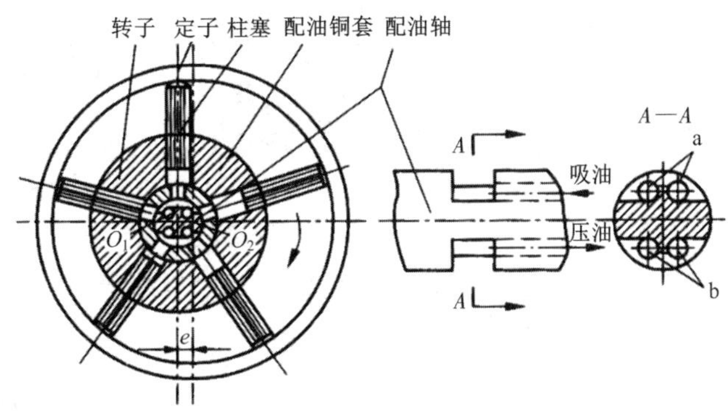

图 3-16　径向柱塞泵工作原理图

（3）径向柱塞泵的排量和流量

柱塞的行程为 2 倍偏心距 e，泵的排量为

$$V=\frac{\pi}{2}d^2ez \tag{3-20}$$

式中:d 为柱塞直径;z 为柱塞个数;e 为转子与定子之间的偏心距。

泵的实际输出流量为

$$q_V = \frac{\pi}{2} d^2 ezn\eta_V \tag{3-21}$$

式中:n 为转子的转速;η_V 为柱塞泵的容积效率。

径向柱塞泵的输出流量是脉动的。理论与实验分析结果表明,柱塞的数量为奇数时流量脉动小,因此径向柱塞泵柱塞的个数通常是 7 或 9。

(4)径向柱塞泵的特点

径向柱塞泵的优点是流量大、压力高、性能稳定、耐冲击性能好、工作可靠;缺点是径向尺寸大、结构复杂、自吸能力差、配油轴受不平衡力、柱塞顶部与定子内表面容易磨损。

3.4.2 轴向柱塞泵

(1)直轴式轴向柱塞泵

Ⅰ.组成

直轴式轴向柱塞泵主要由斜盘、柱塞、缸体、配油盘、轴和弹簧等零件组成。

Ⅱ.工作原理

图 3-17 所示为直轴式轴向柱塞泵的工作原理。直轴式轴向柱塞泵的缸体轴线平行于泵轴。斜盘 1 和配油盘 4 固定不动,斜盘法线和缸体轴线间的交角为 γ。缸体 3 由轴 5 带动旋转,缸体上均匀分布了若干个轴向柱塞孔,孔内装有柱塞 2,柱塞在弹簧力作用下,头部紧顶斜盘。

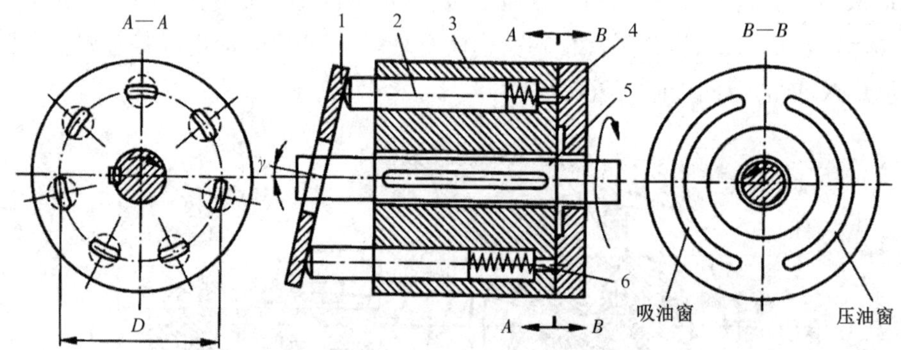

图 3-17 直轴式轴向柱塞泵的工作原理

1—斜盘;2—柱塞;3—缸体;4—配油盘;5—轴;6—弹簧

当缸体按图示方向转动时,由于斜盘的作用,迫使柱塞在缸体内做往复运动,使各柱塞与缸体间的密封容积交替变化,通过配油盘的吸油窗口和压油窗口进行吸油和压油。当缸孔自最低位置向前上方转动(前面半周)时,柱塞在转角 0~π 范围内逐渐被压入缸体,柱塞与缸体内孔形成的密封容积减小,经配油盘压油窗口而压油;柱塞在转角 π~2π(里面半周)范围内,柱塞右端缸孔内密封容积增大,经配油盘吸油窗口而吸油。

改变斜盘倾角 γ,就能改变柱塞的行程,也就改变了泵的排量;如果改变斜盘的倾斜方向,就能改变柱塞泵的吸压油方向,而成为双向变量直轴式轴向柱塞泵。

Ⅲ. 排量和流量

直轴式轴向柱塞泵的排量为

$$V=\frac{\pi}{4}d^2 zD\tan\gamma \tag{3-22}$$

式中:d 为柱塞直径;z 为柱塞个数;γ 为斜盘倾角。

直轴式轴向柱塞泵的实际输出流量为

$$q_V=\frac{\pi}{4}d^2 zDn\eta_V\tan\gamma \tag{3-23}$$

式中:n 为转子的转速;η_V 为柱塞泵容积效率。

Ⅳ. 流量脉动

实际上,直轴式轴向柱塞泵的流量是脉动的,理论与实验分析结果表明,柱塞的数量为奇数时流量脉动小,因此直轴式轴向柱塞泵柱塞的个数通常是 7、9 或 11 个。直轴式轴向柱塞泵的脉动率为

$$\sigma=\frac{\pi}{2z}\tan\frac{\pi}{4z} \tag{3-24}$$

(2)斜轴式轴向柱塞泵

斜轴式轴向柱塞泵的泵轴与缸体中心线倾斜一个角度,这种轴向柱塞泵因此得名。目前,应用比较广泛的是无铰斜轴式轴向柱塞泵。

Ⅰ. 工作原理

图 3-18 所示为无铰斜轴式轴向柱塞泵的工作原理。当主轴转动时,通过连杆的侧面和柱塞的内壁接触带动缸体转动。同时,柱塞在缸体的柱塞孔中做往复运动,实现吸油和压油。其排量公式与直轴式轴向柱塞泵相同。

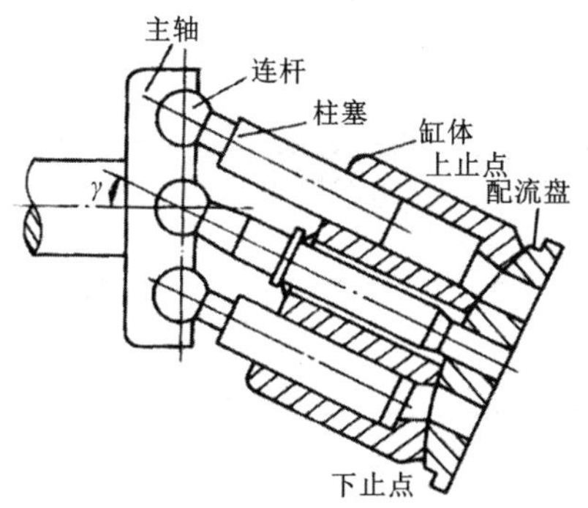

图 3-18 无铰斜轴式轴向柱塞泵的工作原理

Ⅱ. 特点

1)与直轴式轴向柱塞泵相比,斜轴式轴向柱塞泵的优点如下:①柱塞的侧向力小,由此引起的摩擦损失很小;②主轴与缸体的轴线夹角较大,斜轴式一般为 25°,最大为 40°,而直

轴式一般是 15°，最大为 20°，所以斜轴式轴向柱塞泵的变量范围大；③主轴不穿过配油盘，故其球面配油盘的分布圆直径可以设计得较小，在同样工作压力下摩擦副的比功率值较小，因此可以提高泵的转速；④连杆球头和主轴盘连接比较牢固，故自吸能力较强；⑤转动部件的转动惯量小，启动特性好，启动效率高。

2）与直轴式轴向柱塞泵相比，斜轴式轴向柱塞泵的缺点是结构中存在多处球面摩擦副，对加工精度要求较高。

3.5 螺杆泵

螺杆泵实质上是一种外啮合齿轮泵。按螺杆根数的不同，螺杆泵可分为单螺杆泵、双螺杆泵、三螺杆泵、四螺杆泵、五螺杆泵等；按螺杆的横截面的不同，可分为摆线齿形螺杆泵、摆线 - 渐开线齿形螺杆泵和圆形齿形螺杆泵等。螺杆泵属于转子型容积式泵，它依靠做旋转运动的螺杆把液体挤压出去的方法来进行液压传动。螺杆泵具有在工作中不产生困油现象、流量均匀、无压力脉动、噪声和振动小、自吸性能强、允许转速高、结构紧凑、工作可靠、使用寿命长等优点，因此广泛应用于精密机械的液压传动系统和输送黏度大或含有颗粒物质的液体输送系统。

3.5.1 组成

图 3-19 所示为三螺杆泵的结构。在泵体 6 中有 3 根轴线平行的螺杆，中间的是主动螺杆 4，两侧各有一根从动螺杆 5 与其啮合。主动螺杆为双头右旋凸螺杆，从动螺杆为双头左旋凹螺杆。后盖 1 上设有吸油口，泵体 6 的右上部设有压油口。铜垫 2 和铜套 3 为主动螺杆及从动螺杆的止推轴承，铜套 8 用锥销和主动螺杆的轴连接在一起。

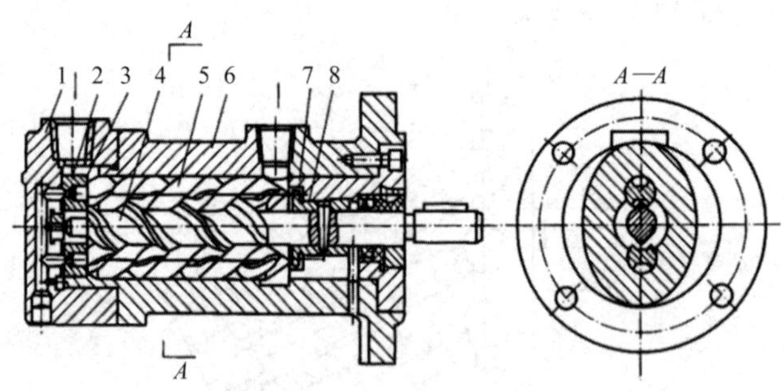

图 3-19 螺杆泵的结构

1—后盖；2—铜垫；3、8—铜套；4—主动螺杆；5—从动螺杆；6—泵体；7—压盖；8—铜套

3.5.2 工作原理

螺杆泵的三根螺杆互相啮合，与泵体之间形成了若干空间为 8 字形的密封容积，如图 3-20 所示。当从轴头伸出端方向向左看，主动螺杆做顺时针方向旋转时，在左端油口处密封容积逐渐增大，完成吸油过程。随着空间啮合线的移动，密封容积沿着轴线方向向右移动。

主动螺杆每转一周，密封容积就移动一个导程的距离。在右端油口处，密封容积逐渐减小完成压油过程。

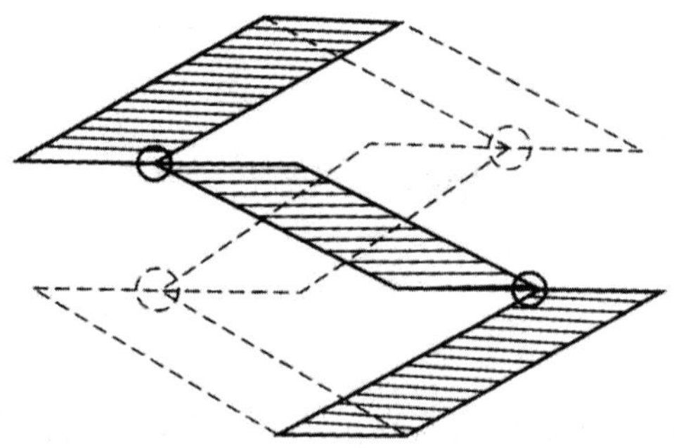

图 3-20　螺杆泵的密封容积

3.5.3　排量和流量

（1）排量

螺杆泵的任一横截面都可以分成两部分，如图 3-21 所示，即螺杆形成齿轮占据的面积（图中剖面线部分）和液体浸占的部分（图中点云部分）。在螺杆啮合转动中，由于泵体和形成齿轮的面积都保持不变，因此液体占据的面积 A 为常数。但由于螺杆转动时，将吸、压油腔隔开的螺旋线以一定的轴向速度向压油腔移动，主动螺杆每转一周，填充在螺旋槽中的液体（即空间 8 字形结构内的液体）就向压油腔移动一个导程，因此螺杆泵的排量为

$$V = AS \tag{3-25}$$

式中：V 为排量（mL/r）；A 为横截面中液体占据的面积，即螺杆泵的过流面积（cm^2/r）；S 为主动螺杆的导程（cm）。

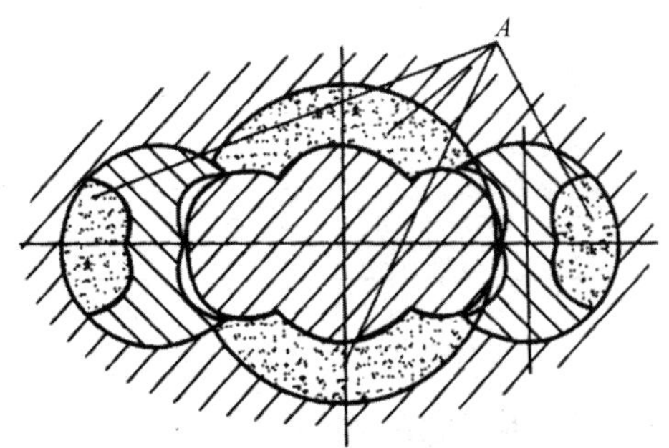

图 3-21　螺杆泵的流过截面

（2）流量

Ⅰ. 理论流量

理论流量的表达式为

$$q_{Vt} = Vn \tag{3-26}$$

式中：q_{Vt}为理论流量（mL/min）；V为排量（mL/r）；n为螺杆泵的转速，即主轴螺杆的转速（r/min）。

Ⅱ. 实际流量

实际流量的表达式为

$$q_V = Vn\eta_V \tag{3-27}$$

式中：q_V为实际流量（mL/min）；η_V为螺杆泵的容积效率，一般取$\eta_V = 0.75\sim0.95$。

3.6 液压泵选用

液压泵是液压传动系统中重要的核心元件，其为液压传动系统提供一定流量和压力的液压液，进而产生液压能。合理选择液压泵有利于降低系统能耗、提高系统效率、降低噪声、改善系统的工作性能和可靠性。

选择液压泵的原则如下：根据主机工况、功率和系统对工作性能的要求，首先确定液压泵的类型，然后按系统所要求的压力、流量确定规格型号。液压泵因结构、功用和运转方式不同，适用场合也不同。在机床液压传动系统中，一般选用双作用叶片泵和限压式变量叶片泵，而在农业机械、港口机械以及小型工程机械中，常选择抗污染能力较强的齿轮泵；负载大、功率大的系统往往选择柱塞泵。各种液压泵的性能见表 3-3。

案例 国之重器：高铁

用手机扫一扫，了解更多信息

表 3-3 液压传动系统中常用液压泵的主要性能比较

性能	外啮合轮泵	双作用叶片泵	限压式变量叶片泵	径向柱塞泵	轴向柱塞泵	螺杆泵
输出压力	低压	中压	中压	高压	高压	低压
流量调节	不能	不能	能	能	能	不能
效率	低	较高	较高	高	高	较高
输出流量脉动	很大	很小	一般	一般	一般	最小
自吸特性	好	较差	较差	差	差	好
对污染敏感性	不敏感	较敏感	较敏感	很敏感	很敏感	不敏感
噪声	大	小	较大	大	大	最小

3.7 液压泵常见故障及排除方法

液压泵的常见故障包括：不输出油或无压力、过热、柱塞泵变量机构失灵、柱塞泵不转动、流量不足或压力不能升高、噪声严重、泄漏。表 3-4 中列出了液压泵常见故障及其排除方法。

表 3-4 液压泵常见故障及排除方法

故障现象	原因分析	排除方法
不输出油或无压力	1)原动机和液压泵转向不一致; 2)油箱油位过低; 3)吸油管或滤油器堵塞; 4)启动时转速过低; 5)油液黏度过大或叶片移动不灵活; 6)叶片泵配油盘与泵体接触不良; 7)叶片卡滞; 8)进油口漏气; 9)组装螺钉过松	1)纠正转向; 2)补油至油标线; 3)清洗吸油管路或滤油器,使其畅通; 4)使转速达到液压泵的最低转速以上; 5)检查油品,更换黏度适合的液压油或提高油温; 6)修理接触面,重新调试; 7)清洗滑槽和叶片,重新安装; 8)更换密封件或接头 9)拧紧螺钉
过热	1)油液黏度过高或过低; 2)侧板和轴套与齿轮端面严重摩擦; 3)油液变质,吸油阻力增大; 4)油箱容积太小,散热不良	1)更换黏度适合的液压油; 2)修理或更换侧板和轴套; 3)换油; 4)加大油箱,扩大散热面积
柱塞泵变量机构失灵	1)在控制油路上,可能出现阻塞; 2)变量活塞以及弹簧心轴卡死	1)净化油,必要时冲洗油路; 2)研磨修复,清洗零件并更换油液
柱塞泵不转动	1)柱塞与缸体卡死; 2)柱塞球头折断,滑履脱落	1)研磨、修复; 2)更换零件
流量不足或压力不能升高	1)吸油管滤油器部分堵塞; 2)吸油端连接处不密封,吸油位置太高; 3)叶片泵运动不灵活或装反; 4)泵盖螺钉松动; 5)系统漏油; 6)齿轮泵轴向和径向间隙过大; 7)叶片泵定子内表面磨损严重; 8)柱塞与缸体或配油盘与缸体间磨损; 9)柱塞回程不够或不能回程; 10)缸体与配油盘间不密封; 11)柱塞泵变量机构失灵; 12)侧板端磨损严重,漏损增加; 13)溢流阀失灵	1)除去脏物,使吸油畅通; 2)维修吸油管处的密封件,降低吸油高度; 3)逐个检查,对不灵活叶片应重新研配; 4)适当拧紧; 5)对系统进行顺序检查; 6)找出间隙过大部位,采取措施; 7)更换零件; 8)更换柱塞,保证接触良好; 9)检查或更换中心弹簧; 10)修磨配流盘与缸体的接触面; 11)检查变量机构,纠正其调整误差; 12)更换零件; 13)检修溢流阀
噪声严重	1)吸油管或滤油器部分堵塞; 2)吸油端连接处不密封,吸油位置太高; 3)泵轴油封处有空气进入; 4)泵盖螺钉松动; 5)泵与联轴器不匹配或松动; 6)油液黏度过高,油中有气泡; 7)吸入口滤油器通过能力太小; 8)转速太高; 9)泵体腔道阻塞; 10)齿轮泵齿接触不良或泵内零件损坏; 11)管路振动; 12)溢流阀阻尼孔堵塞; 13)齿轮泵轴向间隙过小或超差	1)除去脏物,使吸油管畅通; 2)维修吸油管处密封件,降低吸油高度; 3)更换油封; 4)拧紧螺钉; 5)重新安装使其同心,紧固连接件; 6)换黏度适当液压油,提高油液质量; 7)改用通过能力较大的滤油器; 8)使转速降至允许最高转速以下; 9)清理或更换泵体; 10)更换齿轮或研磨修整,更换损坏零件; 11)采取隔离消振措施; 12)拆卸溢流阀清洗; 13)检查并修复有关零件

续表

故障现象	原因分析	排除方法
泄漏	1)柱塞泵弹簧损坏使缸体与配油盘间不密封; 2)油封或密封圈损伤; 3)密封表面不良; 4)泵内零件间磨损、间隙过大	1)更换弹簧; 2)更换油封或密封圈; 3)检查修理; 4)更换或重新配研零件

思考题与习题

3-1 液压泵实现吸油和压油必须具备什么条件?

3-2 齿轮泵存在哪三个共性问题? 通常采用什么措施来解决?

3-3 双作用叶片泵和限压式变量叶片泵在结构上有何区别?

3-4 某液压泵转速为 n 时,理论流量为 q_{Vt}。在同样的转速 n 和压力 p 时,测得泵的实际流量为 q_V,总效率为 η。试求:①泵的容积效率 η_V;②泵在上述工况下的机械效率 η_m;③泵在上述工况下所需电动机的功率 P_i。

3-5 试分析外反馈限压式变量叶片泵 q-p 特性曲线。并叙述改变图 3-15 中 ab 段上下位置、bc 段的斜率和拐点 b 的位置的调节方法。

第 4 章　液压执行元件

液压执行元件是将液体的压力能转变成为机械能的装置，它是液压传动系统的重要组成部分之一。执行元件的选择以实际液压传动系统的工况为依据。执行元件因结构不同，其输出的机械能的形式也不尽相同。常用的液压执行元件主要包括液压缸和液压马达两大类。

案例　国之重器：中国空间站

用手机扫一扫，了解更多信息

4.1　液压缸

液压缸，又称油缸、动作筒或作动筒，是一种液压执行元件。液压缸是将液体的压力能转化成做直线运动以输出力和速度为表现形式的机械能的执行元件。液压缸按供油方式的不同，可分为单作用式液压缸和双作用式液压缸两类。单作用式液压缸只在液压缸的一个腔由系统供油，实现单方向上（伸出）的直线运动，另一个方向上（缩回）的运动需借助于外力；双作用式液压缸可实现两个方向上（伸出、缩回）的直线运动，液压缸的两个腔均可由系统供油。

案例　国之重器：中国天眼

用手机扫一扫，了解更多信息

按结构形式的不同，液压缸可分为活塞缸、柱塞缸和伸缩缸；按活塞杆形式的不同，可分为单活塞杆缸和双活塞杆缸；按所使用的压力不同，可分为低压液压缸、中压液压缸、高压液压缸和超高压液压缸。对于机床类机械而言，一般采用中、低压液压缸，对于建筑机械、工程机械和飞机等机械设备而言，多数采用中、高压液压缸，其额定压力为 10~16 MPa；对于油压机一类机械而言，大多数采用高压液压缸，其额定压力为 25~32 MPa。

4.1.1　活塞式液压缸

活塞缸按结构形式分为双杆式和单杆式，按固定方式分为缸筒固定和活塞杆固定。

（1）双杆活塞液压缸

双杆活塞液压缸的活塞两端都带有活塞杆，分为缸体固定和活塞杆固定两种安装形式，如图 4-1 所示。

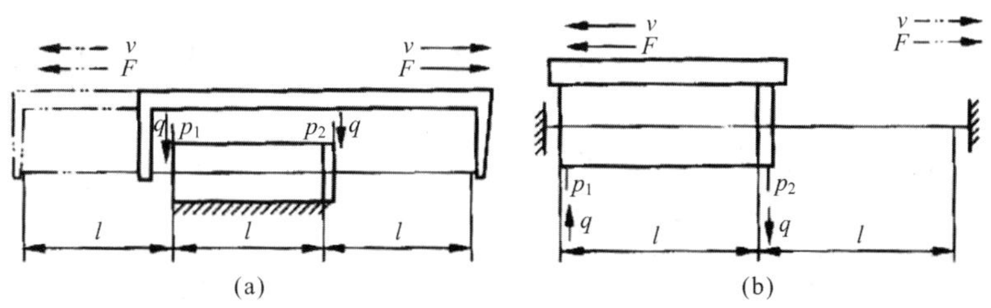

图 4-1　双杆活塞液压缸安装方式简图

（a）缸体固定形式　（b）活塞固定形式

因为双杆活塞式液压缸的两活塞杆直径相等,所以当输入流量和压力不变时,其往返运动速度和推力相等,方向相反。液压缸的运动速度 v 和推力 F 分别为

$$v=\frac{q}{A}\eta_V=\frac{4q}{\pi\left(D^2-d^2\right)}\eta_V \tag{4-1}$$

$$F=\frac{\pi}{4}\left(D^2-d^2\right)\left(p_1-p_2\right)\eta_m \tag{4-2}$$

式中:p_1、p_2 分别为液压缸的进、回油压力;η_V、η_m 分别为液压缸的容积效率和机械效率;D、d 分别为活塞直径和活塞杆直径;q 为输入流量;A 为活塞有效工作面积。

双杆液压缸缸筒固定时,工作台移动范围约为活塞有效行程的三倍,适用于小型机械;当活塞杆固定时,工作台移动范围为缸筒有效行程的两倍,适用于较大型的机械。

(2)单杆活塞液压缸

单杆活塞液压缸的活塞仅一端带有活塞杆,活塞双向运动的速度和输出力不同。其简图及油路连接方式如图 4-2 所示。

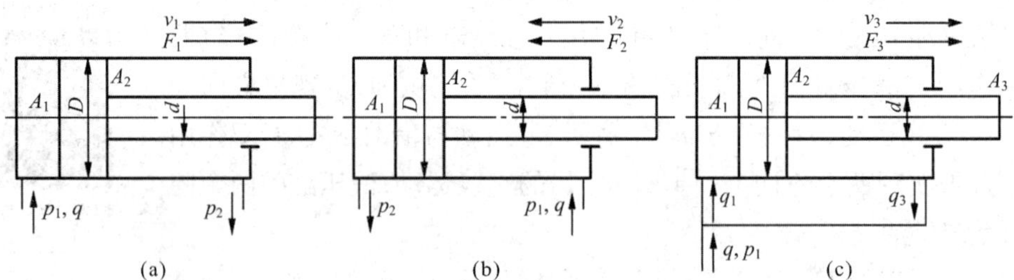

图 4-2 双作用单杆活塞液缸简图

(a)无杆腔进油 (b)有杆腔进油 (c)差动连接

1)当无杆腔进油时(图 4-2(a)),活塞的运动速度 v_1 和推力 F_1 分别为

$$v_1=\frac{q}{A_1}\eta_V=\frac{4q}{\pi D^2}\eta_V \tag{4-3}$$

$$F_1=\left(p_1A_1-p_2A_2\right)\eta_m=\frac{\pi}{4}\left[p_1D^2-p_2\left(D^2-d^2\right)\right]\eta_m \tag{4-4}$$

2)当有杆腔进油时(图 4-2(b)),活塞的运动速度 v_2 和推力 F_2 分别为

$$v_2=\frac{q}{A_2}\eta_V=\frac{4q}{\pi\left(D^2-d^2\right)}\eta_V \tag{4-5}$$

$$F_2=\left(p_1A_2-p_2A_1\right)\eta_m=\frac{\pi}{4}\left[p_1\left(D^2-d^2\right)-p_2D^2\right]\eta_m \tag{4-6}$$

式中:A_1、A_2 分别为液压缸的无杆腔、有杆腔的有效工作面积,其余符号意义同式(4-1)、(4-2)。

比较上述各式,可以看出 $v_2>v_1$,$F_1>F_2$。液压缸往复运动时的速度比为

$$\lambda_v=\frac{v_2}{v_1}=\frac{D^2}{D^2-d^2}=\frac{1}{1-\left(\dfrac{d}{D}\right)^2} \tag{4-7}$$

式（4-7）表明，当活塞杆直径越小时，速度比接近 1，在两个方向上的速度差值就越小。

3）液压缸差动连接时（图 4-2（c）），活塞的运动速度为

$$v_3=\frac{q}{A_1-A_2}\eta_V=\frac{4q}{\pi d^2}\eta_V \tag{4-8}$$

在忽略两腔连通油路压力损失的情况下，差动连接液压缸的推力为

$$F_3=p_1(A_1-A_2)\eta_m=\frac{\pi}{4}d^2p_1\eta_m \tag{4-9}$$

当单杆活塞两腔同时通入压力油时，由于无杆腔有效作用面积大于有杆腔的有效作用面积，使活塞向右的作用力大于向左的作用力，因此活塞向右运动，活塞杆向外伸出；与此同时，又将有杆腔中的油液挤出，使其流进无杆腔，从而加快了活塞杆的伸出速度，单杆的活塞液压缸的这种连接方式称为差动连接。差动连接时，液压缸的有效作用面积是活塞杆的横截面面积，活塞运动速度比无杆腔进油时的速度大，而输出力较小。差动连接是在不增加液压泵容量和功率的条件下，实现快速运动的有效办法。可见，液压缸实现差动需要三个条件：①单杆活塞液压缸；②活塞两侧油腔连通；③活塞接液压泵。

例 3-1　单杆活塞液压缸的活塞直径 $D=100$ mm，活塞杆直径 $d=70$ mm，输入流量 $q=25$ L/min，压力 $p_1=2$ MPa，$p_2=0$。液压缸容积效率 $\eta_V=0.98$，机械效率 $\eta_m=0.97$。试求在图 4-2 所示的三种情况下，活塞可推动的最大负载和运动速度，并指出活塞的运动方向。

解：（1）第一种情况

在图 4-2（a）中，液压缸的无杆腔进油，回油腔压力为零，活塞可最大推力为

$$F_1=\frac{\pi}{4}D^2p_1\eta_m=\frac{\pi}{4}\times0.1^2\times2\times10^6\times0.97=15\ 237\ \text{N}$$

活塞向右运动，其运动速度为

$$v_1=\frac{4q}{\pi D^2}\eta_v=\frac{4\times25\times10^{-3}\times0.98}{\pi\times0.10^2\times60}=0.052\ \text{m/s}$$

（2）第二种情况

在图 4-2（b）中，液压缸的有杆腔进油，无杆腔回油压力为零，活塞输出力为

$$F_2=\frac{\pi}{4}\left(D^2-d^2\right)p_1\eta_m=\frac{\pi}{4}\left(0.1^2-0.07^2\right)\times2\times10^6\times0.97=7\ 771\ \text{N}$$

活塞向左运动，其运动速度为

$$v_2=\frac{4q}{\pi\left(D^2-d^2\right)}\eta_V=\frac{4\times25\times10^{-3}\times0.98}{\pi\times\left(0.1^2-0.07^2\right)\times60}=0.102\ \text{m/s}$$

（3）第三种情况

在图 4-2（c）中，液压缸差动连接，活塞推力为

$$F_3=\frac{\pi}{4}d^2p_1\eta_m=\frac{\pi}{4}\times0.07^2\times2\times10^6\times0.97=6\ 466\ \text{N}$$

活塞向右运动，其运动速度为

$$v_3=\frac{4q}{\pi d^2}\eta_V=\frac{4\times25\times10^{-3}\times0.98}{\pi\times0.07^2\times60}=0.106\ \text{m/s}$$

由本例题可以看出:①差动连接时,活塞运动速度大,但输出的力较小,适用于空载或轻载快速运动的场合;②有杆腔进油时,活塞运动速度较大,但输出的力不大,适用于轻载快速运动的场合;③无杆腔进油时,活塞运动速度较小,但输出的力很大,适用于重载慢速运动的场合。

4.1.2 柱塞式液压缸

图 4-3(a)所示为柱塞式液压缸的结构简图。柱塞缸由缸筒、柱塞、导向套、密封圈和压盖等零件组成。柱塞和缸筒内壁不接触,因此缸筒内孔不需要精加工,成本低。柱塞式液压缸是单作用式的,它的回程需要借助外力(如重力或弹簧弹力等)来完成。如果要获得双向运动,可将两个柱塞液压缸相对安装如图 4-3(b)所示。柱塞式液压缸的柱塞端面是受压面,其面积决定了柱塞伸出的速度和推力。为保证柱塞缸有足够的推力和稳定性,一般柱塞较粗,质量较大,水平安装时易产生单边摩擦损失,故柱塞缸适宜于垂直安装使用。为减轻柱塞的质量,有时制成空心柱塞。

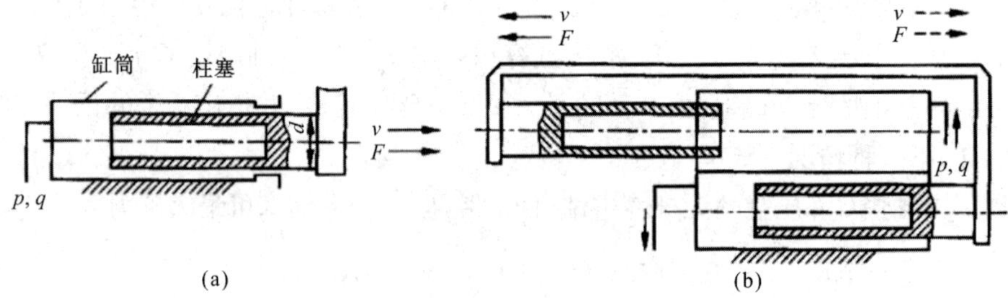

图 4-3 柱塞式液压缸结构简图

(a)结构简图 (b)成对使用

柱塞式液压缸的结构简单,制造方便,常用于工作行程较长的场合,如大型拉床、矿用液压支架。

柱塞式液压缸输出的推力 F_4 和速度 v_4 分别为

$$F_4 = pA\eta_m = p\frac{\pi}{4}d^2\eta_m \tag{4-10}$$

$$v_4 = \frac{q}{A}\eta_V = \frac{4q}{\pi d^2}\eta_V \tag{4-11}$$

式中:p 为作用在柱塞缸内的油液压力;q 为输入柱塞缸内的油液流量;A 为柱塞端面面积;d 为柱塞直径;η_m、η_V 分别为柱塞式液压缸的机械效率和容积效率。

4.1.3 集成化自行摆动式齿轮齿条液压缸

集成化自行摆动式齿轮齿条液压缸是作者的发明专利(ZL201711166062.X),该液压缸克服了现有齿轮齿条液压缸与液压换向阀需要用液压导管连接,导致液压传动系统存在结构松散且复杂、体积庞大且笨重、制造使用成本高以及齿轮齿条液压缸不能自行摆动等缺陷。集成化自行摆动式齿轮齿条液压缸将齿轮齿条液压缸与液压换向阀集成为一体,具有液压缸自行摆动且频率可调、液压回路结构简单、制造及使用成本低等优点。

(1)结构组成

集成化自行摆动式齿轮齿条液压缸可分为两部分:齿轮齿条液压缸,由活塞、活塞杆、齿条、齿轮与壳体组成,两个相同的活塞分别固定在带有齿条的活塞杆的两端,套在转轴上的齿轮与齿条相啮合;自动换向机构,由转轴、急回弹簧安装座、急回弹簧、扇形摆动盘、阀杆、摇臂、右拨销、左拨销与壳体组成。

(2)连接关系

如图 4-4 所示,在集成化自行摆动式齿轮齿条液压缸中,活塞 4 两端的油腔分别与壳体中阀杆 13 两端的油腔连通,阀杆的油腔入口与可调节流阀 2 和液压源 1 连接,油腔出口和油箱 15 连接;安装在转轴 3 上的扇形摆动盘 12 上设有右拨销 16 与左拨销 17;右拨销、左拨销与摇臂 14 的自由端配合;摇臂 14 的自由端和急回弹簧 11 的下端连接;急回弹簧为一根拉簧,其上端连接在位于 Y 轴上的急回弹簧安装座 10 上;急回弹簧安装座固定在壳体 9 上;摇臂 14 的另一端与阀杆铰接。注:转轴 7 与扇形摆动盘 12 的轴是同一根轴,为了便于描述,将本液压缸沿水平向剖分为上下两部分。

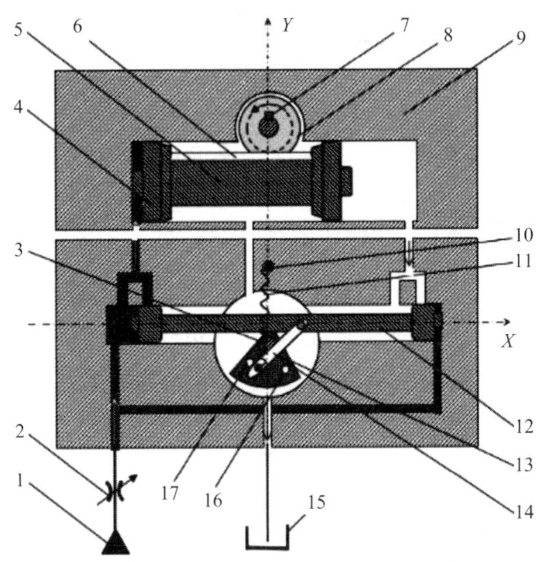

图 4-4　集成化自行摆动式齿轮齿条液压缸

1—液压源;2—可调节流阀;3—转轴;4—活塞;5—活塞杆;6—齿条;7—轴键;8—齿轮;9—壳体;10—急回弹簧安装座;11—急回弹簧;12—扇形摆动盘;13—阀杆;14—摇臂;15—油箱;16—右拨销;17—左拨销

(3)工作原理

驱动阀杆沿 *X* 方向直线移动,在左拨销、右拨销随扇形摆动盘绕转轴同步转动时,拨动摇臂的自由端,当摇臂的轴线越过 *Y* 方向时,急回弹簧迅速将摇臂拉向另一侧,推动阀杆快速移动,改变了油液的流动方向,从而实现齿轮齿条液压缸的换向。液压缸摆动速度(频率)取决于可调节流阀的流量。

4.2 液压马达

液压马达是液压执行元件,它是依靠密闭工作腔容积的变化实现能量转换的,属容积式液压执行元件,其结构与液压泵类似。液压马达与液压缸的不同在于:液压马达实现旋转或摆转运动,输出机械能的形式是转矩和转速(或角速度);液压缸实现往复直线运动,输出机械能的形式是力和速度。

液压马达按旋转方式,分为转动式液压马达和摆动式液压马达;按结构形式,分为柱塞式液压马达、叶片式液压马达等;按转动方向,分为单向液压马达和双向液压马达;按排量能否改变,分为变量液压马达和定量液压马达;按工作特性,分为高速小转矩马达和低速大转矩马达。

4.2.1 液压马达的主要参数

液压马达的主要参数为转矩 T、转速 n 和角速度 ω。液压马达的实际输出转矩与转速分别为

$$T=\frac{1}{2\pi}\Delta pV\eta_{\mathrm{m}} \tag{4-12}$$

$$n=\frac{q}{V}\eta_{\mathrm{V}} \tag{4-13}$$

式中:Δp 为进、出口压力差;q 为输入的流量;V 为排量;η_{m} 为机械效率;η_{V} 为容积效率。

4.2.2 轴向柱塞式液压马达

图 4-5 所示为轴向柱塞式液压马达的工作原理。当压力油经配油盘通入柱塞底部时,柱塞受压力油作用伸出并紧压在斜盘上,这时斜盘对柱塞产生一反作用力 F。由于斜盘倾斜角为 γ,所以 F 可分解为两个分力:轴向分力 F_x,和作用在柱塞上的液压作用力平衡;分力 F_y,使缸体产生转矩。设柱塞和缸体的垂直中心线成 φ 角,该柱塞产生的转矩为

$$T_i=F_ya=F_yR\sin\varphi=F_xR\tan\gamma\sin\varphi \tag{4-14}$$

式中:R 为柱塞在缸体中的分布圆半径。

液压马达输出的转矩为

$$T=\sum F_xR\tan\gamma\sin\varphi \tag{4-15}$$

由于柱塞的瞬时方位角 φ 是变量,液压马达产生的总转矩是脉动的。

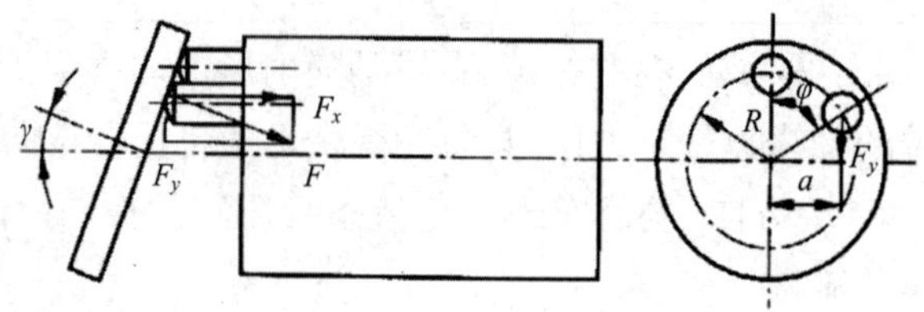

图 4-5 轴向柱塞式液压马达的工作原理

4.2.3　径向式液压马达

径向柱塞马达为低速大转矩液压马达，其特点是转矩大、低速稳定性好、可直接与工作装置连接、无须减速装置，从而使机械传动系统大为简化，结构更为紧凑，在工程机械领域得到了广泛应用。径向柱塞马达分为曲轴连杆式和多作用内曲线式两类。

（1）曲轴连杆式低速大扭矩液压马达

曲轴连杆式低速大扭矩液压马达是通过增大柱塞直径，从而增大排量来增大马达输出转矩的。该液压马达的工作原理如图 4-6 所示。在壳体 1 的圆周上放射状地均匀布置了 5 个缸体，缸中的柱塞 2 通过球铰与连杆 3 的小端相连接，连杆大端做成鞍形圆柱面紧贴在曲轴 4 的偏心轮上（偏心轮的圆心为 O_1，它与曲轴旋转中心 O 的偏心距为 e。曲轴的一端通过十字接头与配流轴 5 相连，配流轴上隔板两侧分别为进油腔和排油腔。曲轴连杆式低速大扭矩液压马达的优点是结构简单、工作可靠；缺点是体积大、质量大、转矩脉冲大、低速稳定性差。

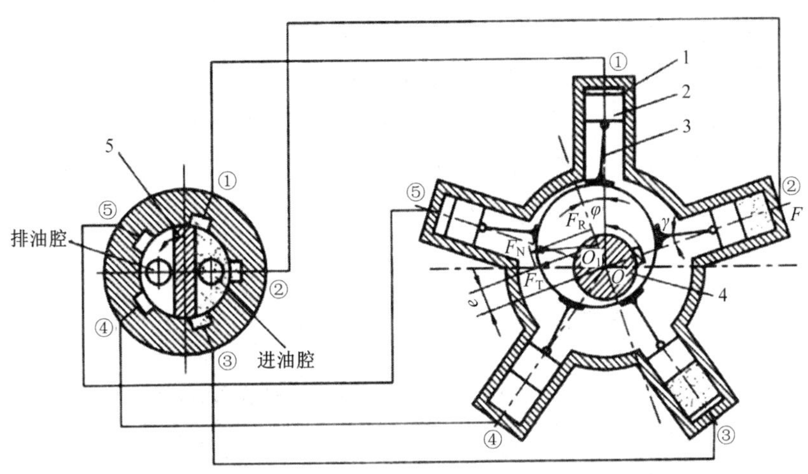

图 4-6　曲轴连杆式低速大扭矩液压马达的工作原理

1—壳体；2—柱塞；3—连杆；4—曲轴；5—配流轴

以上是壳体固定、曲轴旋转的情况，如果将曲轴固定，进、排油管直接接到配流轴中，就能达到外壳旋转的目的，外壳旋转的马达用来驱动车轮、卷筒十分方便。

（2）内曲线径向柱塞式低速大扭矩液压马达

内曲线径向柱塞式低速大扭矩液压马达（简称内曲线马达），如图 4-7 所示。它是低速大扭矩马达的主要形式之一，主要特点是作用数不小于三个，所以排量较大，具有结构紧凑、质量轻、传动扭矩大、低速稳定性好、变速范围大、启动效率高等优点。内曲线液压马达的结构形式很多，从使用方式上看，有外壳固定轴转动、轴固定外壳转动等形式；从内部结构上看，根据不同的传力方式和柱塞部件的结构可有多种形式，但主要工作原理相同。

若将马达的进、出油方向对调，马达将反方向转动。内曲线马达带动履带用于行走机构时，多做成双排的。两排柱塞处于一个缸体中，外形上如同一个液压马达。因此改变各排柱塞之间的组合，就相当于几个液压马达的不同组合，便能实现变速。

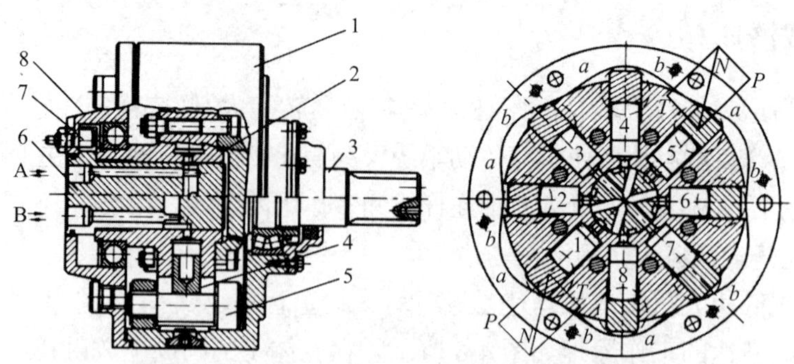

图 4-7 内曲线低速大扭矩液压马达的结构和原理

1—壳体;2—缸体;3—输出轴;4—柱塞;5—滚轮组;6—配流轴;7—微调凸轮;8—端盖

4.2.4 摆动式液压马达

摆动式液压马达能实现摆转角度小于 360° 的往复摆转运动,它直接输出转矩和角速度。摆动式液压马达主要有单叶片式、双叶片式和三叶片式等结构形式。

(1)单叶片摆动式液压马达

图 4-8(a)所示为单叶片摆动式液压马达,其摆动角可达 300°。单叶片摆动式液压马达主要由叶片、摆动轴、定子块、壳体等主要零件组成。两个密闭工作腔由叶片和定子块来隔开。定子块固定在壳体上,叶片和摆动轴连接在一起,当两油口交替通以压力油时,叶片带动摆动轴往复摆动。

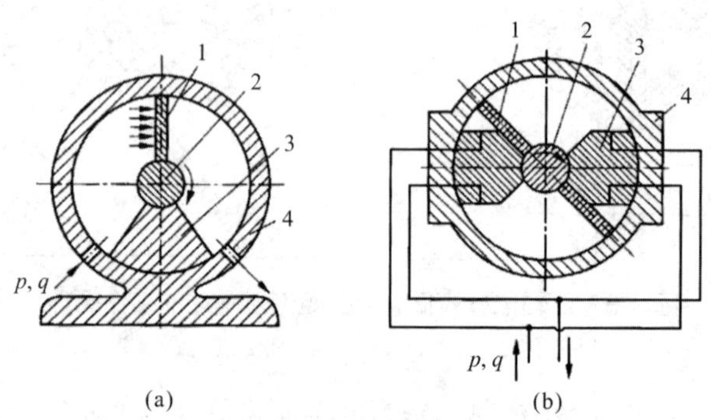

图 4-8 摆动式液压马达

(a)单叶片摆动式液压马达 (b)双叶片摆动式液压马达

1—叶片;2—摆动轴;3—定子块;4—壳体

当考虑机械效率时,单叶片摆动式液压马达的摆动轴输出转矩为

$$T_{单} = \frac{b}{8}\left(D^2 - d^2\right)\left(p_1 - p_2\right)\eta_m \tag{4-16}$$

输出角速度为

$$\omega_{单} = \frac{8q}{b\left(D^2 - d^2\right)}\eta_V \tag{4-17}$$

式中:D 为壳体内圆柱面直径;d 为摆动轴直径;b 为叶片宽度;η_V 为容积效率;η_m 为机械效率。

(2)双叶片摆动式液压马达

图 4-8(b)所示为双叶片摆动式液压马达,其摆角一般不超过 150°。当输入压力和流量不变时,双叶片摆动式液压马达的摆动轴输出转矩是具有相同参数的单叶片摆动式液压马达的两倍,而摆动角速度则是单叶片式的一半,即

$$T_{双} = 2T_{单} = \frac{b}{4}\left(D^2 - d^2\right)\left(p_1 - p_2\right)\eta_{\rm m} \tag{4-18}$$

输出角速度为

$$\omega_{双} = \frac{1}{2}\omega_{单} = \frac{4q}{b\left(D^2 - d^2\right)}\eta_{\rm V} \tag{4-19}$$

式中:各参数同式(4-16)和式(4-17)。

单叶片摆动式液压马达的输出功率为 $P_{单}$,双叶片摆动式液压马达输出功率为 $P_{双}$,则有

$$P_{单} = T_{单}\omega_{单} = \left(p_1 - p_2\right)\eta_{\rm V}\eta_{\rm m} \tag{4-20}$$

$$P_{双} = T_{双}\omega_{双} = \left(p_1 - p_2\right)\eta_{\rm V}\eta_{\rm m} \tag{4-21}$$

(3)三叶片式摆动式液压马达

三叶片式摆动式液压马达的三个叶片在圆周内均匀分布,摆动角度小于 60°,输出的转矩是单叶片摆动式液压马达的三倍,输出的角速度是单叶片摆动式液压马达的三分之一。

可见,在输入的压力和流量相同的条件下,相同尺寸的三种叶片马达的输出功率相等。

摆动式液压马达的结构紧凑,输出转矩大,但密封困难,一般只用于中、低压系统中需要往复摆动、转位或间歇运动的场合。

4.3 液压执行元件常见故障及排除方法

液压执行元件在工作过程中会发生故障,为保证液压执行元件的正常工作,应采用正确的方法排除各种故障。常见的故障原因和排除方法分别见表 4-1 和表 4-2。

表 4-1　液压缸常见故障及排除方法

故障现象	原因分析	排除方法
爬行	1)混入空气; 2)运动密封件装配过紧; 3)活塞杆与活塞不同轴; 4)导向套与缸筒不同轴; 5)活塞杆弯曲; 6)液压缸轴线与导轨不平行; 7)缸筒内径圆柱度超差; 8)缸筒内孔锈蚀、拉毛; 9)活塞杆两端螺母拧得过紧,使同轴度降低; 10)活塞杆刚性差; 11)液压缸运动件之间间隙过大; 12)导轨润滑不良	1)排出空气; 2)调整密封圈,使之松紧适当; 3)校正、修正或更换; 4)修正调整; 5)校直活塞杆; 6)重新安装; 7)镗磨修复,重配活塞或增加密封件; 8)除去锈蚀、毛刺或重新镗磨; 9)略松螺母,使活塞杆处于自然状态; 10)加大活塞杆直径; 11)减小配合间隙; 12)保持良好润滑

续表

故障现象	原因分析	排除方法
冲击	1)减缓间隙过大; 2)缓冲装置中的单向阀失灵	1)减小缓冲间隙; 2)修复单向阀
推力小或速度低	1)缸体和活塞的配合间隙过大; 2)缸体和活塞的密封件损坏; 3)缸体和活塞的配合间隙过小或密封过紧; 4)运动件制造存在误差和装配不良; 5)活塞杆弯曲,引起剧烈摩擦; 6)缸体内孔拉伤与活塞咬死或加工不良; 7)液压油中杂质过多,使活塞杆卡死或泄漏大	1)修理更换精度低的零件,重新装配; 2)调整或更换密封件; 3)增加配合间隙,调整密封件的紧度; 4)修理误差较大的零件重新装配; 5)校直活塞杆; 6)镗磨、修复缸体或更换缸体; 7)清洗液压传动系统,更换液压油改进密封性
外泄漏	1)密封件咬边、拉伤或破坏; 2)密封件方向装反; 3)缸盖螺钉未拧紧; 4)运动零件之间有纵向拉伤和沟痕	1)更换密封件; 2)正确安装密封件; 3)拧紧螺钉; 4)修理或更换零件

表 4-2 液压马达常见故障及排除方法

故障现象	原因分析	排除方法
转矩小或角速度小	1)滤油器阻塞,油液黏度大,泵效率低; 2)电机转速低,功率不匹配; 3)密封不严,有空气进入; 4)油液污染,堵塞马达内部通道; 5)油液黏度小,内泄漏增大; 6)油箱中油液不足、管径过小或过长; 7)运动部件间隙增大导致的泄漏量偏大; 8)单向阀密封不良,溢流阀失灵	1)清洗滤油器、更换黏度适当的油液、修理或更换泵; 2)更换电机; 3)紧固或更换密封件; 4)拆卸、清洗马达,更换油液; 5)更换黏度适合的油液; 6)加油,加大吸油管径; 7)对运动部件进行修复或调整; 8)修理阀芯和阀座
噪声大	1)进油口滤油器堵塞,进油管漏气; 2)联轴器与马达轴不同心或松动; 3)齿轮马达齿形精度低,接触不良,轴向间隙小,内部个别零件损坏,齿轮内孔与端面不垂直,端盖上两孔不平行,滚针轴承断裂,轴承架损坏; 4)叶片和主配油盘接触的两侧面、叶片顶端或定子内表面磨损或刮伤,扭力弹簧变形或损坏; 5)径向马达的柱塞径向尺寸磨损超差	1)清洗滤油器,紧固接头; 2)重新安装调整或紧固; 3)更换齿轮,或研磨修整齿形,研磨有关零件,调整轴向间隙,更换损坏的零件; 4)根据磨损程度修复或更换; 5)修磨缸孔,重配柱塞
泄漏大	1)管接头未拧紧; 2)接合面螺钉未拧紧; 3)密封件损坏; 4)配油装置发生故障; 5)相互运动零件的间隙过大	1)拧紧管接头; 2)拧紧螺钉; 3)更换密封件; 4)检修配油装置; 5)重新调整间隙或修理、更换零件

思考题与习题

4-1 某差动连接液压缸,已知液压泵的流量为 q,压力为 p,要求活塞往复运动的速度

为 v,试计算此液压缸活塞杆直径 d 和缸筒内径 D,并求输出推力 F。

4-2　一台定量液压泵 P 给一台定量液压马达 M 供压。液压泵的输出压力为 p_P、排量为 V_P、转速为 n_P、机械效率为 η_{mP}、容积效率为 η_{VP};液压马达的排量为 V_M,机械效率为 η_{mM},容积效率为 η_{VM}。液压泵的出口和液压马达的进口间的管道压力损失为 Δp,其他损失不计。试求:(1)液压泵的输出功率 P_{oP};(2)液压泵的驱动功率 P_{iP};(3)液压马达的转速 n_M、转矩 T_M 和输出功率 P_{oM}。

4-3　如图所示,三种结构形式的液压缸,活塞和活塞杆直径分别为 D 和 d,进入液压缸的流量为 q,压力为 p。试分析各缸产生的推力、速度及运动方向。

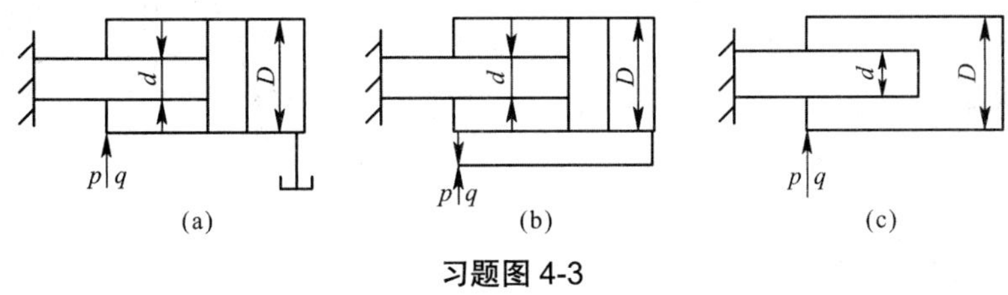

习题图 4-3

第 5 章　液压控制元件

液压控制元件主要指各种液压控制阀,它通过控制液压传动系统工作介质的压力、流量及流动方向,实现控制执行元件的输出力(力矩)、速度(角速度),以及控制执行元件的运动方向、启动和停止动作。液压控制元件的输入是油液的压力能,其输出还是是油液的压力能。所以,液压控制元件不会对工作介质的压力能进行转换,只能对工作介质的压力能进行控制。

5.1　液压阀概述

5.1.1　阀的功用与基本要求

阀用于控制液压传动系统中液体的流动方向或调节其压力和流量,可以分为方向阀、压力阀和流量阀三大类。压力阀和流量阀利用通流截面的节流作用,控制系统的压力和流量;方向阀利用通道的变换,控制液体的流动方向。

各类阀具有以下共性:①在结构上,所有阀都由阀体、阀芯和驱使阀芯动作的部件(如弹簧、电磁铁等)组成;②在原理上,所有阀的开口、进出口间的压差与流过阀的流量之间的关系都符合孔口流量公式。

液压阀应满足如下要求:①动作灵敏、使用可靠;②工作时冲击、振动、噪声小;③压力损失小;④密封性能好;⑤结构紧凑,安装、调整、使用、维护方便;⑥通用性强。

5.1.2　阀的分类

阀可按不同的特征进行分类,见表 5-1。

表 5-1　阀的分类

分类	种类	详细分类
按机能	压力控制阀	溢流阀、减压阀、顺序阀、卸荷阀、平衡阀、比例压力控制阀、缓冲阀、仪表截止阀、限压切断阀、压力继电器等
	流量控制阀	节流阀、单向节流阀、调速阀、分流阀、集流阀、比例流量控制阀、限速切断阀等
	方向控制阀	普通单向阀、液控单向阀、换向阀、行程减速阀、充液阀、梭阀、比例方向控制阀等

续表

分类	种类	详细分类
按操纵方法	手动阀	由手把、手轮、踏板、杠杆等操纵
	机动阀	由挡块、碰块、弹簧操纵
	液动阀	由液压控制
	电液阀	由电磁阀控制液动阀
	电动阀	由普通 / 比例电磁铁控制、力马达 / 力矩马达 / 步进电动机 / 伺服电动机控制
按连接方式	管式连接	螺纹式连接、法兰式连接
	板式 / 叠加式连接	单层连接板式、双层连接板式、油路块式、叠加阀、多路阀
	插装式连接	螺纹式插装(二、三、四通插装阀)、盖板式插装(二通插装阀)
按输出调节效果	开关控制阀	方向控制阀、顺序阀、限速切断阀、逻辑元件
	输出参数连续可调的阀	溢流阀、减压阀、节流阀、调速阀、各类电液控制阀

5.2　方向控制阀

方向控制阀(简称方向阀),用于控制液压传动系统油液流动方向以及接通或断开油路,从而改变执行元件的运动方向以及控制执行元件的启动、停止动作。

5.2.1　单向阀

液压传动系统常用的单向阀有普通单向阀和液控单向阀两种。

(1)普通单向阀

在普通单向阀中,油液只能沿一个方向流动,不许反向倒流。普通单向阀按其结构不同,分为钢球密封式直通单向阀、锥阀芯密封式直通单向阀和直角式单向阀,三者工作原理相同。钢球密封式直通单向阀一般用在流量较小的场合,锥阀密封式直通单向阀适用于高压、大流量场合。

锥阀密封式直通单向阀如图 5-1 所示。压力油从阀体左端的管口 P_1 流进单向阀时,压力油克服弹簧作用在阀芯上的力,使阀芯向右移动,打开阀口,并通过阀芯上的径向孔 a、轴向孔 b 从阀体右端的管口 P_2 流出。但是压力油从阀芯右端的通口 P_2 流入时,压力油产生的推力和弹簧的压紧力一起使阀芯锥面压紧在阀座上,使阀口关闭,因此油液无法从 P_2 流向 P_1。

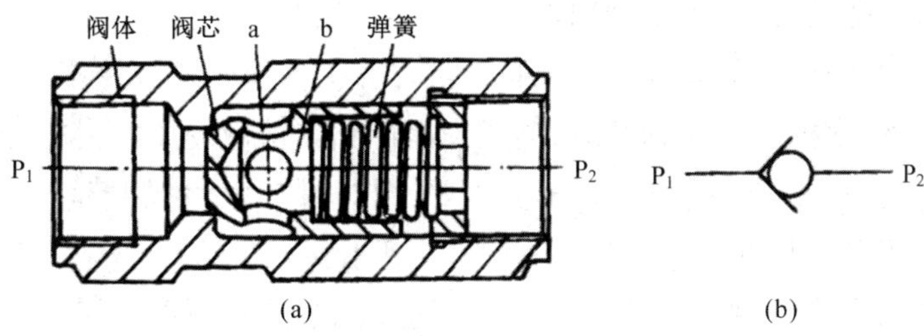

图 5-1　锥阀器封式直通单向阀

(a)结构图　(b)图形符号

单向阀的阀芯也可以用钢球式结构，其优点是制造方便，缺点是密封性较差，因此只适用于小流量的场合。普通单向阀的主要性能参数包括：正向最小开启压力、正向流动时的压力损失、反向泄漏量等。这些参数均与阀的结构和制造质量有关。

对普通单向阀的要求：通油方向（正向）的阻力应尽可能小，而不通油方向（反向）密封性好。另外，单向阀的动作应灵敏，工作时不应有撞击和噪声。单向阀弹簧的刚度一般都选得较小，使阀的正向开启压力仅需 0.03~0.05 MPa。如采用刚度较大的弹簧，使其开启压力达 0.2~0.6 MPa，便可用作背压阀。

（2）液控单向阀

液控单向阀有普通型和带卸荷阀芯型两种，每种又按其控制活塞的泄油腔的连接方式分为内泄式和外泄式两种。图 5-2 所示为普通型外泄式液控单向阀。当控制口 K 处无控制压力通入时，其作用和普通单向阀一样，压力油只能从 P_1 口流向 P_2 口，不能反向倒流。当控制口 K 处有控制压力油，且其作用在控制活塞上的液压力超过 P_2 腔压力和弹簧作用在阀芯上的合力且控制活塞上腔通泄油口时，控制活塞推动推杆使阀芯上移开启，通油口 P_1 和 P_2 接通，油液便可在两个方向自由通流。这种结构在反向开启时的控制压力较小。

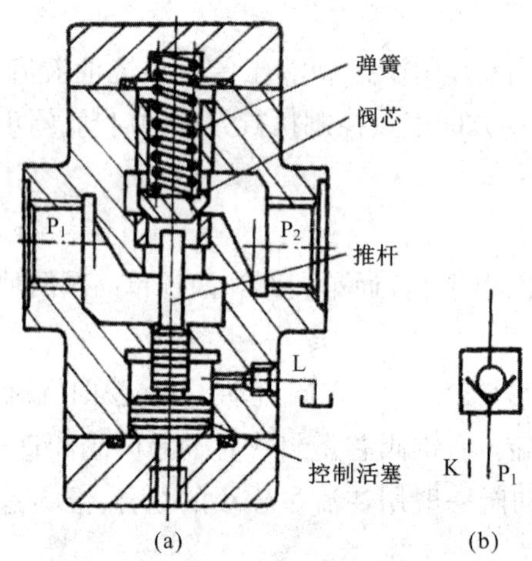

图 5-2 普通型外泄式液控单向阀

（a）结构 （b）图形符号

对于外泄式液控单向阀，如没有外泄油口，而进油腔 P_1 和控制活塞的上腔直接相通，就形成了内泄式液控单向阀，如图 5-3 所示。内泄式液控单向阀的结构较为简单，在反向开启时，K 腔的压力必须高于 P_1 腔的压力，故控制压力较高，仅适用于 P_1 腔压力较低的场合。

在高压系统中，液控单向阀反向开启前 P_2 口的压力很高，所以使反向开启的控制压力也较高，且当控制活塞推开单向阀芯时，高压封闭回路内油液的压力突然释放，会产生很大的冲击，为了避免这种现象且减小控制压力，可采用如图 5-3 所示的带卸荷阀芯的液控单向阀。作用在控制活塞 1 上的控制压力推动控制活塞上移，先将卸荷阀芯 6 顶开，P_2 和 P_1 腔之间产生微小的缝隙，使 P_2 腔压力降低到一定程度，然后再顶开单向阀芯实现 P_2 到 P_1 的反向通流。

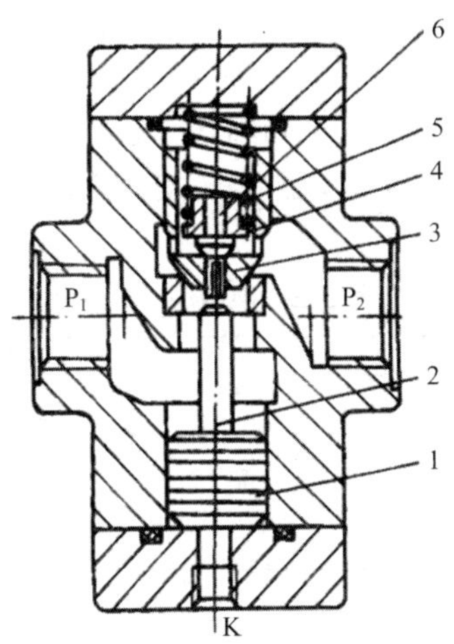

图 5-3　带卸荷阀芯的内泄式液控单向阀

1—控制活塞；2—推杆；3—主阀芯；4—弹簧座；5—弹簧；6—卸荷阀芯

一般来说，液控单向阀的性能与普通单向阀相同，但有反向开启最小控制压力要求。当 P_1 口压力为零（p_1=0）时，反向开启最小控制压力的要求：普通型的为（0.4~0.5）p_2；而带卸荷阀芯的为 0.05p_2。两者相差近 10 倍。必须指出，对于液控单向阀，其反向流动时的压力损失比正向流动时小，因为在正向流动时，除克服流动损失外，还要克服阀芯上的液动力和弹簧力。

综上所述，为了便于理解液控单向阀的功能，可得出以下结论：

一是，当控制压力为 0 或不足以顶开阀芯时，液控单向阀的功能相当于普通单向阀；

二是，当控制压力能够顶开阀芯时，液控单向阀的功能相当于一段导管。

（3）单向阀的应用

1）普通单向阀在液压系统中的主要用途包括：

①常被安装在泵的出口，可防止系统压力突增而冲坏液压泵，且在泵不工作时可防止系统油液经泵倒流回油箱；

②用来分隔油路，防止干扰；

③与其他阀组合形成复合阀，如平衡阀、可调节单向节流阀、单向调速阀等；

④在回油路上作为背压阀，以提高液压缸的运动平稳性，减小液压缸的爬行和前冲现象。

2）液控单向阀的应用在液压系统中主要用途包括：

①对液压缸进行锁闭；

②作为立式液压缸的支承阀；

③起保压作用；

④可以远程控制。

5.2.2 换向阀

换向阀是换向滑阀的简称,其作用是利用阀芯和阀体相对位置的改变,来控制各油口的导通与断开,从而控制执行元件的换向和启停。换向阀的分类见表 5-2。

表 5-2 换向阀的分类

分类方式	类型
按阀芯的运动形式	滑阀、转阀等
按阀的工作位置和通路数	二位二通、二位三通、二位四通、三位四通、三位五通等
按阀的操纵方式	手动、机动、液动、电液动等

(1)换向阀的工作原理

图 5-4 所示为换向阀的工作原理。来自液压泵的油液进入换向阀的 P,T 与液压油箱连通,液压缸的左、右两腔分别与换向阀的 A、B 连通。在图示状态下,A、B、P、T 四个油口均被阀芯封堵,活塞左、右两腔均被封堵,所以液压缸内的活塞处于停止状态。若使阀芯左移,则使阀体的油口 P 和 A 连通, B 和 T 连通,此时压力油经 P、A 进入液压缸的左腔,右腔油液经 B、T 流回油箱,活塞向右运动;反之,若使阀芯右移,则使油口 P 和 B 连通、A 和 T 连通,活塞便向左运动。

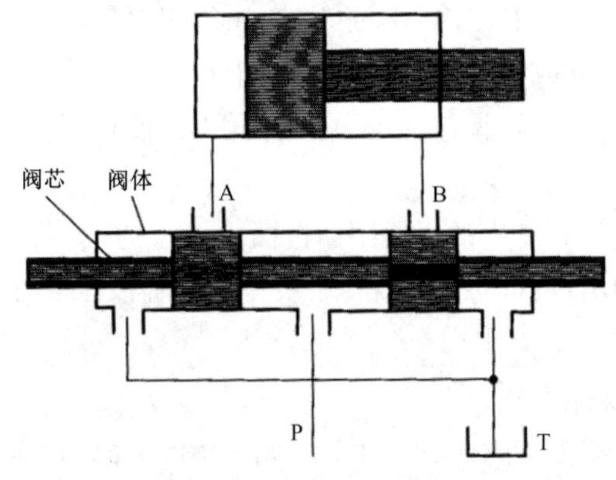

图 5-4 换向阀工作原理

表 5-3 列出了几种常用换向阀的结构原理和图形符号。换向阀图形符号的含义如下。

1)方格数表示阀芯相对于阀体所具有的工作位置数,二格即二位,三格即三位。

2)方格内的箭头表示两个油口连通,但不表示流向,不连通符号"⊥"和"⊤"表示此油口封堵。箭头、箭尾及不连通符号与任何一方格的交点数表示油口通路数。

3)P(pump 的首字母)表示压力油的进口(压力油来自于液压泵),T(tank 的首字母)表示与油箱相连的回油口,A 和 B 表示连接其他油路的油口。

4)三位阀的中间方格和二位阀靠近弹簧的方格为阀的常态位置。在液压传动系统中,换向阀的符号与油路的连接一般应画在常态位置上。

表 5-3　二位换向阀的工作位置机能

通路数	滑阀机能代号	图形符号
二通	O	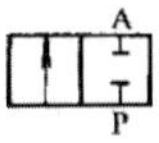 A P
	H	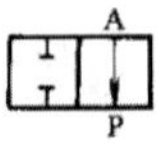 A P
三通	O	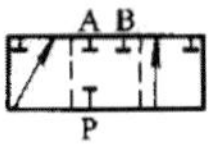 A B P
四通	I1	 A B P T
	I2	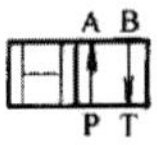 A B P T
	I3	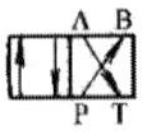 A B P T
	H	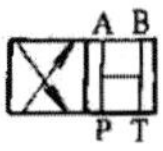 A B P T
	Y	 A B P T
	K	 A B P T
	P	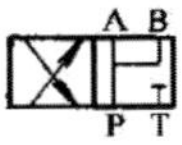 A B P T
	J	 A B P T

(2)换向阀的滑阀机能

当换向阀处于常态位置时,阀的各油口之间的连通关系称为滑阀机能。由于三位换向阀的常态为中间位置,因此三位换向阀的滑阀机能又称为中位机能。对于不同机能的三位阀,其阀体通用,仅阀芯的台肩结构、尺寸及内部油孔结构和位置有区别。三位四通换向阀的中位机能见表 5-4。

表 5-4 三位四通换向阀的中位机能

滑阀性能代号	滑阀中间状态	图形符号	中间特点
O	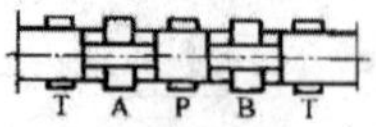		各油口全封闭，系统不卸载，缸封闭
H	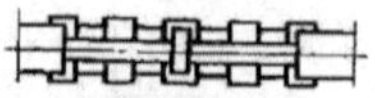	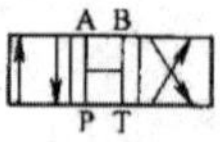	各油口全连通，系统卸载
Y	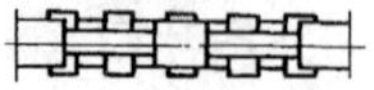		系统不卸载，缸两腔与回油连通
J	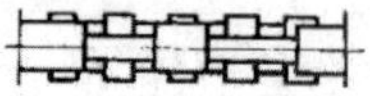	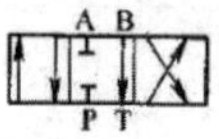	系统不卸载，缸一腔封闭，另一腔与回油连通
C	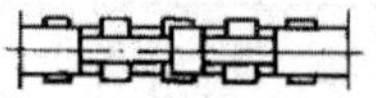	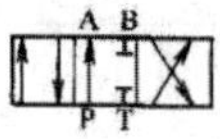	压力油与缸一腔连通，另一腔与回油皆封闭
P	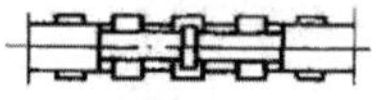		压力油与缸两腔连通，回油封闭
K	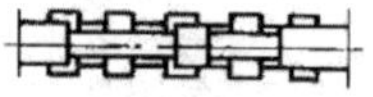		压力油与缸一腔及回油连通，另一腔封闭，系统可卸载
X	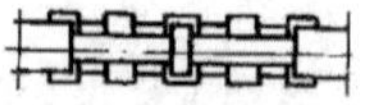	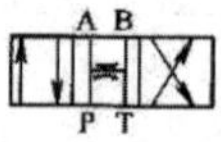	压力油与各油口半开启连通，系统保持一定压力
M	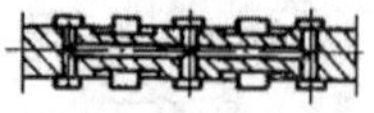		系统卸载，缸两腔封闭
U	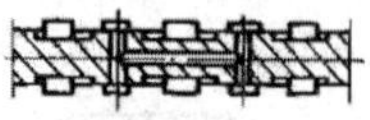	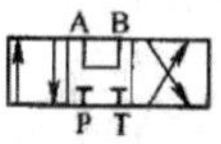	系统不卸载，缸两腔连通，回油封闭
N	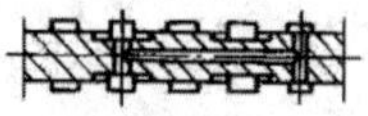	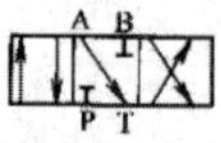	系统不卸载，缸一腔与回油连通，另一腔封闭

（3）三位换向阀中位机能的选择

在分析和选择三位换向阀的中位机能时，通常考虑以下因素。

1）系统保压。当 P 被堵塞，系统保压，液压泵能用于多缸系统。当 P 不太通畅地与 T 接通时（如 X 型），系统能保持一定的压力供控制油路使用。

2）系统卸荷。P 能通畅地与 T 接通，系统卸荷，既节约能量，又防止油液发热。

3）换向平稳性和精度。当液压缸的 A、B 都封闭时，换向过程不平稳，易产生液压冲击，但换向精度高。反之，A、B 都通 T 时，换向过程中工作部件不易制动，换向精度低，但液压冲击小。

4）启动平稳性。阀在中位时，液压缸某腔若通油箱，则启动时该腔因无油液起缓冲作用，启动不太平稳。

5)液压缸“浮动”和在任意位置上的停止。阀在中位，当 A、B 互通时，卧式液压缸呈“浮动”状态，可利用其他机构移动，调整位置。当 A、B 封闭或与 P 连通时(非差动情况)，则可使液压缸停在任意位置。

(4)几种常用的换向阀

Ⅰ. 机动换向阀

机动换向阀又称行程换向阀。其工作原理：安装在执行元件上的行程挡块(或凸轮)推动阀芯实现执行元件换向。机动换向阀常用于要求换向性能好、布置方便的场合。

图 5-5 所示为二位三通机动换向阀。在图示位置上，阀芯 2 在弹簧 1 的推力作用下，处在最上端位置，进油口 P 与出油口 A 处于连通状态，进油口 P 与出油口 B 不连通。当行程挡块 5 将滚轮 4 压下时，P、A 通路被阀芯隔断，进油口 P 与出油口 B 则处于连通状态。当行程挡块脱开滚轮时，阀芯在弹簧力的作用下恢复初始位置。改变挡块斜面的角度 α(或凸轮外廓曲线的升角或形状)，便可改变阀芯被压下时的移动速度，因而可以调节换向过程的时间。由于机动换向阀是通过行程挡块(或凸轮)推动阀芯实现换向的，因此机动换向阀基本都是二位的，除图 5-5 所示的二位三通机动换向阀外，还有二位二通、二位四通等形式。

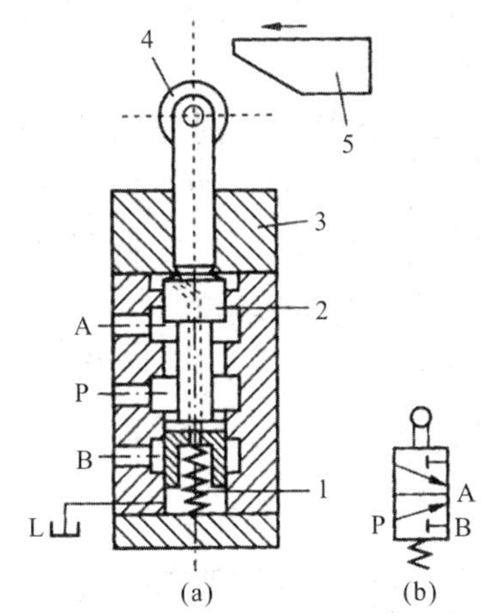

图 5-5　二位三通机动换向阀

(a)结构图　(b)图形符号

1—弹簧；2—阀芯；3—阀体；4—滚轮；5—行程挡块

Ⅱ. 电动换向阀

电动换向阀一般采用电磁铁的磁力作为移动阀芯的动力，所以此类换向阀也称为电磁阀。图 5-6 所示为二位三通电磁换向阀。该阀由电磁铁(左半部分)和滑阀(右半部分)两部分组成。电磁换向阀的工作原理：当电磁铁断电时，阀芯 2 被弹簧 3 推向左端，使油口 P 和油口 A 接通，油口 B 封堵；当电磁铁通电时，铁芯通过推杆 1 将阀芯 2 推向右端，油口 P 和 A 的通道被关闭，而油口 P 和 B 接通。

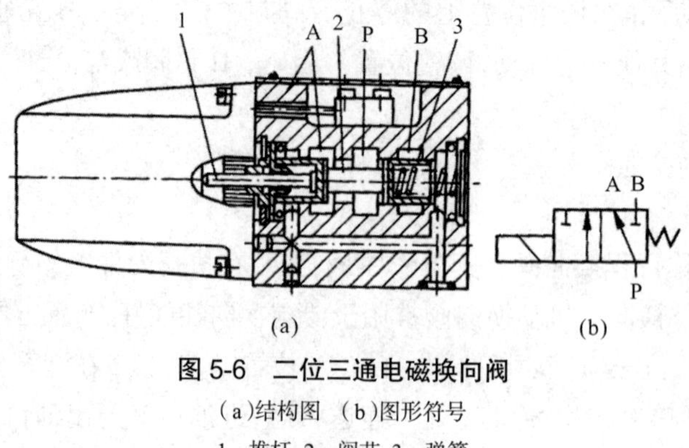

图 5-6 二位三通电磁换向阀

(a)结构图 (b)图形符号

1—推杆;2—阀芯;3—弹簧

电磁换向阀中电磁铁所用电源有直流和交流两种。若采用直流电源,当阀芯被卡住时,通过电磁铁线圈的电流基本不变,因此不会烧毁电磁铁线圈,工作可靠,换向冲击和噪声小、换向频率较高;缺点是启动力小,反应速度较慢,换向时间长。交流电磁铁的电源简单,启动力大,反应速度较快,换向时间短;但在阀芯被卡住时,通过电磁铁线圈的电流会增大,容易使电磁铁线圈烧坏,且交流电磁铁的换向冲击大,换向频率低,工作可靠性差。

Ⅲ. 液动换向阀

电磁换向阀的布置方式灵活,易于实现程序控制,但受电磁力大小的限制,难以用于切换大流量的油路。当阀的通径大于 100 mm 时,由于换向力大,常采用液压油推动相应的活塞来操纵阀芯换位。这种利用控制油路的油压力推动阀芯改变位置的阀,叫作液动换向阀。图 5-7 所示为三位四通液动换向阀。当其两端控制油口 K_1 和 K_2 均不通入压力油时,阀芯在两端弹簧的作用下处于中位(图示位置);当 K_1 进压力油,K_2 接油箱时,阀芯移至右端,阀的左位工作,其油路状态为 P 通 A,B 通 T。反之,当 K_2 进压力油,K_1 接油箱时,阀芯移至左端,阀右位工作,其油路状态为 P 通 B,A 通 T。

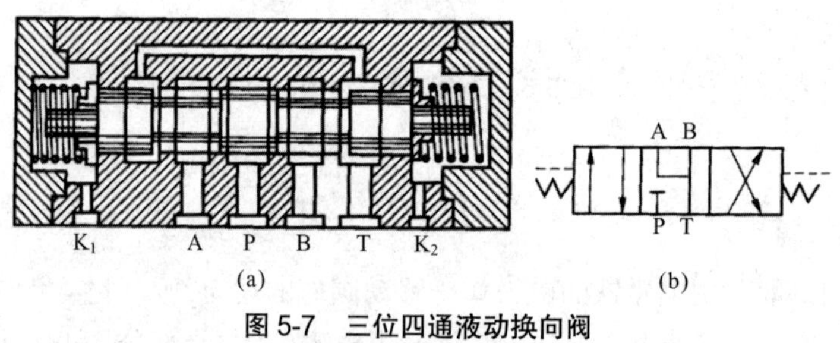

图 5-7 三位四通液动换向阀

(a)结构图 (b)图形符号

Ⅳ. 电液换向阀

液动换向阀须由一个阀控制 K_1、K_2 的压力油流动方向,这个阀亦称先导阀。先导阀可用手动滑阀(或转阀),也可在工作台上安装挡铁操纵的行程滑阀,但较多的是采用电磁阀作先导阀。通常将电磁阀与液动阀组合在一起,称为电磁液动换向阀,简称电液换向阀。电液换向阀既能实现换向平稳,又能用较小的电磁铁控制大流量液流,以方便实现自动控制,故电液换向阀适用于大流量液压传动系统。

图 5-8(a)所示为弹簧对中型三位四通电液换向阀的结构图;图 5-8(b)所示为该阀的详细图形符号,其中显示了弹簧对中、内部压力控制、外部泄油的情况;图 5-8(c)所示为简化的图形符号。

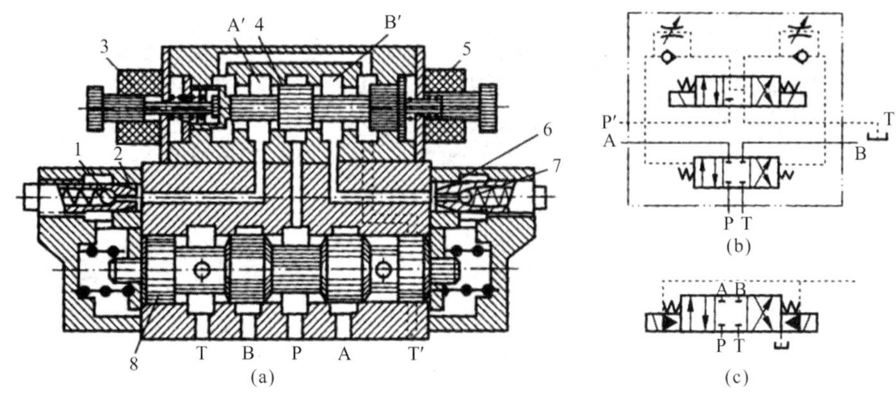

图 5-8　弹簧对中型三位四通电液换向阀

(a)结构图　(b)详细图形符号　(c)简化图形符号

1、6—节流阀;2、7—单向阀;3、5—电磁铁;4—电磁阀阀芯;8—主阀阀芯;A′,B′—油口

电液换向阀的工作原理:①先导电磁阀左侧的电磁铁通电,使其阀芯向右移,来自主阀 P 的控制压力油经先导电磁阀的 A′ 和左单向阀进入主阀芯左端容腔,并推动主阀阀芯向右移动,这时主阀阀芯右端容腔中的控制油液可通过右侧的节流阀经先导电磁阀的 B′ 和 T′,再从主阀的 T 或外接油口流回油箱(主阀阀芯的移动速度可由右侧的节流阀调节),使主阀的 P 与 A、B 和 T 的油路相通;②先导电磁阀右侧的电磁铁通电,可使 P 与 B、A 与 T 的油路相通;③当先导电磁阀的两个电磁铁均不通电时,先导电磁阀阀芯在其对中弹簧的作用下回到中位,此时来自主阀 P 或外接油口的控制压力油不再进入主阀芯的左、右两端容腔,主阀芯左右两腔的油液通过先导电磁阀中间位置的 A′、B′ 两油口与先导电磁阀 T′ 口相通,再从主阀的 T 或外接油口流回油箱。主阀阀芯在两端对中弹簧的预压力的推动下,依靠阀体定位,准确地回到中位,此时主阀的 P、A、B 和 T 均不通。**特别声明:电磁阀左右两个电磁铁不能同时通电,以防烧坏线圈!**

Ⅴ. 手动换向阀

手动换向阀是采用人工扳动操纵杆的方法来改变阀芯位置实现换向的,如图 5-9 所示。图 5-9(a)所示为自动复位式换向阀。其原理如下:放开手柄 1,阀芯 2 在弹簧 3 的作用下自动回复中位。这种换向阀适用于动作频繁、工作持续时间短的场合,其操作比较安全,常用在工程机械的液压传动系统中。若将阀芯右端弹簧 3 的部位改为钢珠定位的形式,即形成钢珠定位换向阀,如图 5-9(b)所示,其可实现在左、中、右三个不同工作位置定位,适用于在某个位置上持续工作较长时间的场合,可以减轻操作人员的劳动强度。钢珠定位换向阀常用在机床液压传动系统中。

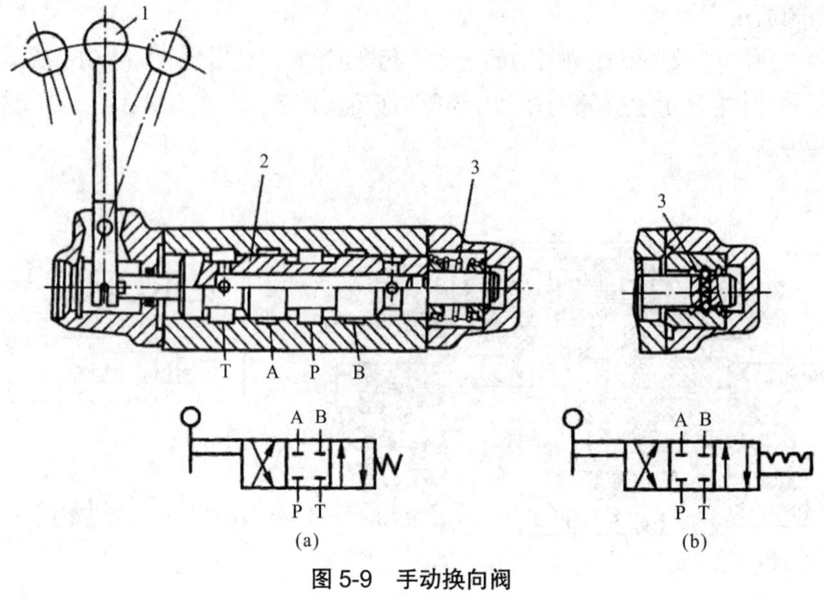

图 5-9 手动换向阀

(a)自动复位换向阀 (b)钢珠定位换向阀

1—手柄;2—阀芯;3—弹簧

Ⅵ.多路换向阀

多路换向阀是一种集中布置的组合式手动换向阀,常用于工程机械等要求集中操纵多个执行元件的设备。多路换向阀的组合方式有并联式、串联式和顺序单动式三种,如图 5-10 所示。当多路换向阀为并联式时,泵可以同时对三个或对其中任一个执行元件供油。在对三个执行元件同时供油的情况下,由于负载不同,三者将依次先后动作。当多路阀为串联式时,泵依次向各执行元件供油,第一个阀的回油口与第二个阀的压力油口相连。各执行元件可单独动作,也可同时动作。在三个执行元件同时动作的情况下,三个负载压力之和不应超过泵压。当多路阀为顺序单动式组合时,泵按顺序向各执行元件供油。操作前一个阀时,就切断了后面的油路,从而可以防止各执行元件之间发生动作干扰。

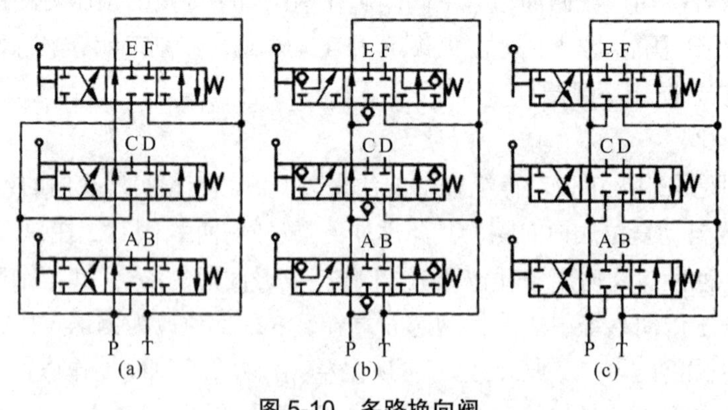

图 5-10 多路换向阀

(a)并联式 (b)串联式 (c)顺序单动式

（5）换向阀的一般应用

换向阀的一般应用如下：①实现执行元件换向；②锁紧液压缸；③使油泵卸荷。

图 5-11（a）所示为三位四通 M 型换向阀，采用这种换向阀可以实现液压缸所要求的换向。当阀芯处于中位，不但可以锁紧液压缸，同时还能够使液压泵卸荷。由于这种换向阀本身的固有特点，密封效果不可能很好，故锁紧效果差，只能用于要求较低的场合。图 5-11（b）所示为三位四通 H 型换向阀，采用这种换向阀不但可以使液压泵卸荷，而且还能使整个系统处于卸荷状态。

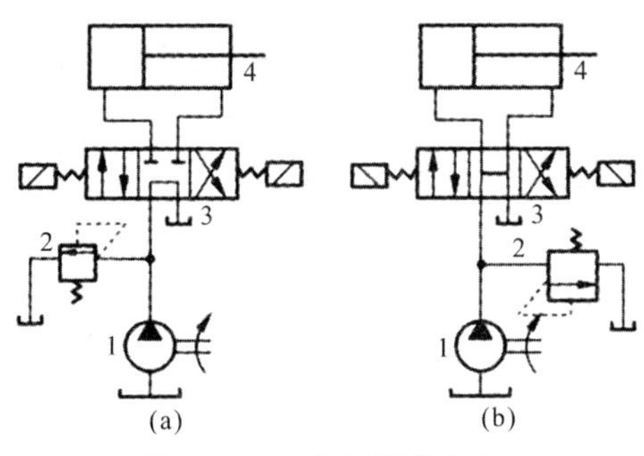

图 5-11　三位四通换向阀

（a）M 型换向阀　（b）H 型换向阀

1—泵；2—溢流阀；3—换向阀；4—液压缸

（6）方向控制阀的常见故障及排除方法

单向阀的常见故障及排除方法见表 5-5；换向阀的常见故障及排除方法见表 5-6。

表 5-5　单向控制阀的常见故障及排除方法

故障现象	产生原因	排除方法
产生噪声	1）单向阀的流量超过额定流量； 2）单向阀与其他元件共振	1）换大单向阀或减少通过阀的流量； 2）适当调节阀的工作压力或弹簧的刚度
泄漏	1）阀座锥面密封不严； 2）锥阀的锥面（或钢球）不圆或磨损； 3）油中有杂质，阀芯不能关死； 4）加工、装配不良，阀芯或阀座精度低； 5）螺纹连接松或密封件失效	1）检查，研磨； 2）检查，研磨或更换； 3）清洗阀，更换液压油； 4）检查更换； 5）拧紧螺纹连接件，更换密封件
单向阀失灵	1）阀体或阀芯变形、阀芯不光或卡死； 2）弹簧折断、漏装或弹簧刚度太大； 3）锥阀（或钢球）与阀座不吻合； 4）锥阀与阀座不同轴	1）清洗，修理或更换零件，更换液压油； 2）更换或补装弹簧； 3）研配阀芯和阀座； 4）清洗，研配阀芯和阀座
液控单向阀反向时打不开	1）控制油压力低； 2）泄油口堵塞或有背压； 3）反向进油口压力高，阀选用不当	1）按规定压力调整； 2）检查外泄管路和控制油路； 3）选用带卸荷阀芯的液控单向阀

表 5-6 换向控制阀的常见故障及排除方法

故障现象	产生原因	排除方法
阀芯不动或不到位	1)滑阀卡住:①滑阀与阀体配合间隙过小,阀芯在阀孔中卡住或动作不灵活;②阀芯被碰伤,油液被污染;③阀芯形状超差,阀芯与阀孔装配不同轴,产生轴向液压卡紧现象;④阀体因安装螺钉变形,使阀芯卡住。 2)液动换向阀控制油路有故障:①油液控制压力不够,弹簧过硬,使滑阀工作不正常;②节流阀关闭或堵塞;③液动滑阀的两端泄油口没有接回油箱或泄油管堵塞。 3)电磁铁故障:①因滑阀被卡住,导致交流电磁铁烧毁;②漏磁,吸力不足;③电磁铁接线焊接不良,接触不好;④电源电压太低造成吸力不足,推不动阀芯。 4)弹簧折断、漏装、太软,滑阀难复位。 5)电磁换向阀推杆因磨损导致长度不够	1)检查滑阀:①检查间隙情况,研修或更换阀芯;②检查、修磨或重配阀芯,换油;③检查、修正形状误差及同轴度,检查液压卡紧情况;④检查,用适当的拧紧力均匀拧紧。 2)检查控制回路:①提高控制压力,检查弹簧是否过硬,更换弹簧;②检查、清洗节流口;③检查,将泄油管接回油箱,清洗回油管,使之畅通。 3)检查电磁铁:①清除滑阀卡住故障,更换电磁铁;②检查漏磁原因,更换电磁铁;③检查并重新焊接;④提高电源电压。 4)检查、更换或补装弹簧。 5)检查并修复,必要时更换推杆
电磁铁过热或烧毁	1)电磁铁线圈绝缘不良; 2)电磁铁铁芯与滑阀轴线同轴度差; 3)电磁铁铁芯吸不紧; 4)电压不相符; 5)电线焊接不好; 6)换向频繁	1)更换电磁铁; 2)拆卸重新装配; 3)修理电磁铁; 4)配置相符的电压; 5)重新焊接; 6)减少换向次数或采用高频性能换向阀
电磁铁动作响声大	1)滑阀卡住或摩擦力过大; 2)电磁铁不能压到底; 3)电磁铁接触不良; 4)电磁铁的磁力过大	1)修研或更换滑阀; 2)校正电磁铁高度; 3)清除污物,修正电磁铁; 4)选用电磁力适当的电磁铁

5.2.3 转阀

转阀通过阀芯的旋转实现油路的通断和油液的换向。图 5-12 所示为三位四通转阀原理、图形符号和结构。当阀芯处于中位时,P、A、B、T 互不相通;当阀芯顺时针转一角度并处于右位时,油口 P 和 B 相通, A 和 T 相通;当阀芯从中位逆时针转一角度并处于左位时,油口 P 和 A 相通, B 和 T 相通。转阀可用手动或机动操纵。由于转阀径向力不平衡,旋转阀芯所需的力较大,且密封性能较差,故一般用于低压小流量场合或作为先导阀使用。

5.2.4 换向阀的主要性能

换向阀的主要性能包括:工作可靠性、压力损失、内泄漏量、换向和复位时间、换向频率、使用寿命。

(1)工作可靠性

工作可靠性是指换向阀在接到换向信号时能够可靠地换向,它取决于换向阀的设计、制造工艺,也与使用有关系。换向阀只有在一定流量和压力范围内才能正常工作。这个工作范围的极限称为换向极限。

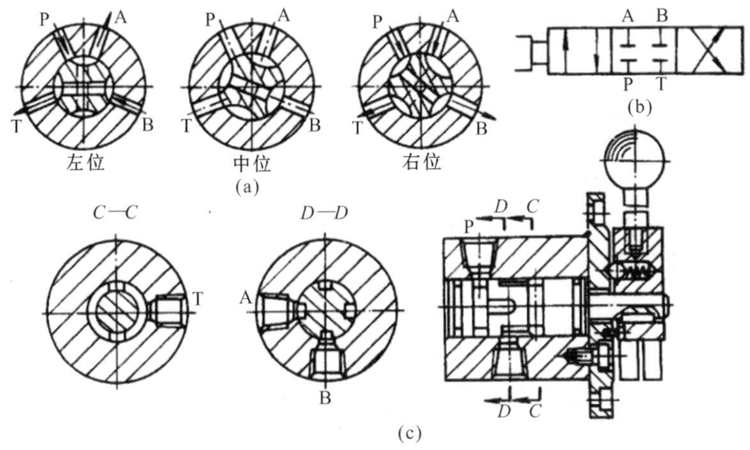

图 5-12 三位四通转阀

(a)原理图 (b)图形符号 (c)结构图

(2)压力损失

由于换向阀的阀口很小,油液流过时会产生较大的压力损失。一般来讲,铸造阀体的流道处的压力损失比机械加工流道处的压力损失小。

(3)内泄漏量

在单位时间内和规定的工作压力下,从高压腔泄漏到低压腔的油液体积,称为内泄漏量。内泄漏是由于间隙的存在或密封不严所造成的。过大的内泄漏会引起油温升高、系统效率降低,还会影响执行元件的正常工作。

(4)换向和复位时间

换向时间是指换向阀接到换向信号到阀芯换向终止的时间。复位时间是指换向阀接到复位信号到阀芯恢复到初始位置的时间。在通常情况下,复位时间比换向时间长。减小换向时间和复位时间可提高液压传动系统的工作效率,但会加剧液压冲击。

(5)换向频率

换向频率是指单位时间内换向阀所允许的换向次数。

(6)使用寿命

使用寿命是指换向阀用到某一零件损坏,不能进行正常的换向或复位动作或使用到主要性能指标超过规定指标时所经历的换向次数。

5.3 压力控制阀

液压传动系统的压力能否建立起来及建立起来后压力的大小是由外界的负载决定的,但系统压力高低的控制,则是由压力控制阀来完成的。压力控制阀对液体压力进行控制或利用压力作为信号来控制其他元件动作,以满足执行元件对力、转矩等输出参数的要求。压力控制阀按照其功能和用途不同,可分为溢流阀、减压阀、顺序阀、压力继电器等。这类阀的共同特点是利用作用在阀芯上的液压作用力和弹簧力相平衡的原理进行工作。

5.3.1 溢流阀

溢流阀的作用是通过阀口的溢流，使被控液压传动系统或回路的压力维持恒定，实现稳压、调压或限压作用。对溢流阀的主要要求：调压范围大、调压偏差小、压力振幅小、动作灵敏、过流能力大、噪声小。另外，溢流阀的静态、动态特性要好。静态特性是指压力 - 流量特性好；动态特性是指外载荷突然变化时，溢流阀的工作稳定、压力超调量小、溢流响应快。

液压传动系统常用的溢流阀有直动型和先导型两种。一般来说，直动型溢流阀用于压力较低的系统，先导型溢流阀用于中、高压系统。

(1)直动式溢流阀

图 5-13 所示为 P 型直动式低压溢流阀。该阀由调节螺母、调压弹簧、上盖、阀芯、阀体等组成，下面分别介绍其工作原理和工作过程。

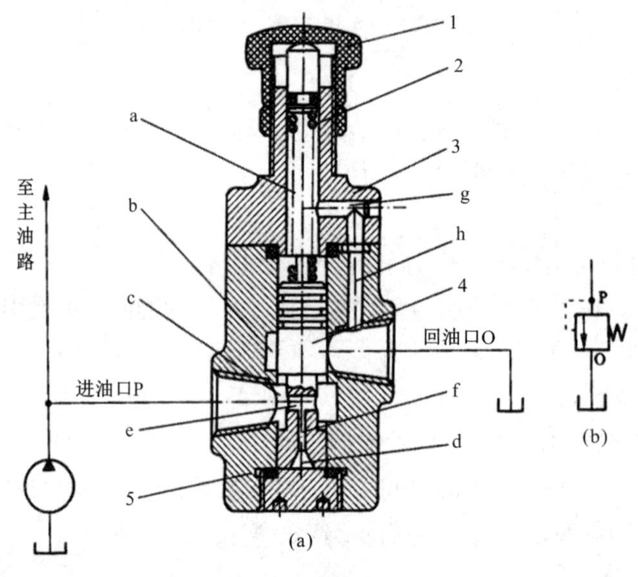

图 5-13　直流式溢流阀

(a)原理图　(b)图形符号

1—调节螺母；2—调压弹簧；3—上盖；4—阀芯；5—阀体

Ⅰ.工作原理

通过溢流的方法，使入口压力稳定为定值。来自于液压泵的油液，从溢流阀进油口 P 经阀芯 4 的径向孔 e、轴向小孔 f 进入阀芯 4 下端的敏感腔 d，并对阀芯产生向上的推力。当进油压力较低时，向上的推力不足以克服调压弹簧 2 的作用力，此时阀芯处于最下端位置，阀口关闭，溢流阀不溢流。随着溢流阀进口处油液压力的增高，敏感腔 d 内的油压同时也等值增高。当油压增高到能够克服调压弹簧 2 产生的作用力时，阀芯被顶起，并停留在某一平衡位置上。这时 P、O 接通，油液从回油口 O 流回油箱，实现溢流，使阀入口处油压与此时的弹簧力相平衡，保持溢流阀进口处压力为一确定的值。

Ⅱ.稳压过程

溢流阀入口压力为一初始定值 p_1，当入口油压突然升高时，敏感腔 d 内油压也同时等值升高，这样就破坏了阀芯初始的平衡状态，阀芯上移至某一新的平衡位置，阀口开度加大，将油液多放出去一些，即阀的过流量增加，因而使瞬时升高的入口油压又很快降了下来，并基本上回到原来的数值上。反之，当入口油压突然降低（但仍然大于阀的开启压力）时，敏感腔 d 内的油压也同时等值降低，于是阀芯下移至某一新的平衡位置，阀口开度减少，使油液少流出去一些，即阀的过流量减少，从而使入口油压又升上去，即基本上又回升到原来的数值上。

Ⅲ. 直动式溢流阀压力值的调整

调节螺母 1 可以改变调压弹簧 2 的预紧力，就能改变阀入口的油液的压力值。故溢流阀弹簧的调定（调整）压力就是溢流阀入口压力的调定值。直动型溢流阀也有做成锥阀型或球形阀型的，其工作原理相同。直动型溢流阀采取适当的措施后，也可用于高压、大流量场合。例如，德国 Rexroth 公司开发的直动型溢流阀，通径为 6~20 mm 的型号的压力为 40 MPa（锥阀式结构），通径为 25~30 mm 的型号的压力为 31.5 MPa（DBD 型），其最大流量可达 330 L/min。

（2）先导型溢流阀

先导型溢流阀由主阀和先导阀两部分组成。其中，先导阀部分就是一种直动型溢流阀（多为锥阀式结构）。主阀有多种形式，按阀芯配合形式的不同，可分为滑阀式结构（一级同心结构）、二级同心结构和三级同心结构。常见的有 Y 型、Y_1 型等中、低压溢流阀和 YF 型、Y_2 型、DB 型、DBW 型、YF_3 型等中、高压溢流阀。现以 Y 型（先导型）中、低压溢流阀为例进行介绍。虽然其他先导阀的结构形式各异，但工作原理相似。

图 5-14 所示为 Y 型先导型溢流阀。其调压范围是 0.5~6.3 MPa。Y 型先导阀的工作原理：压力油从主阀进油口 P 进入，通过主阀阀芯 2 上的阻尼小孔 c 后，作用在先导阀的阀芯 5 上。

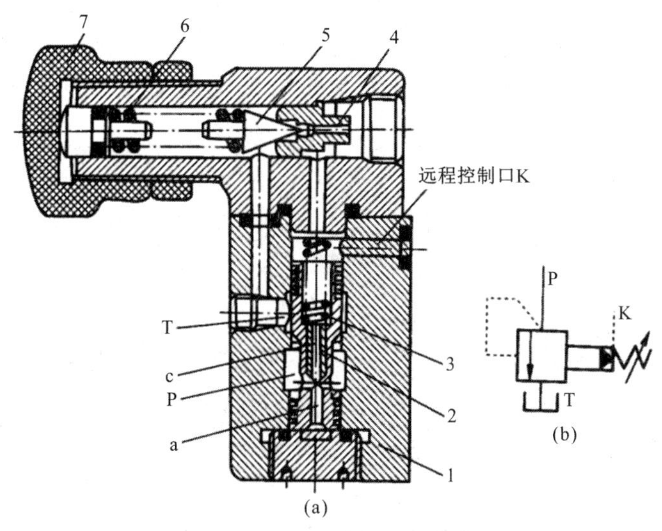

图 5-14　Y 型先导型溢流阀

（a）原理图　（b）图形符号

1—阀体；2—主阀阀芯；3—主阀弹簧；4—先导阀阀座；5—先导阀阀芯；6—先导阀弹簧；7—调节螺母

1)先导阀的两种工作状态。

根据进口压力的不同,先导阀有两种状态。

当进油口压力较低时,作用在先导阀的阀芯上的油液压力的作用不足以克服先导阀弹簧 6 的弹力,先导阀关闭,此时溢流阀腔体为一个密闭的容腔且油液处于静止,没有油液通过阻尼小孔 c,所以主阀阀芯 2 两端压力相等($\Delta p=0$),在较软的主阀弹簧 3 的作用下处于下端,主阀阀口关闭,进油口 P 和出油口 T 不通,没有溢流。

当进油口压力升高到足以克服先导阀弹簧的作用力时,先导阀打开,压力油通过阻尼小孔 c,经先导阀流回油箱。由于阻尼小孔 c 的节流作用,使主阀芯上端的油液压力 p_2 小于下端油液压力 p_1,产生一个压力差 $\Delta p=p_1-p_2$,当这个压力差 Δp 作用在主阀芯上的作用力能够克服主阀弹簧力 F_s、主阀芯摩擦力和主阀芯自重的合力时,主阀芯开启,油液从 P 流入,经主阀阀口由 T 溢流回油箱。

对于先导型溢流阀,由于阀芯上腔有控制压力 p_2 存在,所以主阀芯弹簧的刚度可以较小。当负载增大时,p_1 增大,Δp 增大,阀口开度也随之增大,主弹簧的附加压缩量 Δx 增大。反之,主弹簧的附加压缩量 Δx 减小。由于主弹簧的刚度低,Δx 的变动量相对预压缩量 x_0 来说又很小,故溢流阀进口的压力 p_1 变化很小。同理,由于先导阀的调压弹簧刚度亦不大,弹簧调定后,在溢流时上腔的控制压力 p_2 也基本不变,故先导型溢流阀在压力调定后,即使溢流量变化,进口处的压力 p_1 变化也很小,因此其定压精度高。由于先导型溢流阀的阀芯一般为锥阀,受压面积小,所以用一个刚度不太大的弹簧即可调整较高的压力 p_2,调节先导阀弹簧的预紧力,就可调节溢流阀的溢流压力。

2)先导型溢流阀的远程控制。

先导型溢流阀有一个远程控制口 K,它与主阀的上腔相通,若将 K 用管道与其他控制阀接通即可实现远程控制功能。当该孔口与远程调压阀接通时,可实现液压传动系统的远程调压;当该孔口与油箱接通时,先导型溢流阀前的压力为 0,可实现系统卸荷。

先导型溢流阀的优点是调压比较轻便、振动小、噪声低、压力稳定;缺点是反应不如直动型溢流阀快,这是因为只有在先导阀和主阀都动作后才起控制压力的作用。

结论:先导型溢流阀的入口压力值,取决于先导阀开启压力与遥控压力中的较小者。

(3)溢流阀的一般应用

根据溢流阀在液压传动系统中所起作用,溢流阀可作为溢流阀、背压阀、安全阀和卸荷阀使用。

Ⅰ.溢流阀

在采用定量泵供油的液压传动系统中,由流量控制阀调节进入执行元件的流量,定量泵输出的多余油液则从溢流阀流回油箱。在工作过程中溢流阀口常开,系统的工作压力由溢流阀调整并保持基本恒定,如图 5-15(a)所示系统一中的溢流阀 1。

Ⅱ.背压阀

如图 5-15(a)所示系统一中的溢流阀 2,其接在回油路上,可对回油产生阻力,即形成背压,利用背压阀可提高执行元件的运动平稳性。

Ⅲ.安全阀

图 5-15(b)所示为一变量泵供油系统(系统二),执行元件速度由变量泵自身调节,系统中无多余油液,系统工作压力随负载变化而变化。正常工作时,溢流阀口关闭;系统一旦过载,溢流阀口立即打开,使油液流回油箱,系统压力不再升高,以保障系统安全。

Ⅳ.卸荷阀

如图 5-15(c)所示的系统三,其中先导型溢流阀的远程控制口通过二位二通电磁阀与油箱连接。当电磁铁断电时,远程控制口被堵塞,溢流阀起溢流稳压作用。当电磁铁通电时,远程控制口与油箱相通,溢流阀的主阀芯上端压力接近于零,此时溢流阀口全开,回油阻力很小,泵输出的油液便在低压下经溢流阀口流回油箱,使液压泵卸荷,而减小系统功率损失,此时溢流阀起卸荷作用。

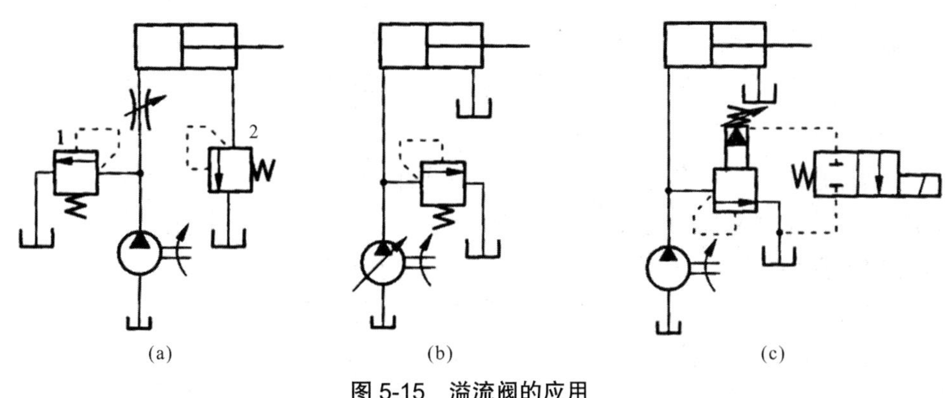

图 5-15　溢流阀的应用

(a)系统一　(b)系统二　(c)系统三

(4)先导型溢流阀的常见故障及排除方法

先导型溢流阀的常见故障及排除方法见表 5-7。

表 5-7　先导型溢流阀的常见故障及排除方法

故障现象	原因分析	排除方法
无压力	1)主阀芯阻尼孔堵塞; 2)主阀芯在开启位置卡死; 3)主阀平衡弹簧折断或弯曲使主阀芯不能复位; 4)调压弹簧弯曲或漏装; 5)阀芯漏装或破碎; 6)先导阀阀座破碎; 7)远程控制口通油箱	1)清洗阻尼孔,过滤或换油; 2)检修,重新装配,更换液压油; 3)更换弹簧; 4)更换或补装弹簧; 5)补装或更换阀芯; 6)更换阀座; 7)检查电磁换向阀或远程控制通断状态
压力波动大	1)主阀芯动作不灵活,时有卡滞现象; 2)主阀芯和先导阀阀座阻尼孔时堵时通; 3)弹簧弯曲或弹簧刚度太小; 4)阻尼孔太大,消振效果差; 5)调压螺母未锁紧	1)修换或重新装配主阀芯,更换液压油; 2)清洗阻尼孔,更换液压油; 3)更换弹簧; 4)更换小阻尼孔主阀芯; 5)调整好压力后锁紧调压螺母

续表

故障现象	原因分析	排除方法
振动和噪声大	1)主阀芯受所径向力不平衡,使阀性能不稳定; 2)锥阀和阀座接触不好,导致锥阀受力不均; 3)调压弹簧弯曲,导致锥阀受力不均引起振动; 4)通过流量超标,在溢流阀口处引起空穴现象; 5)溢流阀处于启闭临界状态而引起液压冲击	1)更换主阀芯或弹簧,更换液压油; 2)研修或更换阀芯、阀座; 3)更换弹簧或修磨弹簧端面; 4)限在公称流量范围内使用; 5)控制正常工作的最小溢流量

5.3.2 减压阀

液压传动系统中往往使用一个液压泵,但需要供油的执行元件往往不止一个,而且各执行元件工作压力也不尽相同。一般情况下,液压泵的工作压力依据系统各执行元件中需要压力最高者来选择,这样由于其他执行元件的工作压力都比液压泵的供油压力低,则可以在各个分支油路上串联一个减压阀,通过调节减压阀使各执行元件获得合适的工作压力。

(1)减压阀功用、原理和分类

减压阀将系统压力按规定的要求减小,以保证工作压力较小的液压元件能够正常工作。减压阀利用液体流过狭小的缝隙产生压力损失,使其出口压力低于进口压力。

减压阀按照结构形式和工作原理,可以分为直动型和先导型两大类。而按照压力调节要求的不同,减压阀可分为三类:①定值减压阀,保证出口压力值恒定;②定差减压阀,保证进口、出口压力差恒定;③定比减压阀,保证进口、出口压力成比例恒定。其中,定值减压阀的应用最为广泛,所以其简称为减压阀。在本书之后的内容中,如果不做特别说明,减压阀均指定值减压阀。

对减压阀的要求:出口压力维持恒定,不受进口压力、通过流量的影响。

(2)直动式减压阀

Ⅰ.工作原理

图 5-16 所示为直动式二通减压阀。当阀芯处在原始位置时,阀口 a 是打开的,阀的进、出口连通。阀芯受出口处的压力控制,出口压力未达到调定压力时,阀口全开,阀芯不动。当出口压力达到调定压力时,阀芯上移,阀口开度 x_R 减小。如忽略其他阻力,仅考虑阀芯上的液压力和弹簧力相平衡的条件,则可以认为出口压力基本上维持在某一定值上。当出口压力减小时,阀芯下移,阀口开度 x_R 增大,阀口处阻力减小,压降减小,使出口压力回升,达到调定值。反之,如果出口压力增大,则阀芯上移,阀口开度关小,阀口处阻力加大,压降增大,使出口压力下降,达到调定值。

Ⅱ.特性

减压阀的 p_2-q 特性曲线如图 5-17 所示。减压阀进口压力 p_1 基本恒定时,若通过的流量 q 增加,则阀口缝隙 x_R 加大,出口压力 p_2 略微下降。先导式减压阀出油口压力的调整值越低,它受流量变化的影响就越大。

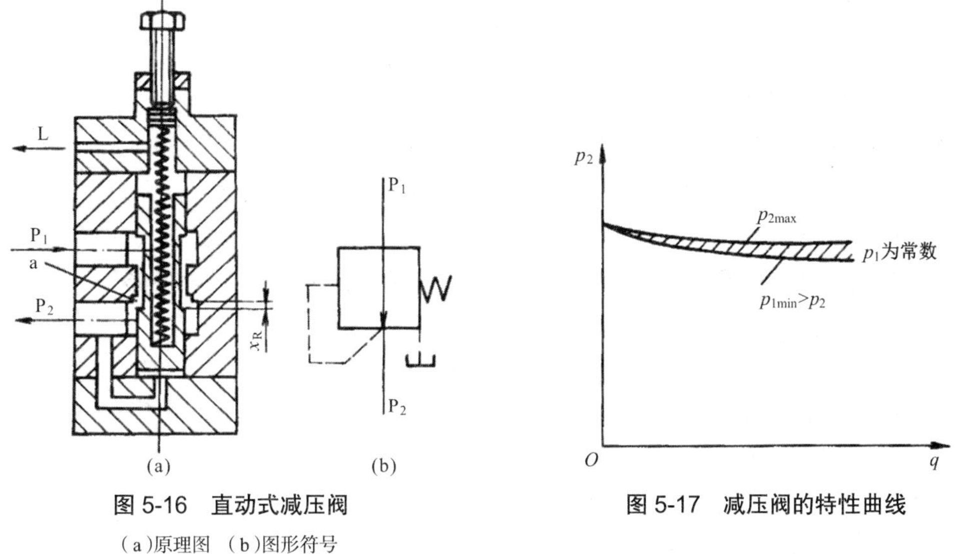

图 5-16　直动式减压阀

（a）原理图　（b）图形符号

图 5-17　减压阀的特性曲线

当减压阀不输出油液时，它的出口压力基本上仍能保持恒定，此时有少量的油液通过减压阀开口经先导阀和泄油管流回油箱，保持该阀处于工作状态。

（3）J 型（先导型）减压阀

图 5-18 所示为 J 型减压阀。其中，P_1 为进油口，P_2 为出油口，它在结构上与 Y 型溢流阀类似，不同之处是 J 型减压阀的进、出油口与 Y 型溢流阀相反，阀芯的形状也不同，减压阀的阀芯中间多一个凸肩。此外，由于减压阀的进、出口都通压力油，所以通过先导阀的油液必须从泄油口 L 处另接油管，然后再引入油箱（称为外部回油）。

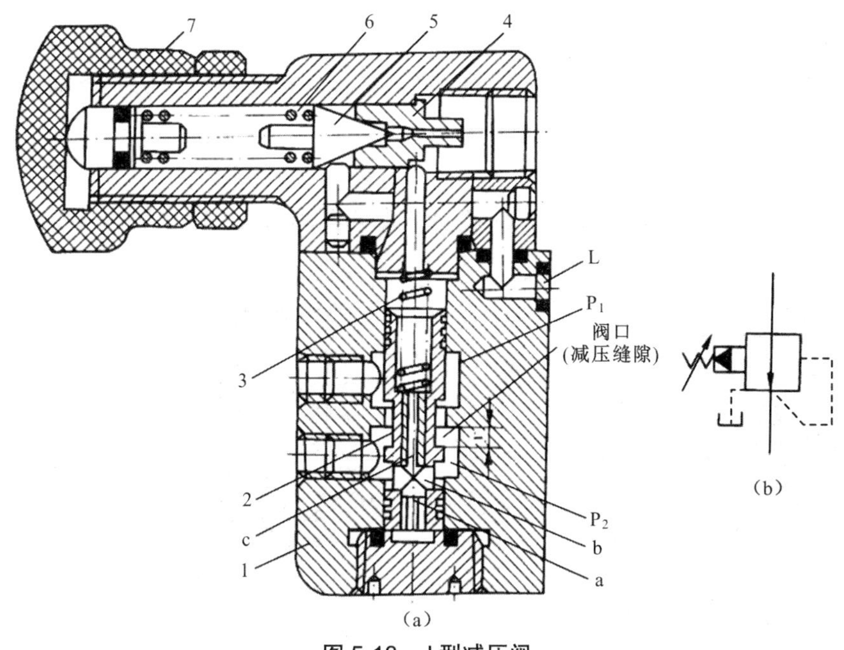

图 5-18　J 型减压阀

1—阀体；2—主阀阀芯；3—主阀弹簧；4—先导阀阀座；5—先导阀阀芯；6—先导阀弹簧；7—调节螺母

Ⅰ.工作原理

高压油(也称一次压力油)从 P_1 进入,低压油(也称二次压力油)从 P_2 流出,同时油口 P_2 处的压力油经主阀阀芯上的小孔 b 作用在主阀芯的底部,并经阻尼小孔 c 至主阀芯上腔,作用在先导阀阀芯 5 上。当 P_2 处油液压力产生的力低于先导阀弹簧 6 的调定压力时,先导阀关闭,主阀芯上的阻尼小孔 c 中的油液不流动,主阀阀芯 2 的上、下两腔压力相等,这时主阀芯在主阀弹簧 3 的作用下处于最下端位置,阀口处于最大开口状态,不起减压作用。当 P_2 处油液压力产生力大于先导阀弹簧 6 的调定压力时,先导阀打开,一小部分油液经阻尼小孔 c、先导阀和泄油口流回油箱。由于阻尼小孔 c 的作用,在主阀芯上形成一个压力差,使主阀芯在两端压力差的作用下向上移动,使阀口关小而起到减压作用,这时出油口的压力即为减压阀的调定压力。若由于负载继续增大,使出油口压力大于调定压力的瞬间,主阀芯立即上移,使阀口的开度迅速减小,油液流动的阻力进一步增大,出口压力便自动下降,仍恢复为原来的调定值。由此可见,减压阀利用出油口的油液作用于阀芯上的压力和弹簧力相平衡来控制阀芯移动,保持出口压力恒定。

Ⅱ.J 型减压阀与 Y 型溢流阀比较

对比 J 型减压阀和 Y 型溢流阀,二者自动调节的原理相似,不同之处体现在以下几个方面。

1)溢流阀保持进口压力基本不变,而定值减压阀保持出口压力基本不变。

2)在不工作时,溢流阀阀口关闭,进、出油口不通,而减压阀阀口保持开口最大,进、出油口互通。

3)溢流阀调压弹簧腔的油液经阀的内部通道与溢流口相通,属于内泄式;而减压阀调压弹簧腔的油液通过外泄口回油箱,属于外泄式。

Ⅲ.J 型减压阀的应用

J 型减压阀的压力调节范围为 0.5~6.3 MPa,常用于中、低压液压传动系统中,其出口压力的允许脉动值为 ±0.1 MPa。

(4)定差减压阀和定比减压阀

定差减压阀和定比减压阀,主要用来与其他阀组成复合阀,分别如图 5-19 和图 5-20 所示。

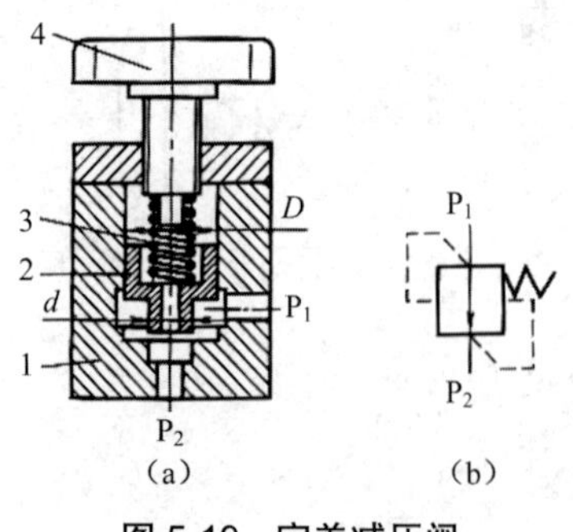

图 5-19 定差减压阀

(a)原理图 (b)图形符号

1—阀体;2—阀芯;3—手轮

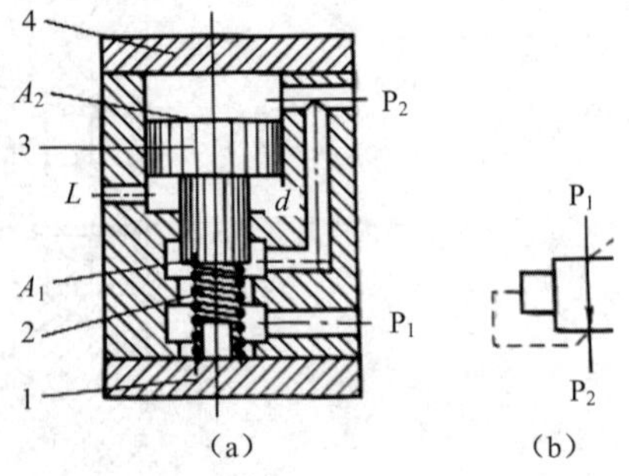

图 5-20 定比减压阀

(a)原理图 (b)图形符号

1—下阀盖;2—弹簧;3—阀芯;4—上阀盖

Ⅰ. 定差减压阀

定差减压阀的作用是保证减压阀进、出口间的压力差维持恒定，这种减压阀可以和节流阀串联连接，组成调速阀。

定差减压阀的进油口压力 p_1 经节流口以后降低到 p_2，同时经阀芯中心孔传到弹簧腔并作用在阀芯上端，此时阀芯的力平衡方程为

$$\frac{\pi}{4}\left(D^2-d^2\right)\left(p_1-p_2\right)=k\left(x_0+\Delta x\right)$$

则有

$$\left(p_1-p_2\right)=\frac{k\left(x_0+\Delta x\right)}{\frac{\pi}{4}\left(D^2-d^2\right)}=C \tag{5-1}$$

式中：p_1 和 p_2 分别为进口、出口压力；D 和 d 分别为阀芯断面最大和最小直径；k 为弹簧刚度；x_0 为阀口关闭时的弹簧预压缩量；Δx 为阀芯受液压作用的位移量；C 为常数。

由式（5-1）可见，在阀芯几何尺寸一定时，该定差减压阀能维持进、出口之间压力差恒定。

Ⅱ. 定比减压阀

定比减压阀的作用是维持其进口压力和出口压力之比基本恒定。

阀芯在稳态下的力平衡方程为

$$p_1A_1+k(x_0-\Delta x)=p_2A_2 \tag{5-2}$$

式中：p_1 和 p_2 分别为进口、出口压力；A_1 和 A_2 分别为阀芯的小端与大端面积；Δx 为阀口开度；x_0 为阀口关闭时的弹簧预压缩量；k 为弹簧刚度。

因弹簧力很小可忽略，则有

$$\frac{p_2}{p_1}=\frac{A_1}{A_2} \tag{5-3}$$

由式（5-3）可见，在 A_1/A_2 一定时，该阀能维持进、出口压力间的定比关系，而改变阀芯的压力作用面积 A_1、A_2，便可得到不同的压力比。

（5）减压阀的一般应用

减压回路的功用是使系统中的某一部分油路具有较低的稳定压力，它在夹紧系统、控制系统、润滑系统中应用较多。图 5-21（a）为常见的一种减压回路，其中液压泵的最大工作压力由溢流阀 6 来调节，夹紧工作所需要的夹紧力可用减压阀 2 来调节；需注意，只有当液压缸 5 将工件夹紧后，液压泵 1 才能给主系统供油；单向阀 3 的作用是防止主油路压力降低时（低于减压阀的调定压力）油液倒流，使夹紧缸的夹紧力不致受主系统压力波动的影响，起到短时的保压效果；减压回路也可以采用类似两级或多级调压的方法获得两级或多级减压。图 5-21（b）所示为一种两级减压回路，其两级减压是通过在先导阀 7 的远程控制口接一远程调压阀 8 的方式实现的，需注意调压阀 8 的调定压力值应低于先导型减压阀 7 的调定压力值。

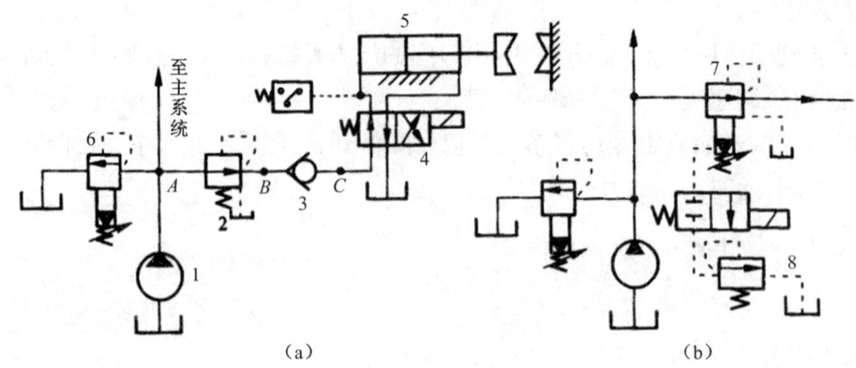

图 5-21 减压回路

(a)常见减压回路 (b)两级减压回路

1—液压泵;2—减压阀;3—单向阀;4—换向阀;5—液压缸;6—溢流阀;7—先导阀;8—调压阀

为了使减压回路工作可靠,减压阀的调整压力应在调压范围内,一般不小于 0.5 MPa,最高调定压力至少比系统压力低 0.5 MPa。当减压回路中的执行元件需要调速时,应将调速元件放在减压阀之后,因为减压阀起减压作用时,有一小部分油液从先导阀流回油箱,将调速元件放在减压阀的后面,则可避免这部分流量对执行元件运动速度的影响。

必须指出,应用减压阀必有压力损失,这将增加功耗和使油液发热。当分支油路压力比主油路压力低很多,且流量又很大时,常采用高、低压泵分别供油,而不宜采用减压阀。

(6)减压阀的常见故障及排除方法

减压阀的常见故障及排除方法见表 5-8。

表 5-8 减压阀的常见故障及排除方法

故障现象	产生原因	排除方法
压力调整无效	1)弹簧折断; 2)阀阻尼孔堵塞; 3)滑阀卡住; 4)先导阀座小孔堵塞; 5)泄油口的堵塞未拧出	1)更换弹簧; 2)清洗阻尼孔; 3)清洗、修磨滑阀或更换滑阀; 4)清洗小孔; 5)拧出堵塞,接上泄油管
出口压力不稳定	1)油箱液面低,空气混入系统; 2)主阀弹簧太软; 3)滑阀卡住; 4)泄漏; 5)锥阀与阀座配合不良	1)补油; 2)更换弹簧; 3)清洗修磨滑阀或更换滑阀; 4)检查密封,拧紧螺钉; 5)更换锥阀

5.3.3 顺序阀

在液压传动系统中,执行元件的动作是有一定规律的,顺序阀就是把不同或相同的压力作为控制信号,来控制执行元件按照预定的顺序进行动作的压力控制阀。

按照控制方式的不同,顺序阀可分为内控式和外控式两种。内控式顺序阀直接利用阀进口处的压力油来控制阀口的启闭；外控式顺序阀则利用外来的控制油压来控制阀口的启闭，所以这种阀也称为液控式顺序阀。一般常用的顺序阀均指内控式顺序阀。从结构上来说，顺序阀同样也有直动式和先导式两种。由于直动式顺序阀结构简单，动作可靠，能满足大多情况的使用要求，因此目前应用较多。

（1）顺序阀的结构

顺序阀的工作原理和溢流阀相似，均由阀体、阀芯、弹簧、进油口、出油口及调压螺钉等组成。二者的主要区别在于：溢流阀的出口接油箱，而顺序阀的出口接执行元件；顺序阀的内泄漏油不能用通道与出油口相连，而必须用专门的泄油口接通油箱。

（2）顺序阀的工作原理

图 5-22 所示为直动式顺序阀。常态下，进油口 P_1 与出油口 P_2 不通；进口处的油液经阀体 3 和下盖 1 上的油道流到控制活塞 2 的底部。当进口处的油液产生的压力低于弹簧 5 的调定压力时，阀口关闭；当进口处的油液产生的压力高于弹簧的调定压力时，控制活塞在油液压力的作用下克服弹簧力将阀芯 4 顶起，使 P_1 与 P_2 相通，压力油经阀口流出。弹簧腔的泄漏油从泄油口 L 流回油箱。因顺序阀的控制油液直接由进油口引入，故称为内控外泄式顺序阀，其图形符号如图 5-22（b）所示。

如将图 5-22（a）中的下盖 1 旋转 180° 安装，切断原来的控制油路，将外控口 K 的螺塞取下，接通控制油路，则阀的开启改由外部压力油控制，便构成外控外泄式顺序阀，图形符号如图 5-22（c）所示。若再将上盖 6 旋转 180° 安装，并将外泄口 L 堵塞，则弹簧腔与出口相通，构成外控内泄式顺序阀，其图形符号如图 5-22（d）所示。

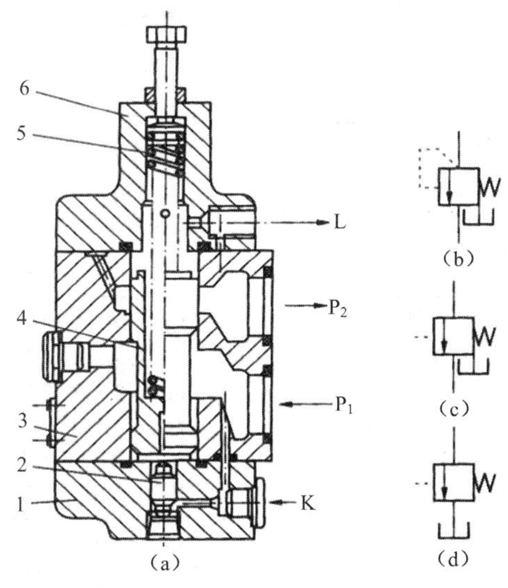

图 5-22　直动式顺序阀

（a）结构原理图　（b）内控外泄式图形符号　（c）外控外泄式图形符号　（d）外控内泄式图形符号

1—下盖；2—活塞；3—阀体；4—阀芯；5—弹簧；6—上盖

(3)顺序阀的一般应用

1)控制多个执行元件的动作顺序。

2)与单向阀并联组成平衡阀,保持垂直放置的液压缸不因自重而下落。

3)用外控式顺序阀使双泵系统的大流量泵卸荷。

4)将内控式顺序阀接在液压缸回油路上,可以增大背压,能够使活塞运动速度平稳。

图 5-23 所示为机床夹具上顺序阀实现工件先定位后夹紧的顺序动作回路,当换向阀右位工作时,压力油首先进入定位缸下腔,完成定位动作以后,系统压力升高,达到顺序阀调定压力时(为保证工作可靠,顺序阀的调定压力要比定位缸最高工作压力高 0.5~0.8 MPa),顺序阀打开,压力油经顺序阀进入夹紧缸下腔,实现液压夹紧。当换向阀的左位工作时,压力油同时进入定位缸和夹紧缸上腔,拔出定位销,松开工件,夹紧缸通过单向阀回油。

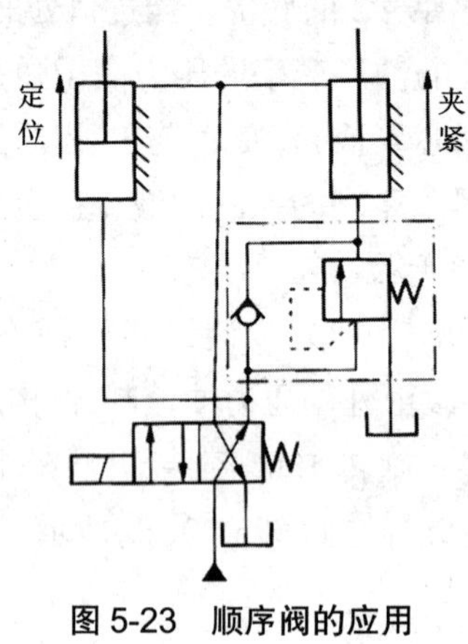

图 5-23 顺序阀的应用

(4)顺序阀的常见故障及排除方法

顺序阀的常见故障及排除方法见表 5-9。

表 5-9 顺序阀的常见故障及排除方法

故障现象	产生原因	排除方法
顺序阀工作失控	1)滑阀卡滞; 2)阻尼孔堵塞; 3)回油阻力过大; 4)调压弹簧变形; 5)油温过高; 6)控制油路堵塞	1)清洗、修磨滑阀或更换; 2)清洗阻尼孔; 3)降低回油阻力; 4)更换弹簧; 5)降低油温至规定值; 6)清洗控制油路

5.3.4 液压平衡阀

常规的液压平衡阀是由一个普通单向阀与一个顺序阀或节流阀并联组合而成,用于防止液压作用力与载荷作用力方向一致时,冲坏液压缸端盖或造成货物突然下坠等隐患。液压平衡回路如图 5-24 所示。

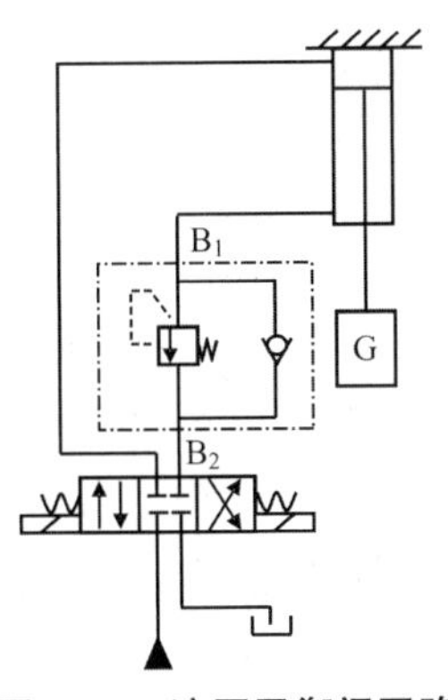

图 5-24　液压平衡阀回路

作者曾发明一种一体式液压平衡阀（ZL201510041150.1），该阀将常规的组合阀集为一体，具有结构简单、体积小、管路连接点少的优点，特别适用于工作部件自重及载荷不大、定位要求不高的场合，使用价值高、经济成本低。该一体式液压平衡阀如图 5-25 所示，阀体的小直径一端为阳螺纹与液压传动系统连接，大直径一端为阴螺纹与阀盖连接，在阀体与阀盖构成的腔内装有锥阀芯和软弹簧，软弹簧的两端分别顶在锥阀芯与阀盖上，在锥阀芯的侧面设有通油孔，在锥阀芯的中心孔内安装一个由硬弹簧、球阀芯以及球阀座连接构成的具有背压作用的单向阀。

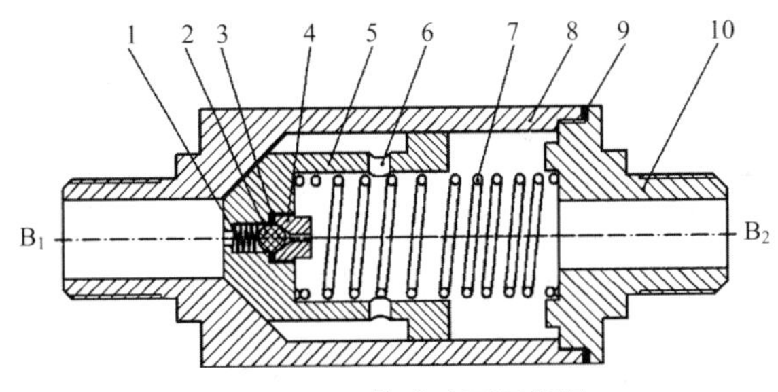

图 5-25　一体式液压平衡阀

1—硬弹簧；2—球阀芯；4—球阀座；5—锥阀芯；6—通油孔；7—软弹簧；8—阀体；3、9—密封圈；10—阀盖

如图 5-25 所示，一体式液压平衡阀的工作原理如下。

（1）正向流动

油液从接口 B_1 进入，克服软弹簧的弹力，顶开锥阀芯，进入锥阀芯和阀体之间腔室，然后通过通油孔，从接口 B_2 流出，由于软弹簧刚度很低且锥阀芯的作用面积大，所以油液沿单向阀正向流动时的压力损失小。

（2）起背压阀产生阻尼

油液从接口 B_2 进入，一方面与软弹簧共同作用，将锥阀芯关闭，另一方面，需要克服硬弹簧的弹力，顶开球阀芯，从接口 B_1 流回油箱。当油液压力小于球阀的开启压力时，油液被封住不能通过球阀；当油液压力大于球阀的开启压力时，油液才能通过球阀从接口 B_1 经方向阀流回油箱，确保悬吊在液压缸上的重物平稳下降而不会突然下坠。由于硬弹簧的刚度大，球阀芯作用面积小，所以能够产生较大的背压，使液压缸带着重物平稳地下降。

5.3.5 压力继电器

(1)压力继电器的功用

压力继电器是一种将液体压力信号转换成电信号的电液控制元件。其作用是当回路中的油液压力达到压力继电器预先调定的压力时,就会控制电路的接通或断开,从而控制电磁铁、电磁离合器、继电器等电气元器件动作,以实现自动控制或起到安全保护的作用。例如,在各种机械设备中,当机床的切削力过大时,实现自动退刀;在润滑系统发生故障不能起到润滑作用时能够及时停车,避免机器因过度磨损而损坏;刀架移动到预定的地点碰到死挡铁时,由于压力的改变,实现自动退刀;当系统的某部分达到预定的压力时,使电磁阀顺序自动动作;当外界负荷过大超过系统的压力时,为了安全而断开液压泵电动机电源等。

(2)压力继电器的分类

压力继电器按照结构特点一般可以分为柱塞式、弹簧管式、膜片式和波纹管式。

(3)压力继电器的工作原理

图 5-26 所示为单柱塞式压力继电器的结构原理图及图形符号。压力油从进油口 P 进入压力继电器,作用在柱塞 1 底部,当系统压力达到调定压力时,作用在柱塞上的液压力克服弹簧力,推动顶杆 2 上移,使微动开关 4 的触点闭合(断开)发出电信号。调节螺钉 3 可改变弹簧的压缩量,相应就调节了发出电信号时的控制油压力。当系统压力降低时,在弹簧力作用下,柱塞下移,离开微动开关 4,使触点断开(闭合)。

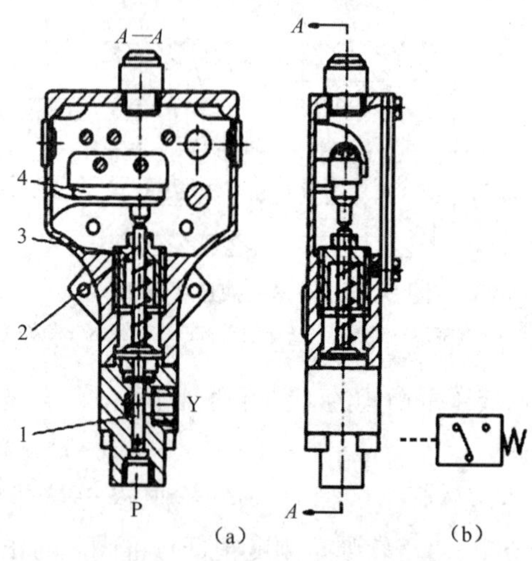

图 5-26 单柱塞式压力继电器

(a)结构原理图 (b)图形符号

1—柱塞;2—顶杆;3—调节螺钉;4—微动开关

(4)压力继电器的特性

一般情况下,把压力继电器发出信号时的压力称为开启压力,切断信号时的压力称为闭合压力。由于摩擦力的作用,开启压力要高于闭合压力,其差值称为压力继电器的灵敏度。

5.3.6　压力控制阀的性能比较和使用场合

目前，各种广泛使用的压力控制阀在结构和原理方面十分相似，差异主要体现在局部结构上，如进、出油口连接差异、阀芯结构局部形状的差异等。压力控制阀有各种不同的类别，以满足不同场合的需要。压力控制阀的结构、性能和特点，决定了其应用场合。各类溢流阀、减压阀和顺序阀的性能特点、基本用法和应用实例见表 5-10。

表 5-10　溢流阀、减压阀和顺序阀的性能比较及使用场合

名称	控制油路特点	回油特点	基本用法	举例及说明
溢流阀	把进口油液引到阀芯底部，使液压力与弹簧力平衡，所以是控制进油口油路压力的	阀的出油直接流回油箱，故泄漏油可在阀体内与回油口连通，属内泄漏式	用作溢流阀、安全阀、卸荷阀，一般接在泵的出口，与主油路并联；若作背压阀用，则串联在回油路上，调定压力较低	作溢流阀时，油路常开，泵的压力取决于溢流阀的调整值，多用于节流调速的定量泵系统；作安全阀时，油路常闭，系统压力超过安全阀的调整值时，安全阀打开，多用于变量泵系统
减压阀	把阀的出口油液引到阀芯底部，使液压力与弹簧力平衡，所以是控制出口油路压力的	阀的出油口处的油是低于进油压力的二次压力油，供给辅助油路，所以要单独设置泄漏油口 L，属外泄式	串联在系统内，接在液压泵与分支油路之间	作减压用，使支油路获得比主油路低且较稳定的压力油，阀口是常开的
顺序阀	同溢流阀，把进口油液引到阀芯底部，所以是控制进口油路压力的	阀的出油口处的油是低于进油压力的二次压力油，出口油液通往执行元件，所以要单独设置泄油口 L，属外泄式	串联在系统中，控制执行机构的动作顺序，常与单向阀并联成单向顺序阀	用作顺序阀、平衡阀，顺序阀结构与溢流阀相似，经过适当改装，两阀可以互相代替，但顺序阀要求密封性较高，否则会产生误动作

5.4　流量控制阀

在液压传动系统中，如果执行元件工作所需的液体体积固定不变，那么执行元件的运动速度就取决于输入执行元件的液体流量的大小。为了调整执行元件的运动速度，就需要对输入执行元件的液体流量进行控制，即速度取决于流量。用来控制油液流量的液压阀，统称为流量控制阀，简称流量阀。常用的流量阀有节流阀和调速阀。

5.4.1　节流口的形式及特点

流量控制的原理如下：当液体流经流量阀的阀口时，通过改变阀口的过流断面面积，进而控制和改变通过阀口的流量，进而调节执行元件的运动速度。流量阀节流口有薄壁小孔、短孔和细长孔三种基本形式。

实际使用的节流口尺寸的控制方式如图 5-27 所示。图 5-27（a）所示为针阀式节流口，针阀做轴向移动，通过改变通流面积而调节流量，其结构简单，但流量稳定性差，一般用于要求不高的场合。图 5-27（b）所示为偏心式节流口，阀芯上开有截面为三角形或矩形的偏心

槽，转动阀芯就可改变通流面积以调节流量，由于其阀芯受径向不平衡力作用，适用于压力较低场合。图 5-27(c)所示为轴向三角槽式节流口，阀芯端部开有一个或两个斜三角槽，其在轴向移动时就改变了阀芯的通流面积，其结构简单，可获得较小的稳定流量，故被广泛应用。

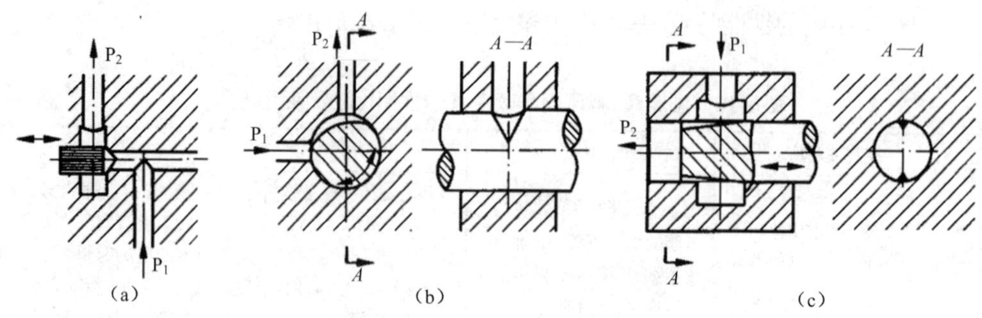

图 5-27 常用的节流口形式

(a)针阀式节流口 (b)偏心式节流口 (c)轴向三角槽式节流口

5.4.2 普通节流阀

(1)结构及工作原理

图 5-28 所示为普通节流阀的结构原理图和图形符号，其流口是轴向三角槽式的。打开节流阀时，压力油从进油口 P_1 进入，经孔 a、阀芯 1 左端的轴向三角槽，孔 b 和出油口 P_2 流出。阀芯 1 在弹簧力的作用下始终紧贴在推杆 2 的端部。转动手轮 3，可使推杆沿轴向移动，改变节流口的通流面积，从而调节通过阀的流量。

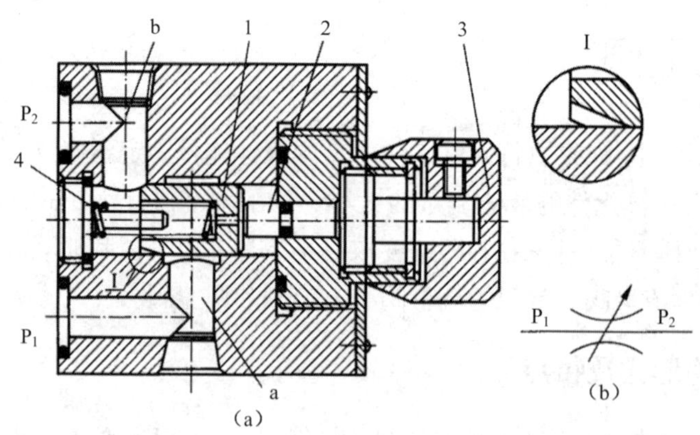

图 5-28 普通节流阀

(a)结构原理图 (b)图形符号

1—阀芯；2—推杆；3—手轮；4—弹簧；a、b—油孔

(2)流量特点

节流阀的流量不仅受到过流断面面积的控制，也受到节流口前后压差和温度的影响。在液压传动系统工作时，由于温度的变化引起液压介质的黏性变化、外界负荷的变化引起节

流阀节流口前后压差变化，都会直接影响节流阀的流量，从而影响系统的速度稳定性。

（3）最小稳定流量及其物理意义

一般情况下，节流口的堵塞将直接影响流量的稳定性，节流口调得越小，越易发生堵塞现象。节流阀的最小稳定流量是指在不发生节流口堵塞现象下的最小流量。这个值越小，说明节流阀节流口的通流性越好，允许系统的最低速度越低。在实际操作中，节流阀的最小稳定流量必须小于系统的最低速度所决定的流量值，这样系统在低速工作时，才能保证其速度稳定性。这就是节流阀最小稳定流量的物理意义，亦是选用节流阀的重要参数之一。

（4）一般应用

节流阀结构简单、体积小、成本低、使用方便、维护保养容易。但由于负载和温度的变化对流量的稳定性影响比较大，所以节流阀只适用于负载和温度变化不大的场合，或者对执行元件的速度稳定性要求不高的液压传动系统。在具体使用中，节流阀在定量泵提供能源的液压传动系统中与溢流阀配合，组成进油口、出油口、旁路油口的节流调速回路来调节执行元件的运行速度，或者与变量泵和安全阀组合使用进行速度调节。另外，节流阀也可以作为背压阀使用。

（5）节流阀常见的故障及排除方法

节流阀常见的故障及排除方法见表 5-11。

表 5-11　节流阀常见故障及排除方法

故障现象	产生原因	排除方法
流量调节失灵或者调节范围小	1）节流阀阀芯与阀体间隙过大，发生泄漏； 2）节流口阻塞或滑阀卡住； 3）节流阀结构不良； 4）密封件损坏	1）修复或更换磨损零件； 2）清洗元件，更换液压油； 3）选用节流特性好的节流口； 4）更换密封件
流量不稳定	1）节流口被污物污染，通流面积减小，流量减小； 2）节流阀性能差，振动引起节流口大小变化； 3）节流阀内外泄漏大； 4）负载变化使速度突变； 5）油温升高，油液黏度降低，使速度加快； 6）系统中存在大量空气	1）清洗元件，更换油液； 2）增加节流锁紧装置； 3）修正或更换超差的零件； 4）改用调速阀； 5）采用温度补偿，减少温升； 6）排出空气

5.4.3　调速阀

在液压传动系统中，当负载变化比较大，对速度稳定性的要求又高时，节流阀显然不能胜任，在这种情况下要采用调速阀。这里介绍一种由减压阀后串联节流阀组成的调速阀。

（1）结构及工作原理

图 5-29 所示为减压阀后串联节流阀式调速阀，其是由一个减压阀后面串联一个普通节流阀组成的组合阀。其工作原理是利用前面的减压阀保证后面节流阀的前、后压差不随负载而变化，进而保持速度稳定。当压力为 p_1 的油液流入阀时，经减压阀（阀口直径为 h）后压力降为 p_2，分别经孔道 b 和 f 进入油腔 c 和 e。减压阀的出口即出油腔 d，同时也是节流

阀 2 的入口。油液经节流阀后，压力由 p_2 降为 p_3，压力为 p_3 的油液一部分经调速阀的出口进入执行元件，另一部分经孔 g 进入减压阀芯 1 的上腔 a。调速阀稳定工作时，减压阀芯 1 在上腔 a 的弹簧力、p_3 的油压力和 p_2 的油压力的作用下（不计液动力、摩擦力和重力），处在某个平衡位置上。当负载 F_L 增大时，p_3 增加，上腔 a 内的压力亦增加，阀芯下移至一新的平衡位置，阀口直径 h 增大，使减压阀节流作用减弱，故减压阀出口压力 p_2 值相对增加。所以，当 F_L 增加时引起 p_3 增加，经调整后 p_2 也增加，因而 p_2 和 p_3 的差值基本保持不变，因节流阀开度不变，所以流过节流阀的液体流量也基本不变，液压执行元件的运动速度基本稳定，不受负载变化的影响。反之亦然。

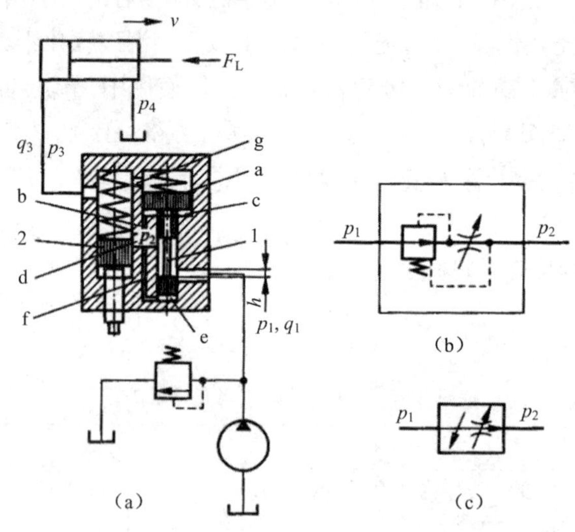

图 5-29　减压阀后串联节流阀式调速阀

（a）结构原理图　（b）图形符号　（c）简化图形符号

a—上腔；b、f、g—孔；c、e—油腔；d—出油腔；1—减压阀芯；2—节流阀芯

（2）静特性曲线

图 5-30 为调速阀与普通节流阀的阀两端的压差 Δp 与阀的过流量 q 的关系曲线。从图中可以看出，调速阀的流量很稳定，不受外界负载变化的影响。但在压差较小时，调速阀的性能与普通节流阀相同，这是由于此时的压力差较小，不能克服调速阀中减压阀阀芯上的弹簧力使减压阀阀芯上移。所以，此时减压阀不起减压作用，整个调速阀相当于节流阀。因此，为了保证调速阀的正常工作，必须保证其前后压差 Δp = 0.4~0.5 MPa，使调速阀发挥其“流量不受负载影响”的作用。

（3）应用

调速阀和节流阀可以与定量泵和溢流阀配合，组成进油口、出油口、旁路油口的节流调速回路，调节执行元件的速度；或者与变量泵和安全阀组合使用，组成容积节流调速回路等。与普通节流阀不同的是，调速阀宜用在对速度稳定性要求比较高的液压传动系统中。作者提出的专利“一种液压调速阀”（ZL201420835980.2）就是一种节流阀后串联减压阀式调速阀。

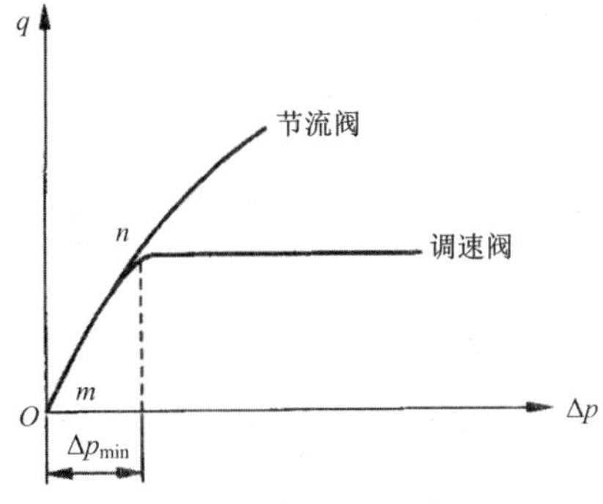

图 5-30　调速阀与节流阀特性

Ⅰ. 结构

如图 5-31 所示，阀盖的小直径阳螺纹与液压进油管路或液压泵相连接，阀盖的大直径阳螺纹与阀体的阴螺纹相连接，阀芯套在阀衬内，阀衬套在阀体内，阀衬一端通过其端部凸台定位在阀体内，中部通过其外圈的周向带槽凸台定位在阀体内，另一端顶在阀盖上，阀芯上开有阻尼孔，阀芯侧面开有阀芯节流孔，阀芯一端顶在阀盖上，另一端通过弹簧压在阀衬的隔板上，在隔板一侧阀芯外的阀衬侧面开有阀衬节流孔，阀衬节流孔和阀芯节流孔配合，在隔板另一侧的阀衬侧面开有一个通油孔，阀体阳螺纹一端与液压管路相连接，通过阻尼孔两侧的压力差推动阀芯移动，调节节流口面积，最终保持流量恒定，本液压调速阀具有结构简单、体积小、调整准确度高的优点。

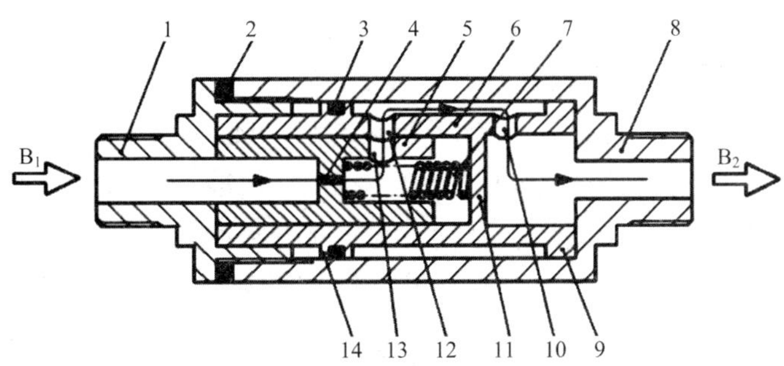

图 5-31　节流阀后串联减压阀式液压调速阀

1—阀盖；2、3—密封圈；4—阻尼孔；5—阀芯；6—阀衬；7—弹簧；8—阀体；9—凸台；10—通流孔；11—隔板；12—阀衬节流孔；13—阀芯节流孔；14—带槽凸台

Ⅱ. 工作原理

由流量表达式 $q = KA\Delta p^m$ 可知，阀口通流截面面积 A 与阀口前后的压力差 Δp 成反比，参照图 5-31，流体通过阻尼孔后进入阀芯和阀衬围成的腔体，再依次通过阀芯节流孔、阀衬节流孔进入阀衬和阀体围成的腔体，然后通过通油孔流出。当流量 q 增大时，会导致阀芯上的阻尼孔两侧的压力差 Δp 增大，形成一个轴向力作用在阀芯上，克服弹簧力，推动阀芯沿轴线移动以减小阀芯节流孔与阀衬节流孔的重叠面积，使节流孔的通流截面面积 A 减小，最终保证流量 q 基本恒定，由于采用了阻尼孔感知流量的变化，所以流量的调节准确度比较高。

（4）调速阀常见的故障及排除方法

调速阀常见的故障及排除方法见表 5-12。

表 5-12 调速阀常见故障及排除方法

故障现象	产生原因	排除方法
压力补偿失灵	1）压力补偿阀芯因间隙偏小被卡死； 2）压力补偿阀芯因弹簧弯曲被卡死； 3）压力补偿阀芯因油液污染被卡死； 4）调速阀进出油口压力差偏小	1）检查、修配或更换超差的零件； 2）更换弹簧； 3）清洗元件，疏通油路； 4）调整压力，使之达到规定值
流量调节失灵	1）节流阀阀芯与阀体间泄漏量偏大； 2）节流口阻塞或滑阀卡住； 3）节流阀结构不良； 4）密封件损坏	1）修复或更换磨损零件； 2）清洗元件，更换液压油； 3）选用节流特性好的节流口； 4）更换密封件
流量不稳定	1）油液污染节流口，使通流面积小； 2）因振动使节流阀节流口变化； 3）节流阀内泄漏、外泄漏量大； 4）负载变化使速度突变； 5）油温升高，油液黏度降低； 6）系统中存在大量空气	1）清洗元件，更换油液； 2）增加节流锁紧装置； 3）检查零件精度和配合间隙； 4）改用调速阀； 5）采用温度补偿或降温措施； 6）排出空气

5.5 插装阀

插装阀又称逻辑阀，是将锥阀芯插入带阀座的阀套内，组成一个通用的基本插装单元。将一个或若干个插装元件经过不同组合，并配以相应的先导控制级，可以组成方向控制、压力控制、流量控制或复合控制等控制单元。其特点是通流能力强、动作灵敏、密封性能好、抗堵塞能力强、结构简单，因此主要用于流量较大或对密封性能要求较高的系统。图 5-32 所示为插装阀的典型结构和图形符号，其中插装元件包括阀套、阀芯和弹簧。由于插装阀的插装元件在回路中主要起通、断作用，所以其又称为二通插装阀。二通插装阀的工作原理相当于一个液控单向阀。在图 5-32 中，A、B 为主油路通口，K 为控制油口（与先导阀相接）。当 K 无油液压力作用时，阀芯受到向上的油液压力大于弹簧力，阀芯上移，阀口打开，A 与 B 相通。假设 A、B、K 的油液压力分别为 p_a、p_b、p_k，阀芯 2 上的有效作用面积分别为 A_a、A_b、A_k，且 $A_k=A_a+A_b$，弹簧 3 的作用力为 F_s，若不考虑液动力和摩擦力，调整 p_k，则当 A、B 面上的液压作用力合力大于 K 面上的液压作用力与弹簧力的合力时，阀芯上移，阀口开启，油液从 A 流入，从 B 流出；当控制口 K 接油箱时，则 A、B 接通，当控制油口 K 的压力为 p_k 时，且 A、B 面上的液压作用力合力小于 K 面上的液压作用力与弹簧力的合力时，阀口 A、B 关闭。插装阀与各种先导阀组合，可组成方向控制阀、压力控制阀和流量控制阀。

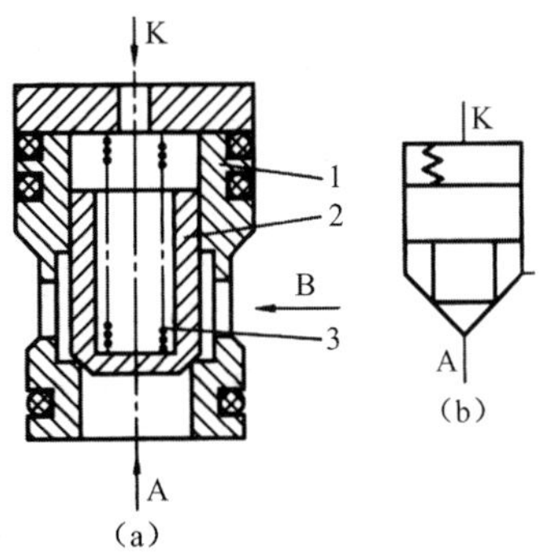

图 5-32　插装阀

(a)结构原理图　(b)图形符号

1—阀套;2—阀芯;3—弹簧

5.5.1　方向控制插装阀

插装阀组成的各种方向控制阀如图 5-33 所示。图 5-33(a)所示为单向阀,当 $p_a > p_b$ 时,阀芯关闭,A 与 B 不通;当 $p_a < p_b$ 时,阀芯上移,阀口打开,油液从 B 流向 A。图 5-33(b)所示为二位二通阀,当电磁阀断电时,阀口打开,A 与 B 相通;当电磁铁通电时,阀口关闭,A 与 B 不通。图 5-33(c)所示为二位四通阀,当电磁阀断电时,P 与 B 相通、A 与 O 相通;当电磁铁通电时,P 与 A 相通、B 与 O 相通。

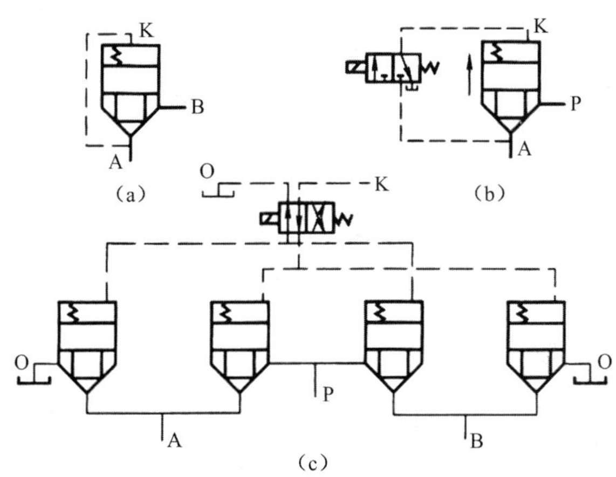

图 5-33　插装阀用作方向控制阀

(a)单向阀　(b)二位二通阀　(c)二位四通阀

5.5.2　压力控制插装阀

插装阀还可作为压力控制阀使用,如图 5-34 所示。在图 5-34(a)中,插装阀的 A 与上腔经一个阻尼孔相连,上腔与先导阀相连,先导阀的出油口与 B 均与油箱相连。当插装阀 A 处的压力升高至先导阀的调定压力时,先导阀打开,油液流经主阀芯的阻尼孔时,形成的阀芯两端压力差使主阀芯抬起,A 腔中的压力油便经主阀口,由 B 流回油箱,实现稳定溢流，其原理与先导型溢流阀相同。若B接负载，插装阀起顺序阀的作用。在图5-34(b)中，插装阀采用常开式阀芯，出油口连接后续压力油路，先导阀出油口单独接油箱，从而构成插装式减压阀，工作原理与先导式减压阀相同。

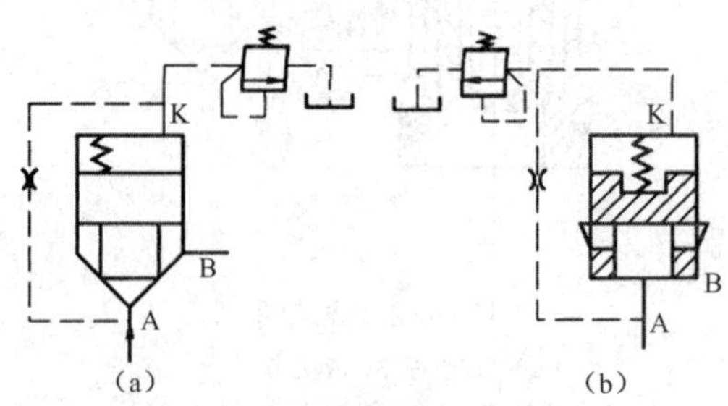

图5-34 插装阀用作压力控制阀

(a)溢流阀 (b)减压阀

5.5.3 流量控制插装阀

图5-35所示为插装阀用作流量控制阀。在插装阀的控制盖板上有阀芯限位器，用于调节阀芯开度，从而起到流量控制阀的作用。在图5-35(a)中，插装阀充当节流阀，若在插装阀前串连一个定差减压阀，则可组成插装调速阀。在图5-35(b)中，插装阀用作调速阀。

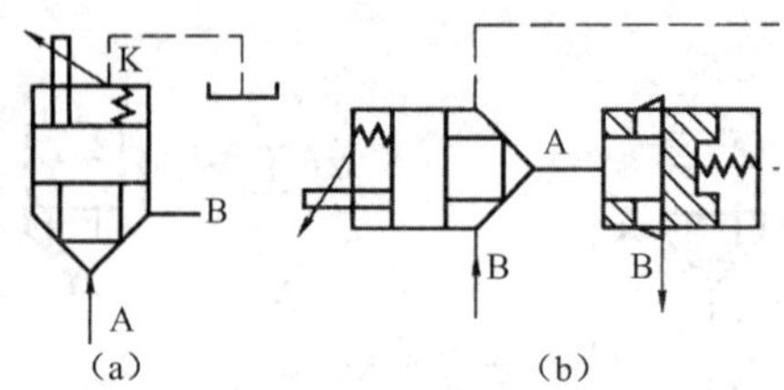

图5-35 插装阀用作流量控制阀

(a)节流阀 (b)调速阀

5.6 伺服控制阀

在液压传动系统中，伺服控制阀是输出量与输入量成一定函数关系并能快速响应的液压控制阀，是液压伺服系统的重要元件。伺服控制阀按照结构分为滑阀式、喷嘴挡板式、射流管式、射流板式和平板式等；按照输入信号分为机液式、电液式、气液式。

机液伺服控制阀是将小功率的机械动作转变成液压输出量(流量或压力)的机液转换元件。机液伺服控制阀大多采用滑阀式结构，在船舶的舵机、机床的仿形装置、飞机的助力器中均有应用。电液伺服控制阀是一种将小功率电信号转换为大功率液压能输出，实现对流量和压力进行控制的转换装置，它是将电量转换成为液压输出量的电液转换元件。电液伺服控制阀输入功率很小，功率放大因数高，具有传递快，线路连接方便，便于遥控，容易检测、反馈、比较、校正等优点，而且液压输出力大、惯性小、反应快。伺服控制阀已成为一种控制灵活、精度高、快速性好、输出功率大的控制元件。

5.6.1 电液伺服控制阀

电液伺服控制阀（简称电液伺服阀）是一种将小功率电信号转换成大功率液压能输出，实现对液压执行器位移（或转速）、速度、（或角速度）、加速度（或角加速度）和力（或转矩）的控制的转换装置。电液伺服阀通常由电气 - 机械转换器（力矩马达或力马达）、液压放大器、反馈机构（或平衡机构）三部分组成。按照电气 - 机械转换器的结构，电液伺服阀可分为动圈式和动铁式伺服阀；按照液压放大器的结构形式，可分为滑阀式、射流管式和喷嘴挡板式；按照液压放大器放大级数，可分为单级、二级、三级伺服阀；按照输出量分类，可分为流量、压力、压力 - 流量伺服阀；按照反馈方式分为位移反馈、电反馈、力反馈、负载压力反馈、负载流量反馈伺服阀等。

（1）液压放大器的结构形式

在电液伺服阀中，常见的液压放大器有滑阀式、射流管式和喷嘴挡板式三种。

Ⅰ. 滑阀式液压放大器

根据滑阀的控制边数（起控制作用的阀口数）的不同，滑阀式液压放大器中的滑阀可分为单边式、双边式和四边式三种类型，如图 5-36 所示。图 5-36（a）所示为单边式滑阀，它只有一个控制边（可调节流口），有负载口和回油口两个通道，故又称为二通伺服阀。由于只有一个负载通道，其只能用于控制差动缸。一般使缸的有杆腔与供油腔常通，以产生固定的回程液压力，还必须和一个固定节流孔 R 配合使用，才能控制无杆腔的油压。当滑阀向左（或向右）移动时，控制边的开口 X 增大（或减小），控制了缸中的液压力和流量，从而改变缸的运动速度和方向。图 5-36（b）所示为双边式滑阀，它有两个控制边，有供油口、回油口和负载口三个通道，故称为三通伺服阀。因为只有一个负载通道，也只能用于控制差动缸，所以，应使缸的有杆腔与供油腔常通以形成固定的回程液压力。压力油经滑阀控制边 X_1 的开口与缸的无杆腔相通，并经 X_2 的开口回到油箱。当滑阀向右移动时，X_1 增大、X_2 减小，从而控制了液压缸无杆腔的回油阻力，最终改变了差动缸的运动速度和方向。图 5-36（c）所示为四边式滑阀，它有供油口、回油口和两个负载口四个通道，故称为四通伺服阀。其因为有两个负载口，所以可以控制各种执行元件。控制边 X_1 和 X_2 控制压力油进入执行元件的左、右腔，X_3、X_4 控制左、右油腔通往油箱。当力矩马达驱动滑阀向右移动时，X_1 和 X_4 增大，X_2 和 X_3 减小；向左移动时，情况相反。这样就控制了进入执行元件左、右腔的液压力和流量，从而控制了执行元件的运动速度和方向。

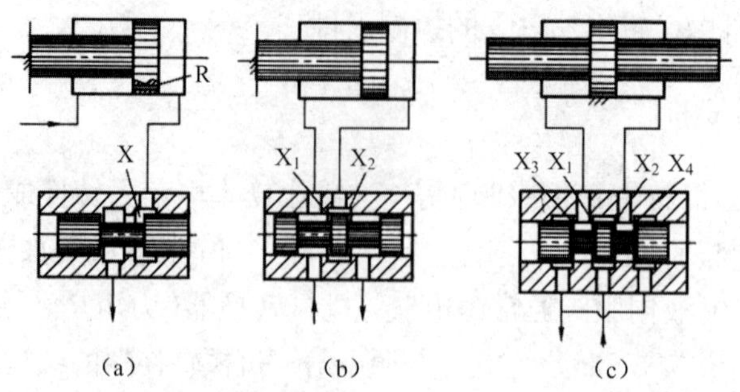

图 5-36 滑阀式液压放大器的滑阀

(a)单边式 (b)双边式 (c)四边式

综上所述,单边式、双边式和四边式滑阀的控制作用是相同的。单边式和双边式滑阀用于控制单杆活塞液压缸;四边式滑阀既可以控制单杆活塞液压缸,也可以控制双杆液压缸。四边式滑阀的控制性能最好,但加工困难、成本高,常用于对精度和稳定性要求高的场合;单边式滑阀的控制性能最差,但制造容易、成本低,常用于对精度要求一般的系统;双边式滑阀的性能居于单边式滑阀与四边式滑阀之间。根据滑阀在零位(中间位置)时的开口形式,滑阀又可分为负开口(正遮盖)、零开口(零遮盖)和正开口(负遮盖)三种类型,如图 5-37 所示。滑阀式放大器的优点是允许位移大,当阀口为矩形或全周开口时,线性范围宽,输出流量大,流量增益及压力增益高;其缺点是对加工精度要求高,阀芯运动时有摩擦,运动惯量较大,所需的驱动力较大,通常与动圈式力矩马达或比例电磁铁直接连接。滑阀式放大器常用作功率放大器。

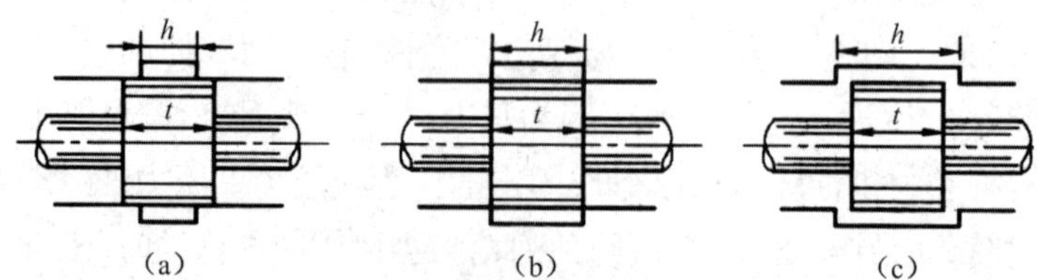

图 5-37 滑阀的零位开口形式

(a)负开口($t>h$) (b)零开口($t=h$) (c)正开口($t<h$)

Ⅱ.射流管式液压放大器

射流管式液压放大器主要由射流管和接收器组成,如图 5-38 所示。射流管喷出的液压油的动能经接收器接收后转换为压力能,作用在液压缸的活塞上。射流管可以绕轴摆动,射流管处于中间位置时,两个接收口接收的压力能相等,活塞保持不动;当射流管偏离中间位置时,一个接收口接收的能量大,压力恢复高,另一个则相反,此时液压缸活塞在压力差作用下做相应运动。这种液压放大器的优点是结构简单、加工精度要求低,抗污染能力强,工作可靠,所需操纵力小,可以直接用在小功率伺服系统中,射流喷嘴有失效对中能力;其缺点是特性不易预测,零位损失大,油液黏性影响大,低温性能差等。射流管式液压放大器一般用于对抗污染能力有特殊要求的低压小功率场合,常用作电液伺服阀的前置级。

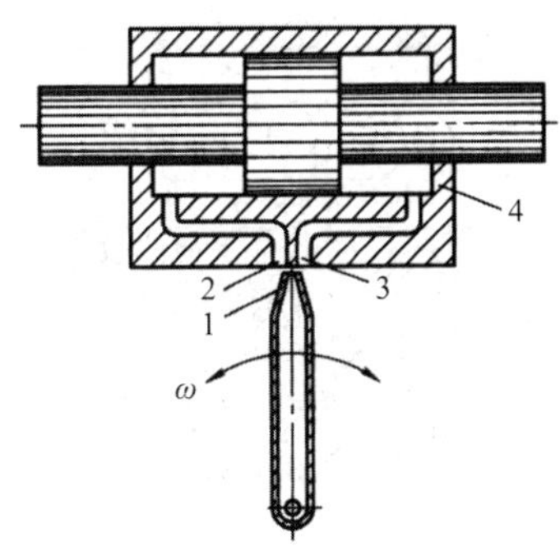

图 5-38　射流管式液压放大器

1—射流管；2—左接受口；3—右接受口；4—液压缸

Ⅲ. 喷嘴挡板式液压放大器

喷嘴挡板式液压放大器由固定的节流口、喷嘴、挡板组成，如图 5-39 所示。改变喷嘴 1 和挡板 2 之间的距离，就可以改变喷口与挡板之间的节流。液压缸右端有供油压力，液压缸左端压力由喷嘴与挡板之间的距离来控制，进而实现对差动液压缸的控制。这种液压放大器的优点是结构简单、制造成本低、运动挡板的惯性和位移小、动态响应速度高、灵敏度高；主要缺点是由于节流口 3 是常开的，导致能量损失大、效率低。喷嘴挡板式液压放大器一般用作伺服阀的前置级或功率很小的功率放大器。

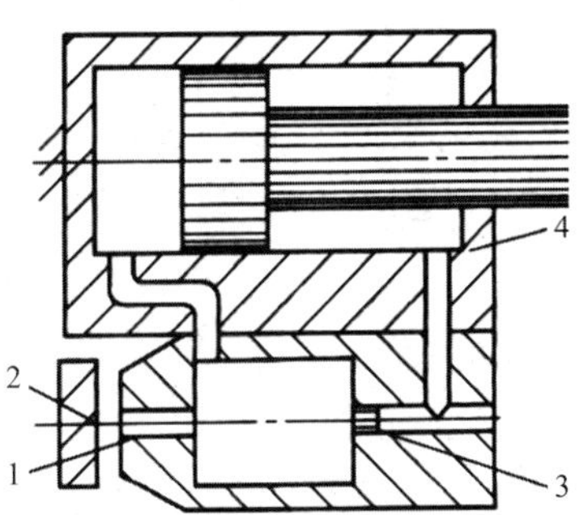

图 5-39　喷嘴挡板式液压放大器

1—喷嘴；2—挡板；3—节流口；4—液压缸

（2）电液伺服阀的典型结构

Ⅰ. 力反馈二级电液伺服阀

喷嘴挡板式电液伺服阀由电磁和液压两部分组成，如图 5-40 所示。电磁部分是一个动铁式力矩马达；液压部分分为两级，第一级为双喷嘴挡板式液压放大器，称为前置级（先导级），第二级为四通滑阀式液压放大器，称为功率放大级（主阀）。阀芯 11 的位移通过反馈弹簧杆 9 与衔铁 - 挡板组件相连，构成滑阀 - 位移力反馈系统。

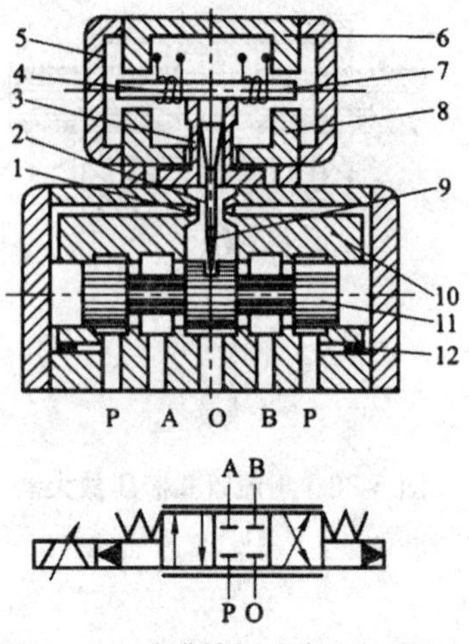

图 5-40 喷嘴挡板式电磁伺服阀

1—喷嘴；2—挡板；3—弹簧管；4—线圈；5—永久磁铁；6—上导磁体；7—衔铁；8—下导磁体；9—反馈弹簧杆；10—阀体；11—阀芯；12—节流孔

当线圈 4 中没有电流通过时，力矩马达无力矩输出，挡板 2 处于两喷嘴中间位置。当线圈通入电流后，衔铁 7 因受到电磁力矩的作用偏转一个角度，固定在衔铁上的弹簧管 3 也偏转一个角度，致使弹簧板上的挡板也偏转相应的角度，使喷嘴挡板式电液伺服阀右间隙减小、左间隙增大，造成滑阀右腔控制压力增大、左腔控制压力减小，推动阀芯 11 右移，同时带动反馈杆端部小球左移，使反馈杆进一步变形。当作用在挡板 - 衔铁组件上的电磁力矩与作用在挡板下端因球头运动而产生的反馈弹簧杆变形力矩（反馈力）相平衡时，滑阀便不再移动，并使其阀口一直保持在这一开度上。在反馈杆端部左移进一步变形时，使挡板的偏移减小，趋于中位。此时，右腔控制压力降低，左腔压力增高，当阀芯两端的液压力与反馈杆变形对阀芯产生的反作用力以及滑阀的液动力相平衡时，阀芯停止运动，其位移与控制电流成比例。在负载压差一定时，阀的输出流量也与控制电流成比例，所以这是一种力量控制伺服阀。这种伺服阀由于衔铁与挡板均在中位附近工作，具有较好的线性，对力矩马达的线性要求也不高，可以允许滑阀有较大的行程。

Ⅱ. 射流管式二级电液伺服阀

射流管式电液伺服阀，如图 5-41 所示。其采用干式桥形永磁力矩马达，射流管 2 焊接在衔铁 7 上，并由薄壁弹簧片 3 支撑。液压油通过柔性供油管进入射流管，从射流管喷射出的液压油进入与阀芯 11 两端容腔分别相通的两个接受口中，推动阀芯移动。射流管的侧面装有弹簧板及反馈弹簧杆 9，其末端插入阀芯中间的小槽内，阀芯移动时，推动反馈弹簧构成对力矩马达的力反馈。力矩马达借助于薄壁弹簧片 3 实现对液压部分的密封隔离。

射流管式电液伺服阀的最大优点是抗污染能力强、可靠性高、寿命长，其缺点是动态响应慢，低温特性差，特性不易预测，细长的射流管易出现结构谐振，因此，适用于对动态响应要求不高的场合。

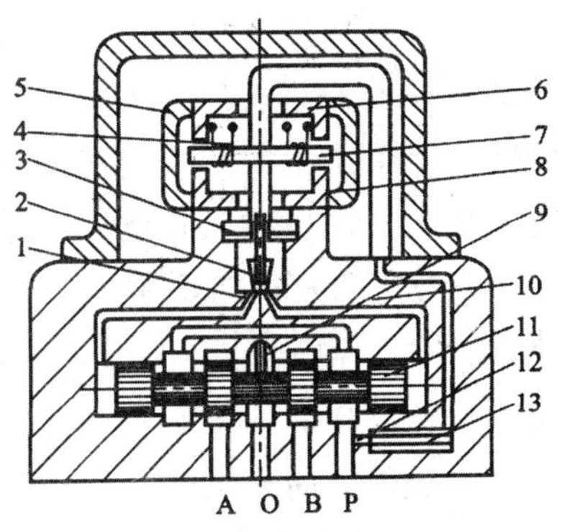

图 5-41　射流管电液伺服阀

1—接受口；2—射流管；3—薄壁弹簧片；4—线圈；5—永久磁铁；6—上导磁体；7—衔铁；8—下导磁体；9—反馈弹簧杆；10—阀体；11—滑阀芯；12—固定节流孔；13—过滤网

Ⅲ. 三级电液伺服阀

三级电液伺服阀的结构如图 5-42 所示。它由二级伺服阀（小流量为前置阀）、功率级滑阀（以滑阀式控制阀）组成。其工作原理是用二级伺服阀控制功率级滑阀，功率级滑阀的位移由位移传感器检测并反馈到伺服放大器，从而构成一个位置伺服系统，以实现功率级滑阀的定位。三级电液伺服阀常用于流量较大但响应速度要求相对较低的液压控制系统。

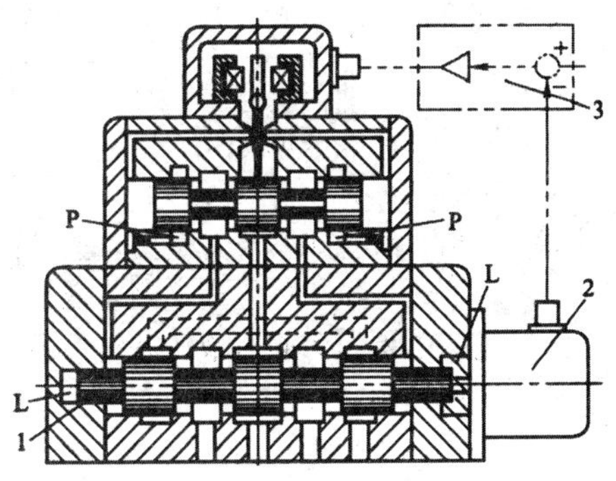

图 5-42　三级电液伺服阀

1—功率级滑阀；2—差动放大器；3—伺服放大器

5.6.2　电液比例控制阀

电液比例控制阀是利用输入的电信号连续地、按比例地控制液压传动系统中的流量、压力和方向的控制阀，是介于普通阀与伺服阀之间的一种液压控制元件，具有价格低廉、抗污染性能较好的特点。常用的比例转换装置是比例电磁铁，它将电放大器输入的信号按比例转换为力或位移，对液压阀进行控制，液压阀又将输入的机械信号转换为按比例的、连续的压力或位移输出。电液比例阀的控制精度不如伺服阀，但结构相对简单、抗污染能力强，适用于对控制精度要求不高，要求实现远距离、连续控制或程序控制的液压传动系统。根据用途和工作特点，可以将比例控制阀分为比例方向阀、比例压力阀和比例流量阀。

(1)电液比例方向阀

用比例电磁铁取代电磁换向阀中的普通电磁铁,构成了直动式比例方向阀。比例电磁铁不仅可以使阀芯换位,而且可使换位的行程按比例或连续地变化,从而使连接油口间的通流截面面积得到按比例或连续地变化。所以,电液比例方向阀在控制液流方向的同时,还兼有控制流量的作用,因此,又称为电液比例方向流量阀。

图 5-43 所示为压力控制型先导阀和弹簧定位的主阀组合而成的电液比例方向流量阀。其工作原理是靠先导阀控制输出的液压力和主阀阀芯的弹簧力的相互作用来控制液动换向阀的正向、反向开口量,进而控制液流的方向和流量。先导阀是一个比例压力型的控制阀。在先导阀阀芯内嵌装了小柱塞,当向比例电磁铁 4 通入控制电流时,先导阀芯 7 右移,使压力油从 P 流向 B,左侧油口的压力油经阀芯上的通道引到阀芯内部,使阀芯上的液压力与右侧电磁铁的推力相平衡。减压后的油液经孔道作用在换向阀阀芯右端,使主阀芯 11 左移,打开 P 到 A 的阀口,并压缩左端弹簧。主阀芯的移动量与控制油压的大小成正比,即阀口的开口大小与输入电流大小成正比,B 的输出压力就和比电磁铁的输入电流相对应,作用在主阀芯上控制其位置以实现方向和流量的节流控制。主阀芯采用一个具有控制弹簧双向复位作用的机构,不但实现了双向复位,而且解决了采用两个弹簧时刚度不同的影响。

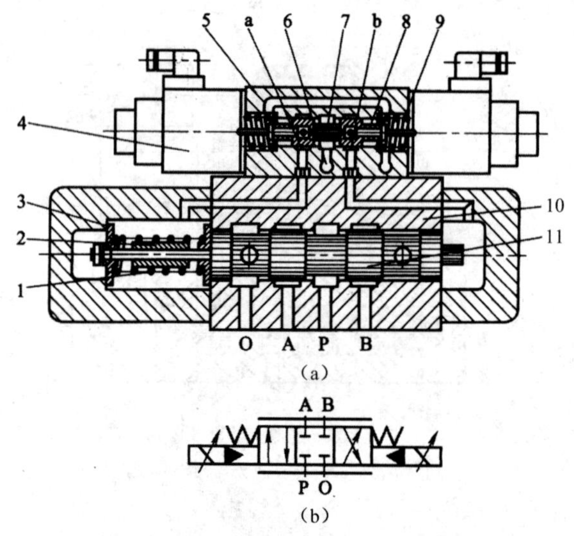

图 5-43 压力控制型电液比例方向阀

(a)结构示意图 (b)图形符号

1—对中弹簧;2—套管;3—弹簧座;4—比例电磁铁;5—先导阀体;6—比例减压阀外供油口;7—先导阀芯;8—反馈活塞;9—比例减压阀回油口;10—主阀体;11—主阀芯

(2)电液比例压力阀

用比例电磁铁取代压力阀的手调弹簧力控制机构,就构成了电液比例压力阀,其通过对液压传动系统中油液压力进行比例控制,实现对执行器输出力或输出力矩的比例控制。

图 5-44(a)所示为直动式电磁比例压力阀。其中,当向比例电磁铁 1 输入控制电流时,比例电磁铁的推杆推动钢球通过传力弹簧作用在锥阀上,控制阀芯 3 作用在阀座上的力,进

而控制阀芯的开启压力，控制阀芯与阀座之间的开口量。由于开口量变化微小，故传力弹簧的变形量也很小，忽略液动力影响，可以认为在平衡条件下，这种直动式比例压力阀所控制的压力与比例电磁铁输出的电磁力成正比，从而与输入比例电磁铁的控制电流近似成正比。

图 5-44（b）所示为先导式电磁比例压力阀。其中，主阀的手调先导阀调节压力稍大，作为安全阀用。该阀采用比例电磁铁调节先导阀，从而保持系统压力与输入信号成比例，控制主溢流阀。这种阀的启闭性能一般比系统压力直接检测型阀差，其主阀为锥阀，具有尺寸小、质量轻、工作行程小、响应快等特点；阀套的三个径向分布油孔可使阀芯开启时油液分散流走，故噪声率很低。

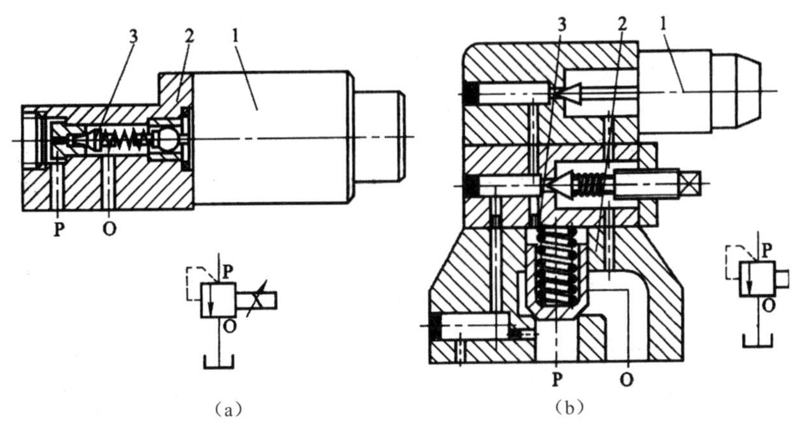

图 5-44　电磁比例压力阀

（a）直动式　（b）先导式

1—比例电磁铁；2—阀体；3—阀芯

（3）电液比例流量阀

普通电液比例流量阀是将流量阀的调节手轮改换成比例电磁铁。比例电磁铁输出的推力通过弹簧转变为阀芯的位移，控制阀口开度，以实现以电信号控制油液流量。

图 5-45 所示为电磁比例调速阀，其原理是控制比例电磁铁的输入电信号，比例电磁铁输出的电磁力作用在阀芯上，使阀口保持与输入电信号成比例的稳定开度，控制调速阀的流量。

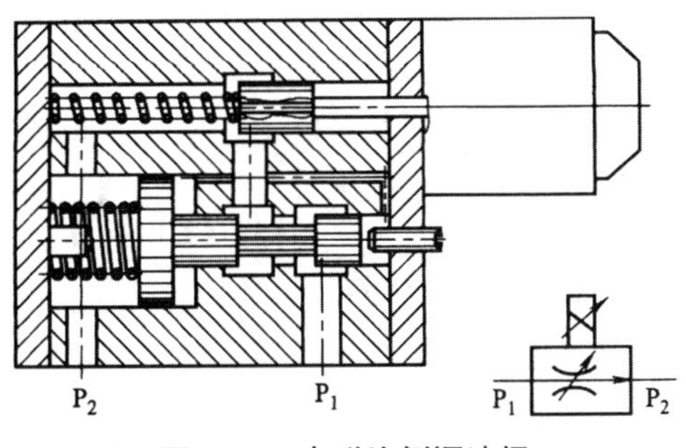

图 5-45　电磁比例调速阀

5.6.3 电液数字控制阀

用数字信号直接控制液流压力、流量和方向的液压阀称为电液数字控制阀(简称数字阀)。电液数字控制阀不需要数模(D/A)转换器,可以与计算机直接连接。与伺服阀、比例阀相比,其结构简单、抗污染能力强、重复性好、工作稳定可靠、功耗小。在微机实时控制的电液液压传动系统中,已经部分取代了电液伺服阀和电液比例阀,开辟了一个液压传动系统控制新领域。

用数字量控制的方法主要有脉宽调制法和增量控制法。按照控制方式可将数字阀分为脉宽调制式数字阀和增量式数字阀。

(1)脉宽调制式数字阀

脉宽调制式数字阀的控制信号是一系列幅值相等而在每一个周期内宽度不同的脉冲信号,可直接用计算机控制。计算机的二进制工作信号可以转化为"开"和"关",控制这种阀的"开"和"关"以及开关动作的时间长短(脉宽),进而控制液流的方向、流量以及压力。现介绍两种脉宽调制式数字阀。

Ⅰ.由力矩马达和球阀组成的高速开关型数字阀

图 5-46 所示为由力矩马达和球阀组成的高速开关型数字阀,其驱动部分为力矩马达,液压部分有先导球阀 1、2 和主阀球阀 3、4。当力矩马达通电时,衔铁顺时针偏转,推动先导球阀 2 向下运动,则关闭压力油口 P, L_2 与 O 相通,主阀球阀 4 在压力油的作用下向上运动, P、A 相通;同时,先导球阀 1 受 P 作用处于上位, L_1 与 P 相通,主阀球阀 3 向下关闭,断开 P 与 O 通路。反之,改变线圈的通电方向,则 A 与 O 相通,P 封闭。

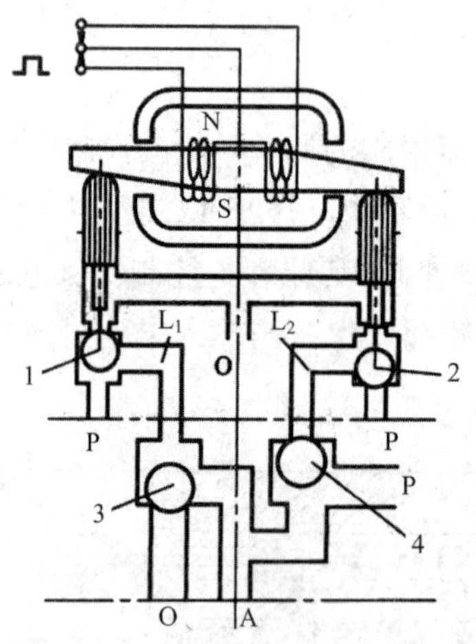

图 5-46 力矩马达 - 球阀型高速开关

1,2—先导球阀;3,4—主阀球阀

Ⅱ.电磁锥阀型二位二通高速开关型数字阀

电磁锥阀型二位二通高速开关型数字阀,如图 5-47 所示。当线圈 5 不通电时,铁芯 2 在弹簧 4 的作用下使锥阀 1 关闭;当线圈 5 有脉冲信号时,铁芯 2 上移,带动锥阀 1 开启,使 P、O 油路导通。为了防止阀开启时受稳态液动力影响而关闭或减小电磁力,该阀通过射流对铁芯的作用来补偿液动力。

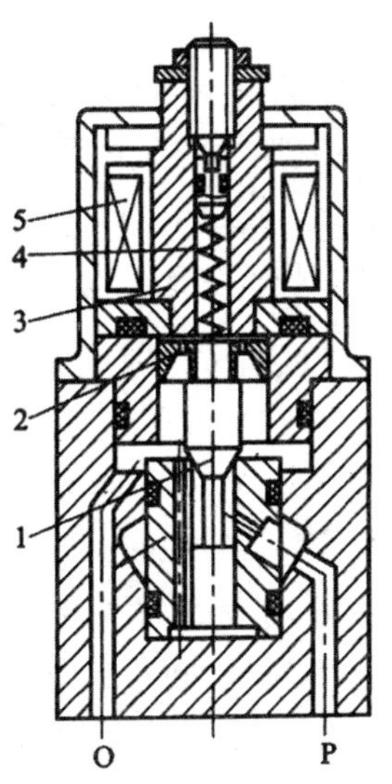

图 5-47　锥阀型高速开关电磁换向阀

1—锥阀;2—衔铁;3—固定元件;4—弹簧;5—线圈

(2)增量式数字阀

增量式数字阀采用由脉冲数字调制演变而成的增量控制方式,以步进电机作为电气-机械转换器,驱动液压阀芯工作。步进电机在脉冲信号的基础上,使每个采样周期的步数在前一采样周期的步数上,增减若干步,以达到所需的幅值。

步进电机直接驱动的数字流量阀,如图 5-48 所示。其中,步进电机 5 按照计算机的指令转动,其通过滚珠丝杠将转动转换为轴向位移,从而控制节流阀的阀芯 2 的移动,使阀芯开启。该阀有两个节流口,面积梯度不等,阀芯移动时首先打开右侧的节流口,由于非全周通流,所以流量较小;步进电机继续转动,打开左侧全周节流口,流量增大。该阀的流量由阀套 1、阀芯 2 和连杆的相对热膨胀获得温度补偿。零位传感器 4 能使阀芯在每个周期完成时回到零位,提高阀的重复精度。

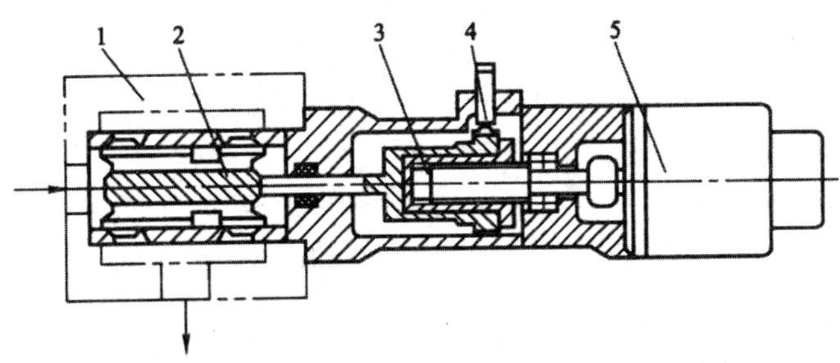

图 5-48　步进电机直接驱动的数字流量阀

1—阀套;2—阀芯;3—滚珠丝杠;4—零位传感器;5—步进电机

思考题与习题

5-1 液压控制阀有哪些共同点？应具备哪些基本要求？

5-2 节流阀阀芯的开口调定后，其通过的流量是否稳定，为什么？

5-3 在液压传动系统中，可以作背压阀的有哪些元件？

5-4 先导型溢流阀的阻尼小孔起什么作用？若将其堵塞或加大会出现什么情况？

5-5 溢流阀、顺序阀和减压阀各有什么作用？它们在原理、结构和图形符号上有什么异同点？

5-6 说明三位换向阀中位机能的特点及适用场合。

5-7 电液比例阀与普通阀相比较有何特点？

5-8 什么是电液数字阀？它与比例阀相比有何特点？

5-9 如习题图 5-9 所示油路中各溢流阀的调定压力分别是 $p_A = 5$ MPa，$p_B = 4$ MPa，$p_C = 2$ MPa。在外负荷趋于无限大时，图（a）、图（b）油路的供油压力各为多少？

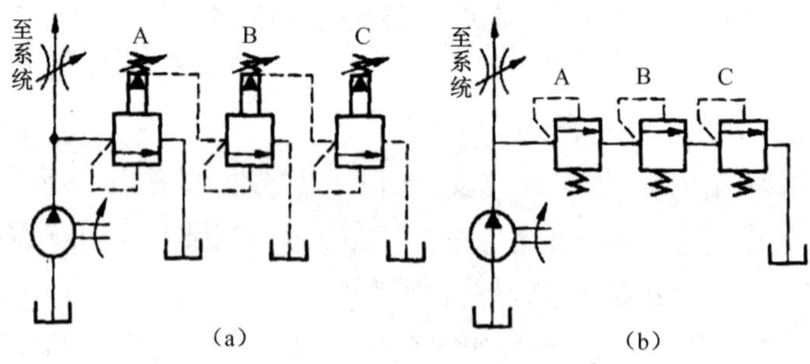

习题图 5-9

5-10 三个溢流阀的调整压力如习题图 5-10 所示。试问泵的供油压力有几级？数值各为多少？

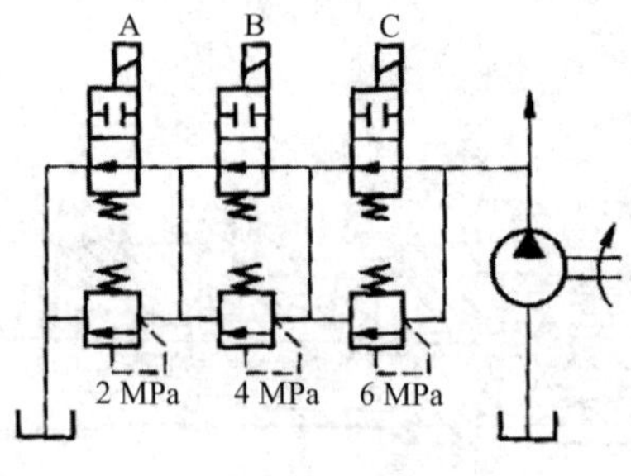

习题图 5-10

5-11 如习题图 5-11 所示，已知两液压缸活塞面积相同，液压缸无杆腔面积 $A_1 = 20 \times 10^{-4}\,m^2$，负载分别为 $F_1 = 8\,000$ N、$F_2 = 4\,000$ N。若溢流阀的调整压力为 $P_Y = 4.5$ MPa，试分析减压阀压力调整值分别为 1、3、4 MPa 时，两液压缸的动作情况。

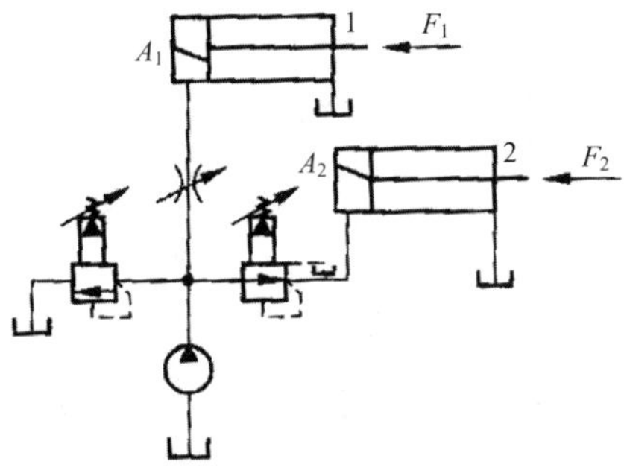

习题图 5-11

5-12　如习题图 5-12 所示，两个电磁换向阀分别控制两液压缸换向，用压力继电器能否控制缸 A 和缸 B 的动作顺序？为什么？

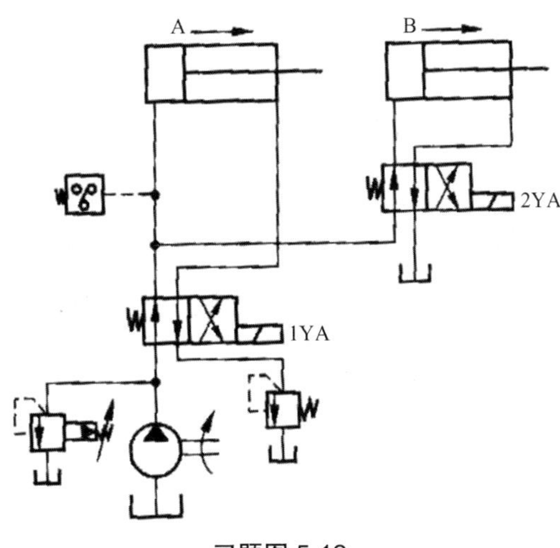

习题图 5-12

第 6 章　液压辅助元件

液压传动系统的辅助元件包括蓄能器、过滤器、油箱、冷却器、加热器、密封件、检测仪表、导管及接头等,它们也是液压传动系统不可缺少的部分。辅助元件对系统的工作稳定性、可靠性、寿命、噪声、温升甚至动态性能都有直接影响。

6.1　蓄能器

6.1.1　蓄能器的作用

蓄能器又称蓄压器、贮能器,是一种能把液压能储存在耐压容器里,并在需要时将其释放出来的装置。它具有调节能量、均衡压力、减少设备容积、降低功耗及减少系统发热等功能。

(1)作辅助动力源

作辅助动力源是蓄能器最常见的用途,用于短时间内系统需要大量压力油的场合。在间歇动作的压力系统中,当系统不需要大量油液时,蓄能器将液压泵输出的压力油储存起来,在系统需要时,再快速释放出来,以实现系统的动作循环。这样,系统可采用小流量规格的液压泵,既能减少功率损耗,又能降低系统的温升。

(2)保持恒压

在液压泵卸荷或停止向执行元件供油时,蓄能器释放储存的压力油,补偿系统泄露,使系统压力保持恒定。

(3)缓冲和吸收压力脉动

蓄能器常装在换向阀或液压缸之前,可以吸收或缓和换向阀突然换向、液压缸突然停止运动产生的冲击压力。

(4)应急动力源

液压泵发生故障中断供油时,蓄能器能提供一定的油量作为应急动力源,使执行元件能继续完成必要的动作。

6.1.2　蓄能器的分类及特点

蓄能器按储能方式分,主要有重力加载式、弹簧加载式和气体加载式三种类型。蓄能器的图形符号如图 6-1 所示。

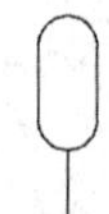

图 6-1　蓄能器的图形符号

（1）重力加载式蓄能器

图 6-2 所示为重力加载式蓄能器，其结构类似于柱塞缸，重物的重力作用在柱塞上。当蓄能器充油时，压力油通过柱塞将重物顶起。当蓄能器与执行元件接通时，液压油在重物的作用下排出蓄能器，使执行元件做功。这种蓄能器结构简单、压力稳定，但体积大，笨重、运动惯性大、有摩擦损失，因此一般用于大型固定设备。

（2）弹簧加载式蓄能器

图 6-3 所示为弹簧加载式蓄能器。其中，弹簧力作用在活塞上，蓄能器充油时，弹簧被压缩，弹力增大，油压升高。当蓄能器与执行元件接通时，活塞在弹簧力的作用下下移，将油液排出蓄能器，使执行元件做功。这种蓄能器结构简单、压力稳定、反应较灵敏，但容积小、弹簧易振动，因此不宜用于高压或工作循环频率高的场合，只宜作为小容量及低压回路缓冲之用。

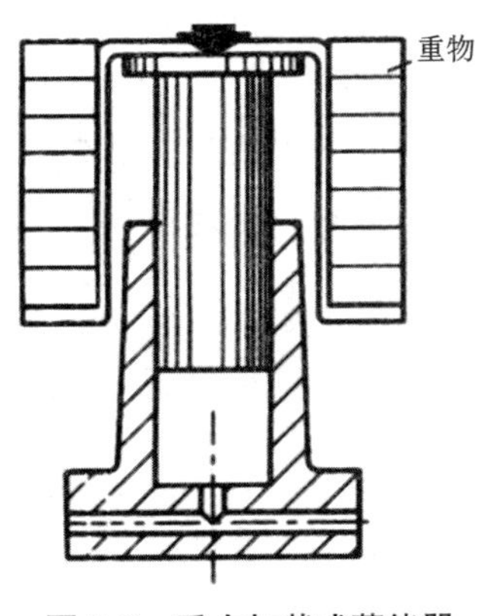

图 6-2　重力加载式蓄能器

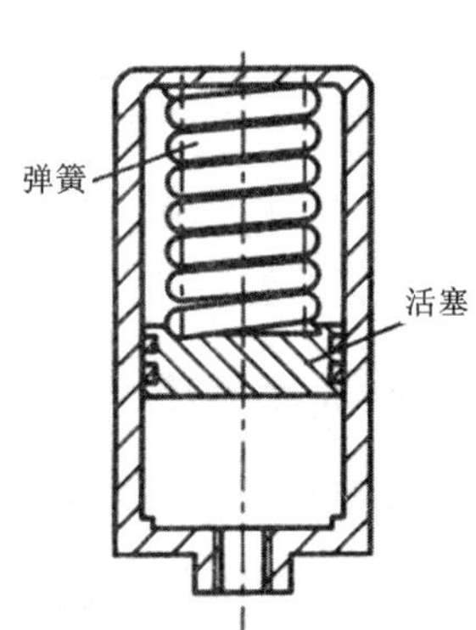

图 6-3　弹簧加载式蓄能器

（3）气体加载式蓄能器

气体加载式蓄能器利用压缩气体（通常为氮气）储存能量。这种蓄能器有气瓶式、活塞式、气囊式等几种结构形式，如图 6-4 所示。

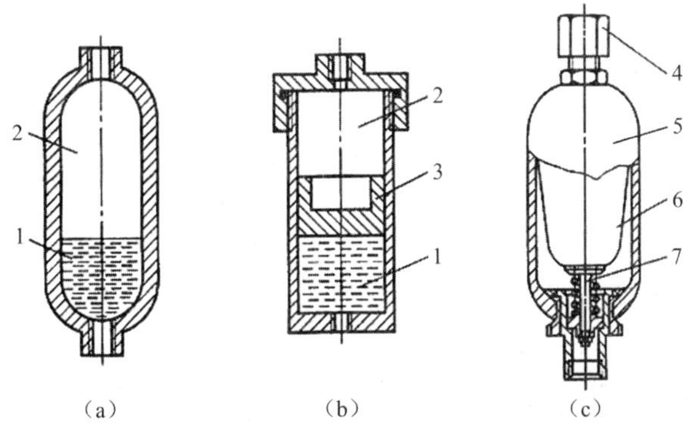

图 6-4　气体加载式蓄能器

（a）气瓶式　（b）活塞式　（c）气囊式

1—油液；2—气体；3—活塞；4—充气阀；5—壳体；6—胶囊；7—进油阀

图 6-4(a)所示为气瓶式蓄能器,气体 2 和油液 1 能在蓄能器中直接接触,故又称为气液接触式(或非隔离式)蓄能器。这种蓄能器容量大、惯性小、反应灵敏、外形尺寸小,没有机械摩擦损失;但气体易混入(高压时溶于)油中,影响系统工作平稳性,而且耗气量大,必须经常补充。适用于中、低压大流量系统。

图 6-4(b)所示为活塞式蓄能器,这种蓄能器利用活塞 3 将气体 2 和油液 1 隔开,属于隔离式蓄能器。其特点是气液隔离,油液不易氧化,结构简单、工作可靠、安装容易、维护方便、寿命长;但由于活塞惯性和摩擦力的影响,其反应不够灵敏。此外,该蓄能器容量小,对缸筒加工工艺和活塞密封性能要求高,宜用来储能或供中、高压系统作吸收脉动及液压冲击之用。

图 6-4(c)所示为气囊式蓄能器,这种蓄能器主要由充气阀 4 壳体 5、胶囊 6 和进油阀 7 等组成,气体和液体由胶囊隔开。壳体是一个无缝耐高压的外壳,囊内储存惰性气体,壳体下端的进油阀是一个由弹簧加载的菌形提升阀,它的作用是既能使油液通过油口进入蓄能器,又防止油液全部排出时气囊挤出壳体之外。充气阀只能在蓄能器工作前用来为气囊充气,在蓄能器工作时始终是关闭的。这种蓄能器的特点是胶囊惯性小、反应灵敏、结构紧凑、质量轻、安装方便、维护容易;但胶囊及壳体制造较困难,且胶囊的强度不高,允许的液压波动有限,只能在一定的温度范围(-20 ~ 70 ℃)内工作。该蓄能器内所用的胶囊有折合型和波纹型两种,前者的容量大,可用来储蓄能量,后者则可用于吸收冲击压力。

6.1.3 蓄能器的使用和安装

蓄能器在液压回路的安装位置取决于功能,具体使用和安装时应注意以下事项。

1)在充气式蓄能器中应充惰性气体(如氩气),允许的最高充气压力视蓄能器的结构形式而定,如气囊式蓄能器的充气压力是 3.5~32 MPa。

2)气囊式蓄能器原则上应油口向下垂直安装,仅在空间位置受限制时才考虑倾斜或水平安装。因为倾斜或水平安装时,胶囊受浮力而与壳体单边接触,妨碍其正常伸缩且影响其使用寿命。

3)吸收冲击压力和脉动压力的蓄能器应尽可能安装在振源附近。

4)装在管路上的蓄能器必须用支撑板或支架固定。

5)蓄能器与管路系统之间应安装截止阀,以供充气或检修时使用。

6)蓄能器与液压泵之间应安装单向阀,以防液压泵停止工作时蓄能器内的压力油倒流。

6.2 油箱

6.2.1 油箱的功用和种类

(1)油箱的功用

油箱的功用是储存液压传动系统所需的油液、散发油液中的热量、沉淀油液中的污染物和释放溶入油液中的气体。

（2）油箱的种类

根据其内液面与大气是否相通，油箱分为开式油箱和闭式油箱。在开式油箱中，空气通过过滤器与大气连通，油箱中的液体受到大气压的作用，一般固定作业和行走作业机械均采用开式油箱。在闭式油箱中，油液完全与大气隔绝，箱体内设置气囊或者弹簧活塞对箱中的油液施加一定压力，适用于水下作业机械或海拔较高地区及飞行器的液压传动系统。油箱的典型结构如图 6-5 所示。油箱的图形符号见表 6-1。

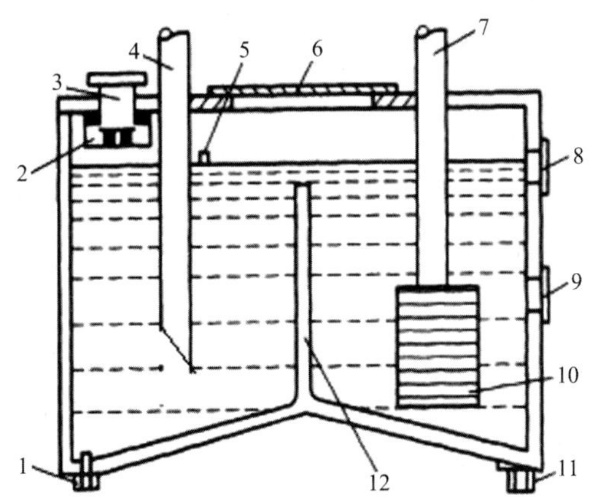

图 6-5　油箱结构示意图

1、11—放油螺塞；2—加油口；3—空气滤清器；4—回油管；5—油温传感器 6—检查清洗孔；7—吸油管；8、9—油位指示器；10—过滤器；12—隔板

表 6-1　油箱的图形符号

油箱类型	开式			闭式
	管口在液面以上	管口在液面以下	管端连接于液面底部	
图形符号				

6.2.2　油箱的结构设计

液压传动系统的油箱设计要点如下。

1）油箱的有效容积指液面高度占油箱高度的 80% 的油箱容积，一般由经验公式确定：

$$V = kq_{\mathrm{P}} \tag{6-1}$$

式中：V 为油箱的有效容量（L）；k 为经验系数，低压系统取 $k = 2\sim4$，中压系统取 $k = 5\sim10$，高压系统取 $k = 6\sim15$；q_{P} 为液压泵的流量。

2）回油管应插入液面以下，以防吸入空气和回油冲溅产生气泡。回油管需斜切成 45°并面向箱壁，增大出油口截面面积，以减慢出口处油流速度，并利于油液散热。

3)吸油管和回油管之间的隔板可增加回油循环距离和改善散热效果。隔板高度一般不低于液面高度的3/4。

4)阀的泄油管口在液面之上以免产生背压;马达和泵的泄油管口则应在液面之下,以防吸入空气。

5)在开式油箱的上部通气孔上必须配置气滤,还应装温度计,以随时观察油温。

6)为便于放油,箱底一般做成斜面,在最低处设放油口,安装放油装置。

7)应考虑清洗换油的方便,设置清洗孔,以便定期清洗油箱底部的沉淀物。

8)为了能够观察油箱中的液面高度,必须设置液位计。

9)箱壁应涂耐油防锈涂料。

6.3 过滤器

6.3.1 过滤器的功用

当液压传动系统的油液中混有杂质微粒时,会卡住滑阀,堵塞小孔,加剧零件的磨损,缩短元件的使用寿命。油液污染越严重,系统工作性能越差、可靠性越低,甚至会造成故障。因此,对工作油液进行过滤是十分必要的,这一任务由过滤器来完成。大部分液压传动系统对油的要求不是以油中含杂质的数量为依据,而是以油中所含杂质的最大颗粒(杂质的直径)为依据,过滤器所能滤除杂质颗粒的公称尺寸(以 μm 表示),称为过滤精度。过滤器按过滤精度可以分为粗过滤器、普通过滤器、精过滤器、特精过滤器四种,它们分别能滤去公称尺寸为 80 μm 以上、10~80 μm、5 ~10 μm 和 5 μm 以下的杂质颗粒。不同的液压传动系统对油的过滤精度要求不同。系统压力不同时,对过滤精度的要求也不同,其推荐值见表 6-2。

表 6-2 过滤精度推荐值表

系统类别	润滑系统	传动系统			伺服系统
工作压力 / MPa	0~2.5	≤14	$14<p<21$	≥21	21
过滤精度 / μm	100	25~50	25	10	5

6.3.2 过滤器的典型结构

液压传动系统的过滤器,按滤芯形式分,有网式、线隙式、纸芯式、烧结式、磁式等。过滤器的一般图形符号见图 6-6。

(1)网式过滤器

网式过滤器又称滤油网,是靠方格式的金属网滤除油中杂质的,根据用途不同分为吸油管路用滤油网和压力管路用滤油网。应用最多的是作为吸油管入口处的滤油网,如图 6-7 所示。网式过滤器的特点是结构简单、通油能力好、压力降较小,但过滤精度低。网式过滤器的过滤精度一般有 80 μm、100 μm 和 180 μm 三种。

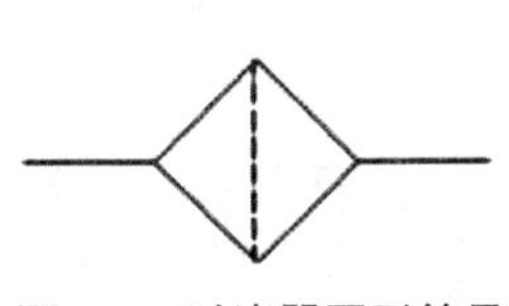

图 6-6　过滤器图形符号

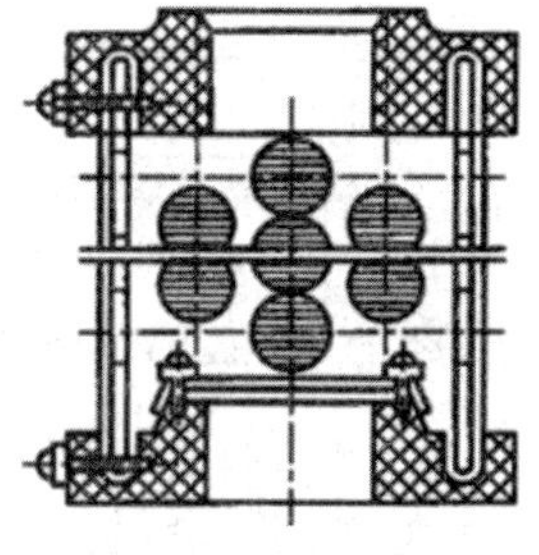

图 6-7　网式过滤器

（2）线隙式过滤器

线隙式过滤器是靠金属丝之间的缝隙过滤出油液中杂质的，分为吸油管路用过滤器，如图 6-8（a）所示；压力管路用过滤器，如图 6-8（b）所示。压力管路用过滤器主要由外壳和滤芯构成，油从 B 进入，经线隙滤芯中部，再从 A 流出。线隙式过滤器结构较简单，过滤精度较高，通油能力较好，其主要缺点是杂质不易清洗，滤芯材料强度较低。

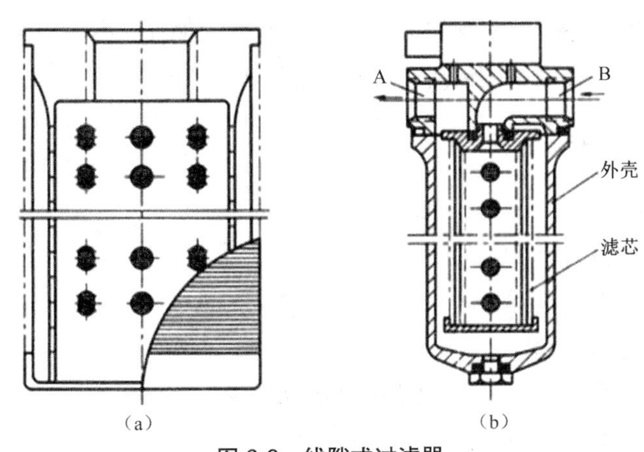

图 6-8　线隙式过滤器

（a）吸油管路用过滤器　（b）压力管路用过滤器

（3）纸质过滤器

图 6-9 所示是 Zu 型纸质过滤器，液压油从进油口 A 流入过滤器。在壳体内自外向内穿过滤芯而被过滤，然后从出油口 B 流出，滤芯由拉杆和螺母固定，过滤器工作时，杂质逐渐积聚在滤芯上，滤芯压差逐渐增大，为避免将滤芯破坏，防止未经过滤的油液进入液压传动系统，设置了堵塞状态的发信装置，当压差超过 0.3 MPa 时，发信装置发出信号。纸质过滤器具有较高的过滤精度和较好的通油能力，更换容易，成本低，应用广泛。

（4）烧结式过滤器

图 6-10 所示是 Su 型金属烧结式过滤器。其滤芯是由颗粒状青铜粉压制烧结而成，利用铜颗粒之间的微孔滤去油液中的杂质。不同粒度的粉末有不同的过滤精度，常用的过滤精度为 10~100 μm。油液从 A 进入，从 B 流出，压力损失一般为 0.03~0.2 MPa，适用于有精密过滤要求的场合，特点是强度高、承受热应力和冲击性能好、制造简单，缺点是易堵塞、难清洗、使用中烧结颗粒物易脱落。

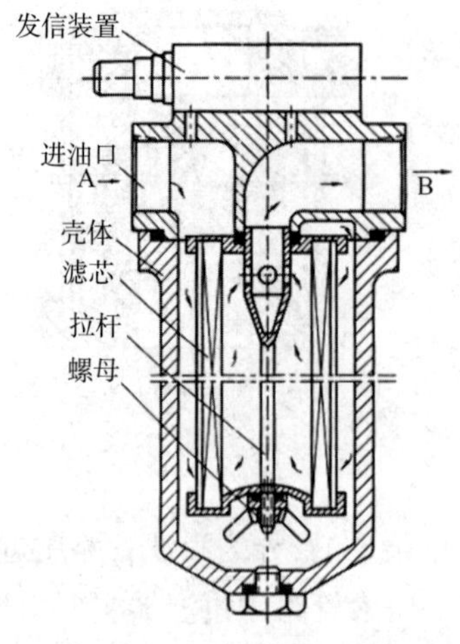

图 6-9 Zu 型纸质过滤器

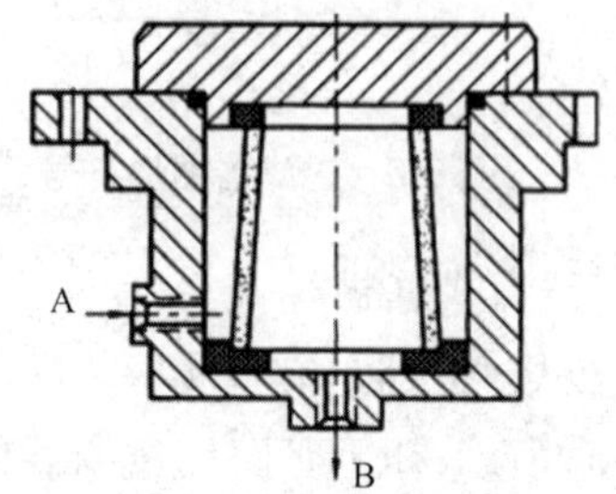

图 6-10 Su 型金属烧结式过滤器

（5）其他形式的过滤器

除上述几种基本形式外，还有其他形式的过滤器。例如，磁性过滤器利用永久磁铁来吸附油液中的铁屑和带磁性的磨料。

案例 诗词赏析《重上井冈山》

用手机扫一扫，了解更多信息

6.3.3 过滤器的选择与安装

（1）过滤器的选择

在选择过滤器时，应注意以下几点。

1）过滤精度应满足系统设计要求。

2）要有足够的通油能力。

3）滤芯具有足够强度，不会因压力油的作用而损坏。

4）滤芯抗腐蚀性好，能在规定的温度下长期工作。

5）滤芯的更换、清洗及维护方便容易。

（2）过滤器的安装位置

1）安装在液压泵的进油管道上，防止杂质进入液压泵而使泵损坏，要求过滤器通油能力好、阻力小，因此常采用过滤精度较低的过滤器。

2）安装在泵的出油管道上，保护除液压泵以外的所有其他液压元件，过滤器可以是各种形式的精密过滤器，因其在高压下工作，需要有一定的强度和刚度，为了避免因过滤器堵塞而使泵过载，要求过滤器并联旁通阀作安全阀，其动作压力略高于过滤器的最大允许压差。

3）过滤器安装在回油管路上，这时过滤器不承受高压，但会使液压传动系统产生一定的背压。这样安装虽不能直接保护各液压元件，但能消除系统中的杂质，间接保护系统。

4）在系统分支油路上局部过滤，不会在主油路中造成压力损失，过滤器也不必承受系统工作压力。其主要缺点是不能完全保证液压元件的安全，仅间接保护系统。

5）单独过滤系统。由专用液压泵给过滤器供油、过滤，适用于大型机械液压传动系统。

6.4　管件与接头

6.4.1　导管

液压传动系统使用的导管种类很多，如钢管、铜管、尼龙管、塑料管、橡胶管等，必须按照安装位置、工作环境和工作压力来正确选用。导管的特点及其适用范围见表 6-3。

表 6-3　液压传动系统使用的导管

种类		特点和适用场合
硬管	钢管	能承受高压，价格低廉、耐油、抗腐蚀、刚性好，但装配时不能任意弯曲；常在装拆方便处用作压力管道，中、高压用无缝管，低压用焊接管
	紫铜管	易弯曲成各种形状，但承受能力一般不超过 6.5~10 MPa，抗振能力较弱，又易使油液氧化；通常用在液压装置内配接不便之处
软管	尼龙管	乳白色半透明，加热后可以随意弯曲成形或扩口，冷却后又能定形不变，承压能力因材质而异，在 2.5~8 MPa 不等
	塑料管	质轻、耐油、价格便宜、装配方便，但承压能力低，长期使用会变质老化，只宜用作压力低于 0.5 MPa 的回油管、泄油管等
	橡胶管	高压管由耐油橡胶夹几层钢丝编织网制成，钢丝网层数越多，耐压越高，价格昂贵，用作中、高压系统中两个相对运动件之间的压力管道；低压管由耐油橡胶夹帆布制成，可用作回油管道

导管的规格尺寸（管道内径和壁厚）可由式（6-2）、式（6-3）算出 d（导管内径）、δ（导管壁厚）值后，查阅有关标准选定：

$$d = 2\sqrt{\frac{q}{\pi v}} \tag{6-2}$$

$$\delta = \frac{pdn}{2\sigma_b} \tag{6-3}$$

式中：d 为导管内径；q 为管内流量；v 为管中油液的流速；δ 为导管壁厚；p 为管内工作压力；n 为安全系数；σ_b 为管道材料的抗拉强度。

对于流速 v，在压力高时取大值，压力低时取小值；吸油管取 0.5~1.5 m/s，高压管取 2.5~5 m/s，回油管取 1.5~2.5 m/s，短管及局部收缩处取 5~7 m/s。对于安全系数 n，钢管且 $p<7$ MPa 时，取 $n=8$；7 MPa$<p<$17.5 MPa 时，取 $n=6$；$p>$17.5 MPa 时，取 $n=4$。

导管的直径不宜过大，以免使液压装置结构庞大；但也不能过小，以免使管内液体的流速加大，导致系统压力损失增大或产生振动和噪声。在保证强度的情况下，管壁可尽量选薄。薄壁管易于弯曲，安装连接较为容易，可减少管接头数目，有助于解决系统泄漏问题。

6.4.2　管接头

管接头是导管与导管、导管与液压元件之间的可拆式连接件。它必须具备装拆方便、连接牢固、密封可靠、外形尺寸小、通流能力强、压降小、工艺性好等特点。

管接头的种类很多,其规格品种可查阅有关手册。液压传动系统中导管与管接头的常见连接方式见表 6-4。管路旋入端用连接螺纹采用国家标准米制锥螺纹(ZM)和普通细牙螺纹(M)。

锥螺纹依靠自身的锥体旋紧和采用聚四氟乙烯等进行密封,广泛用于中、低压液压传动系统;细牙螺纹密封性好,常用于高压系统,但要采用组合垫圈、紫铜垫圈或 O 形圈进行端面密封。

表 6-4 液压传动系统中常用的管接头

名称	结构简图	特点和说明
焊接式管接头	球形头	1)连接牢固,利用球面进行密封,简单可靠; 2)焊接工艺必须保证质量,必须采用厚壁钢管; 3)拆装不方便
卡套式管接头	导管 卡套	1)用卡套卡住导管进行密封,对轴向尺寸要求不严,装拆方便; 2)对导管径向尺寸精度要求较高,为此要采用冷拔无缝钢管
扩口式管接头	导管 管套	1)用导管管端的扩口在管套的压紧下进行密封,结构简单; 2)适用于铜管、薄壁钢管、尼龙管和塑料管等低压管道的连接
扣压式管接头		1)用来连接高压软管; 2)在中、低压系统中应用
固铰式管接头	螺钉 组合垫圈 接头体 组合垫圈	1)直角接头,优点是可以随意调整布管方向,安装方便,占用空间小; 2)接头与管子的连接方法,除本图所示的卡套式外,还可以用焊接式; 3)中间有通油孔的固定螺钉把两个组合垫圈压紧在接头体上进行密封

6.5 热交换器

在液压传动系统中,油液的工作温度一般应控制在 30~50 ℃,最高不应超过 65 ℃,最低不应低于 15 ℃。如果液压传动系统靠自然冷却仍不能使油温低于允许的最高温度时,就需要安装冷却器；反之，如环境温度太低，无法使液压泵启动或正常运转时，就需安装加热器。冷却器和加热器合称为热交换器。

6.5.1　冷却器

根据冷却介质的不同，可将液压传动系统的冷却器分为水冷式、风冷式和冷媒式三种。冷却器的图形符号见图 6-11。

（1）水冷式冷却器

最简单的水冷式冷却器是蛇形管式水冷却器，如图 6-12 所示。它以一组或几组的形式，直接装在液压油箱内。冷却液从管内流过时，将油液中的热量带走。这种冷却器的散热面积小，油的流动速度很低，冷却效率较低。

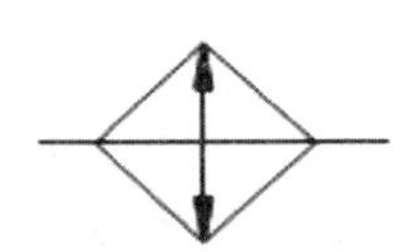

图 6-11　冷却器的图形符号

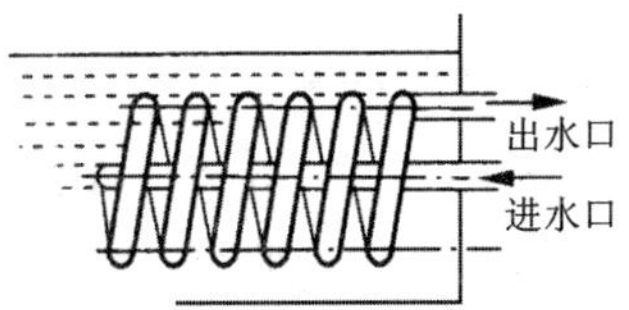

图 6-12　蛇形管式水冷却器

在大功率液压传动系统中常采用多管式冷却器。图 6-13 所示为一种强制对流多管式水冷却器。油从进油口 C 进入，从出油口 B 流出。冷却水从进水口 D 进入，经多根水管 3 的内部，从出水口 A 流出。油从水管外部流过，中间隔板使液压油折流，从而增加油的循环路线长度，以强化热交换效果。水管通常采用壁厚为 1~1.5 mm 的黄铜管，不易生锈且便于清洗。

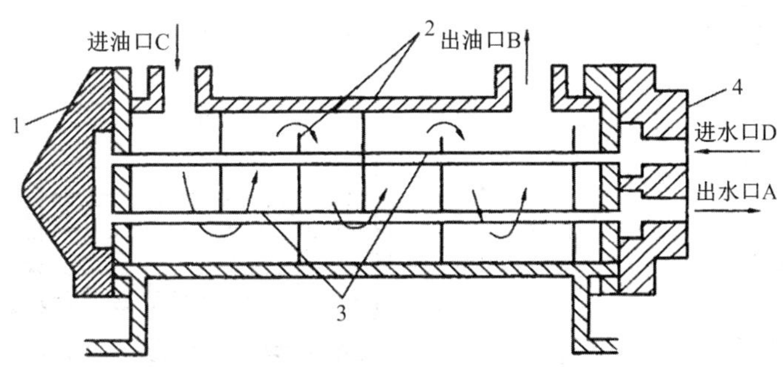

图 6-13　强制对流多管式水冷却器结构

1—左端盖；2—隔板；3—水管；4—右端盖

（2）风冷式冷却器

在水源不方便的地方（如在行走设备上）可以用风冷式冷却器。

图 6-14 所示为一种强制风冷板翅式冷却器，其优点是散热效率高、结构紧凑、体积小、强度大；缺点是易堵塞、清洗困难。

图 6-15 所示为翅片管式冷却器，其翅片为铜片或铝片，厚度一般为 0.2~0.3 mm，翅片管式冷却器的散热面积为光管冷却器的 8~10 倍，且体积和质量较小。椭圆管的涡流区小，空

气流动性好，散热系数高。

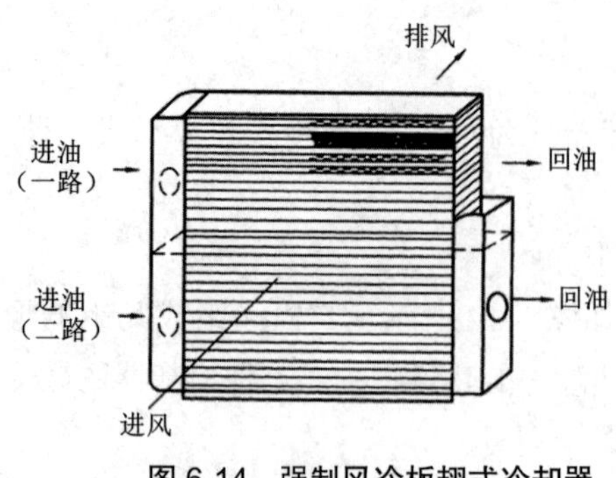

图 6-14　强制风冷板翅式冷却器

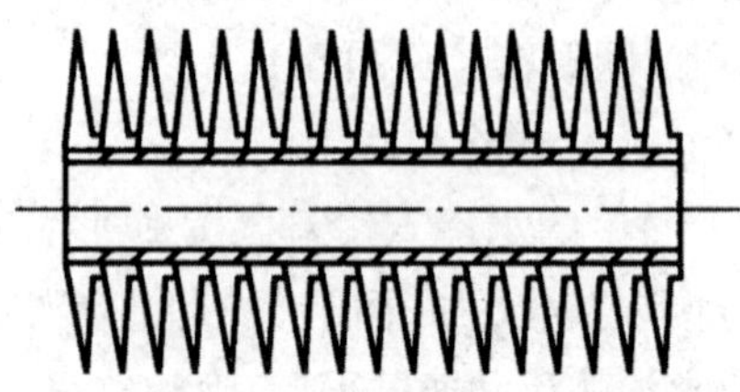
图 6-15　翅片管式冷却器

（3）冷媒式冷却器

冷媒式冷却器利用冷媒介质（如氟里昂 R134 和 R22，或无氟碳酸制冷剂 jL-134a 及 R600a）在压缩机中绝热压缩后进入散热器散热，然后在蒸发器中吸热的原理，带走液压油中的热量使之冷却。冷媒式冷却器的冷却效果好，但价格昂贵，常用在对油温要求严格的液压传动系统中。

6.5.2　加热器

在液压试验设备中，配合使用加热器和冷却器可实现对油温的精确控制。加热器的图形符号如图 6-16 所示。液压传动系统一般常用的是电加热器，其安装方式如图 6-17 所示。其中，加热器通过法兰固定在油箱的侧壁上，其发热部分全部浸在油液内。由于油是热的不良导体，故单个加热器的功率不能太大，而且应装在油箱内油液流动处，以免周围油液因过热而老化变质。

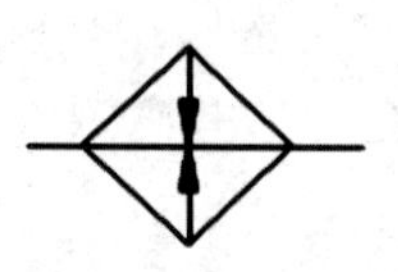
图 6-16　加热器的图形符号

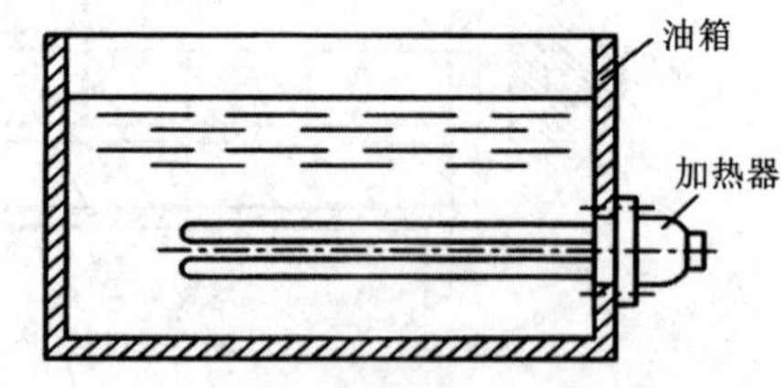

图 6-17　电加热器安装示意

思考题与习题

6-1　过滤器有哪几种类型？分别有什么特点？

6-2　导管和管接头有哪些类型？各适用于什么场合？

6-3　蓄能器的功用是什么？

6-4　油箱的作用是什么？设计时应考虑哪些问题？

第 7 章　液压基本回路

液压传动系统一般由一些基本回路组成。所谓基本回路，是指那些为了实现某种特定功能而把一些液压元件和管道按一定方式组合起来的通路结构。液压基本回路按作用分为压力控制回路、速度控制回路、方向控制回路和多执行元件动作控制回路。

案例 诗词赏析《七律·长征》

用手机扫一扫，了解更多信息

7.1　压力控制回路

压力控制回路利用压力控制阀来控制系统全部或局部的压力，以满足液压执行元件对力或转矩的要求。这类回路包括调压回路、减压回路、增压回路、卸荷回路和平衡回路等。

7.1.1　调压回路

调压回路的作用是使液压传动系统整体或部分的压力保持恒定或不超过某个数值。在定量泵系统中，液压泵的供油压力可以通过溢流阀来调节；在变量泵系统中，用安全阀来限定系统的最高压力，防止系统过载。若系统中需要两种以上的压力，则可采用多级调压回路。

（1）单级调压回路

如图 7-1（a）所示，在液压泵出口处设置并联溢流阀 1，当电磁阀 4 不通电时，即为单级调压回路，系统最高压力由溢流阀 1 的调压弹簧调定。

（2）二级调压回路

用图 7-1（a）所示的回路也可实现两种不同的压力控制，由先导型溢流阀 1 和远程调压阀 5 分别调整工作压力。当二位二通电磁阀 4 处于图示位置时，系统压力由阀 1 调定；当阀 4 通电并右位接入回路时，系统压力由阀 5 调定。但要注意，阀 5 的调定压力一定要低于阀 1 的调定压力，否则不能实现二级调压。当系统压力由阀 5 调定时，阀 1 的先导阀口关闭，但主阀开启，液压泵的溢流流量经主阀流回油箱。

（3）多级调压回路

如图 7-1（b）所示，由先导型溢流阀 1、2、3 分别控制系统的压力，从而组成了三级调压回路。当两个电磁铁（1YA 和 2YA）均不通电时，系统压力由阀 1 调定；当 1YA 通电时，系统压力由阀 2 调定；当 2YA 通电时，系统压力由阀 3 调定。但在这种调压回路中，阀 2 和阀 3 的调定压力要低于阀 1 的调定压力，而阀 2 和阀 3 的调定压力没有一定的关系。

（4）比例调压回路

如图 7-1（c）所示，调节先导型比例电磁溢流阀 6 的输入电流，即可实现系统压力的无级调节，这样不但回路结构简单，压力切换平稳，而且便于实现远距离控制或程控。

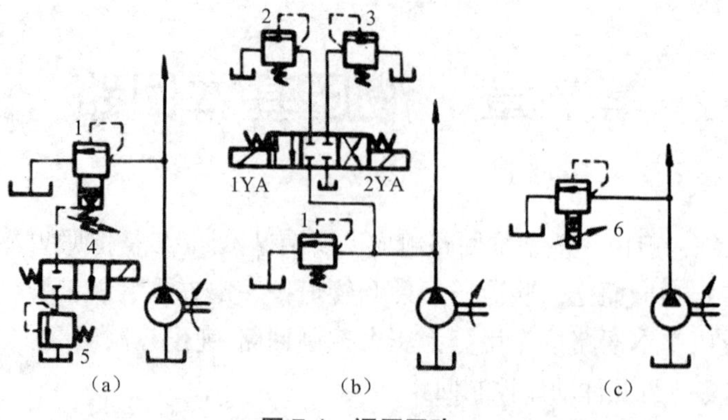

图 7-1 调压回路

(a)单级/二级调压回路 (b)多级调压回路 (c)比例调压回路

1、2、3—先导型溢流阀;4—二位二通电磁阀;5—远程调压阀;6—比例电磁溢流阀

(5)用变量泵的调压回路

如图 7-2 所示,采用非限压式变量泵 1 时,系统的最高压力由安全阀 2 限定。如采用限压式变量泵时,系统的最高压力由泵调节,其值为泵处于无流量输出时的压力值。

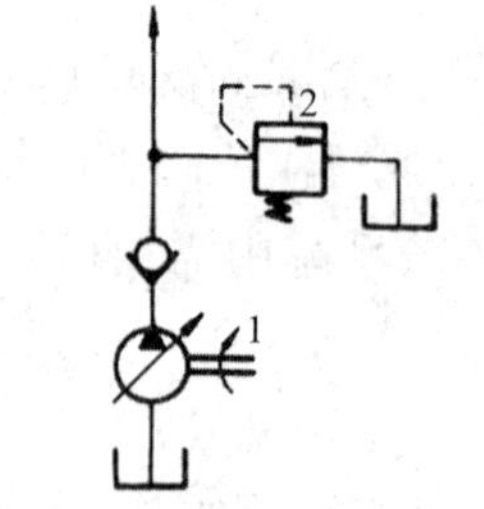

图 7-2 用变量泵的调压回路

1—变量泵;2—安全阀

7.1.2 减压回路

减压回路的作用是使系统中的某一部分油路具有较低的稳定压力。最常见的减压回路采用定值减压阀与主油路相连,如图 7-3(a)所示,回路中的单向阀用于防止主油路压力低于减压阀调整压力时油液回流,起短时保压作用。减压回路中也可以采用类似两级或多级调压的方式获得两级或多级减压。在图 7-3(b)所示的回路中,先导型减压阀 1 的远程控制口接溢流阀 2,可由阀 1、阀 2 各调得一种低压。注意,溢流阀 2 的调定压力值一定要低于减压阀 1 的调定压力值。

为使减压回路工作可靠,减压阀的最低调整压力应不小于 0.5 MPa,最高调整压力至少应比系统压力低 0.5 MPa。当减压回路中的执行元件需要调速时,调速元件应放在减压阀的后面,以避免减压阀泄漏(指由减压阀泄油口流回油箱的油液)对执行元件的速度发生影响。

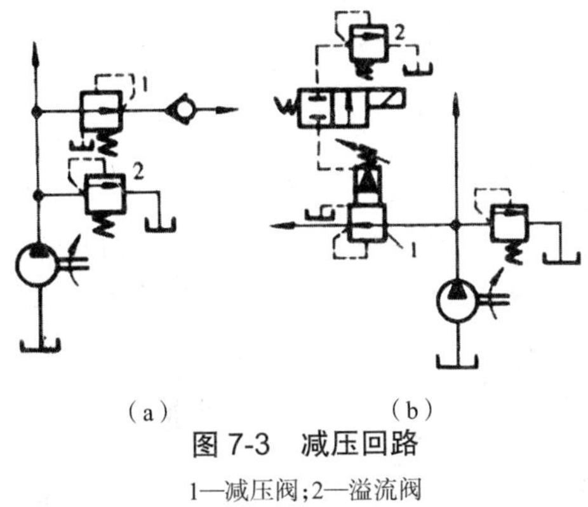

(a)　　(b)

图 7-3　减压回路

1—减压阀;2—溢流阀

也可用比例减压阀组成无级减压回路,如图 7-4 所示。调节输入比例减压阀 1 的电流,即可使分支油路无级减压,容易实现遥控。

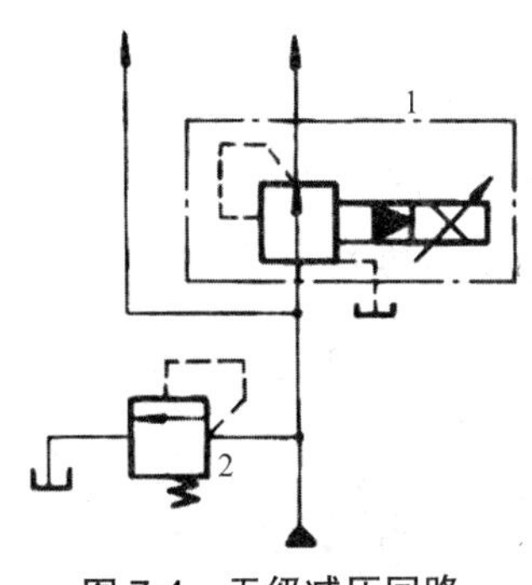

图 7-4　无级减压回路

1—比例减压阀;2—溢流阀

7.1.3　增压回路

当液压传动系统中的某一支路需要压力较高但流量小的压力油时,若不值得采用高压泵,则可采用增压回路以节省能源并减小噪声。

(1)单作用增压回路

图 7-5(a)所示为单作用增压回路。在图示位置工作时,系统的供油压力 p_1 进入增压缸的大活塞左腔,此时在小活塞右腔即可得到所需的较高压力 p_2。当二位四通电磁换向阀右位接入系统时,增压缸返回,辅助油箱中的油液经单向阀补入小活塞右腔。因该回路只能间断增压,所以称之为单作用增压回路。

(2)双作用增压回路

图 7-5(b)所示为采用双作用增压缸的增压回路,其能连续输出高压油。在图示位置时,液压泵输出的压力油经电磁换向阀 5 和单向阀 1 进入增压缸左端大、小活塞的左腔。大活塞右腔通油箱,右端小活塞右腔增压后的高压油经单向阀 4 输出,此时单向阀 2、3 被关闭。当增压缸活塞移到右端时,电磁换向阀通电换向,增压缸活塞向左移动,左端小活塞左腔输出的高压油经单向阀 3 输出。这样,增压缸的活塞不断往复运动,两端便交替输出高压

油,从而实现了连续增压。

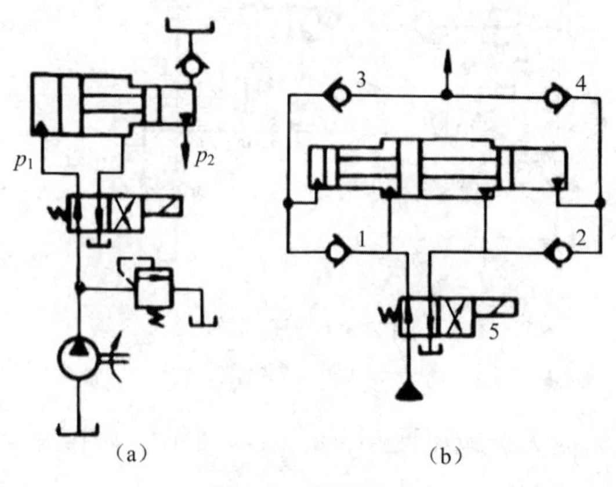

图 7-5 增压回路

1、2、3、4—单向阀;5—电磁换向阀

(3)液压泵增压回路

液压泵增压回路多用于起重机的液压传动系统,如图 7-6 所示。其中,液压泵 2 和 3 由液压马达 4 驱动,液压泵 1 与泵 2 或泵 3 串联,从而实现增压。

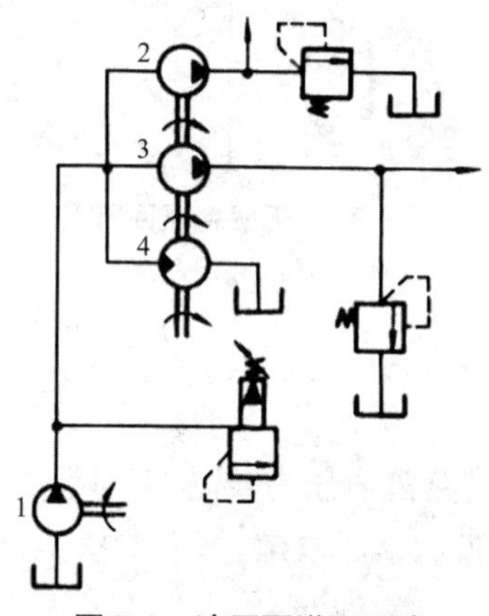

图 7-6 液压泵增压回路

1、2、3—液压泵;4—液压马达

7.1.4 卸荷回路

卸荷回路的作用是在液压泵不停止转动时,使其输出的流量在压力很低的情况下流回油箱,以减少功率损耗,降低系统发热,延长液压泵和电动机的寿命。这种卸荷方式称为压力卸荷,常见的压力卸荷回路有如下几种。

(1)换向阀卸荷回路

当 M、H 和 K 型中位机能的三位换向阀处于中位时,液压泵即卸荷。图 7-7 所示为采用 M 型中位机能的电液换向阀的卸荷回路。这种回路在切换时的压力冲击小,但回路中必须设置单向阀，以使系统能保持 0.3 MPa 左右的压力，供控制油路用。

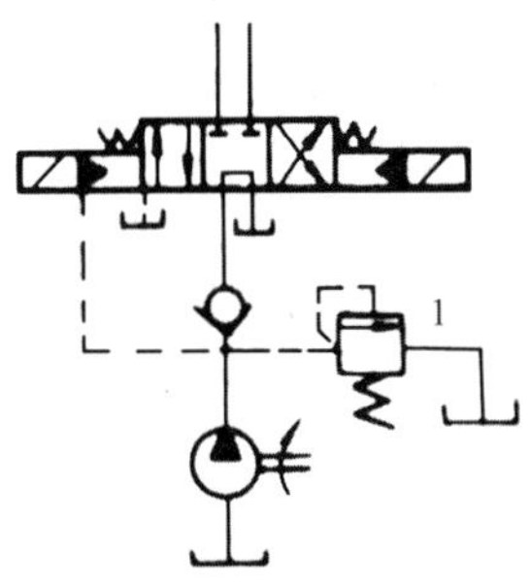

图 7-7　卸荷回路

（2）先导型溢流阀卸荷回路

在图 7-1（a）中，若去掉远程调压阀 5，使先导型溢流阀的远程控制口通过二位二通电磁阀 4 直接与油箱相连，便构成一种用先导型溢流阀的卸荷回路，这种卸荷回路切换时的冲击小。

（3）多缸系统卸荷回路

由一个液压泵向两个以上液压缸供油，可组成多缸系统卸荷回路，如图 7-8 所示。该回路把四通换向阀与二通换向阀连接在一起，当各液压缸的换向阀都在中间位置时，液压泵就卸荷。

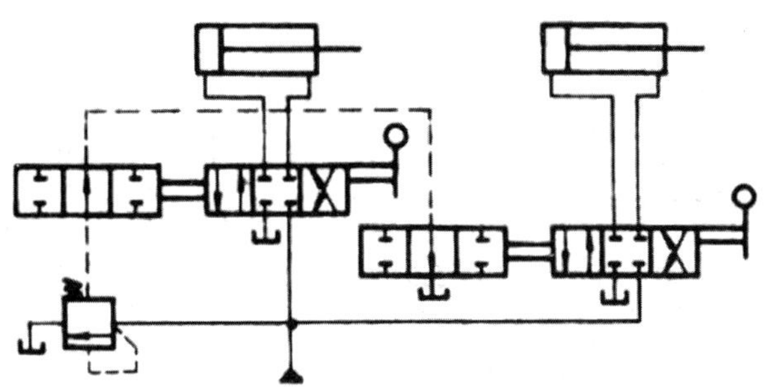

图 7-8　多缸系统卸荷回路

必须指出，在限压式变量泵供油的回路中，当执行元件不工作而不需要流量输入时，泵继续在转动。输出压力最高，但输出流量接近于零。此时，驱动泵所需的功率也接近于零，就是说系统实现了卸荷，所以卸荷即为卸功率之荷。

7.1.5　保压回路

有些机械设备在工作过程中，常常要求液压执行机构在其行程终止时，保持压力一段时间，这时就需要采用保压回路。所谓保压回路，就是在执行元件停止工作或仅有工件变形所产生的微小位移的情况下使系统压力基本保持不变。最简单的保压回路是使用密封性能较好的液控单向阀的回路，但是阀类元件的泄漏使得这种回路的保压时间无法维持太久。常用的保压回路有以下几种。

(1)利用液压泵的保压回路

在保压过程中,液压泵仍以较高的压力(保压所需压力)工作。此时,若采用定量泵则压力油几乎全经溢流阀流回油箱,系统功率损失大,发热严重,故只在小功率系统且保压时间较短的场合下使用。如果采用限压式变量泵,在保压时液压泵的压力虽较高,但输出流量几乎等于零。因此,系统的功率损失较小,且输出流量能随泄漏量变化自动调整,故其效率也较高。

(2)利用蓄能器的保压回路

如图 7-9(a)所示,当三位四通电磁换向阀 5 左位接入工作时,液压缸 6 向右运动并实现一定功能(如压紧工件),之后进油路压力升高至调定值,压力继电器 3 发出信号使二位二通电磁阀 7 通电,液压泵 1 卸荷,单向阀 2 自动关闭,液压缸则由蓄能器 4 保压。缸压不足时,压力继电器复位使泵重新工作。保压时间取决于蓄能器容量和压力继电器的通断调节区间,而压力继电器的通断调节区间决定了缸中压力的最高和最低值。图 7-9(b)所示为多个执行元件系统中的保压回路。这种回路的支路需保压,液压泵 1 通过单向阀 2 向支路输油、当支路压力升高达到压力继电器 3 的调定值时,单向阀关闭,支路由蓄能器 4 保压并补偿泄漏,与此同时,压力继电器发出信号,来控制换向阀(图中未画出),使泵向主油路输油,另一个执行元件开始动作。

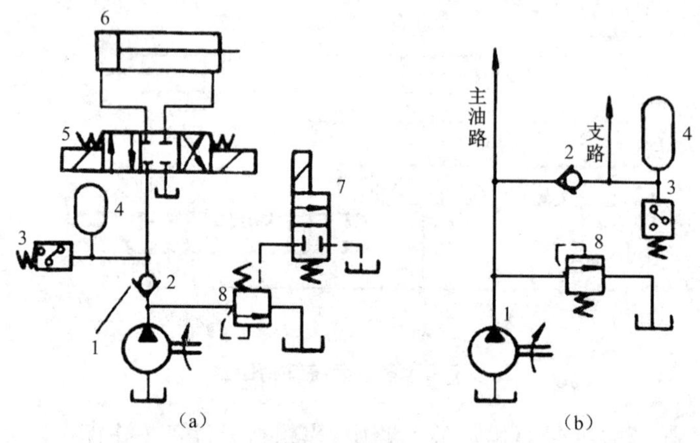

图 7-9 利用蓄能器的保压回路

1—液压泵;2—单向阀;3—压力继电器;4—蓄能器;5—三位四通电磁换向阀;6—液压缸;7—二位二通电磁换向阀;8—溢流阀

(3)自动补油保压回路

图 7-10 所示为采用液控单向阀和电接点压力表的自动补油保压回路,其工作原理如下:当 1YA 通电,换向阀右位接入回路;液压缸上腔压力上升至电接点压力表的上限值时,压力表触点通电,使电磁铁 1YA 断电,换向阀处于中位,液压泵卸荷,液压缸由液控单向阀保压;当液压缸上腔压力下降到电接点压力表调定的下限值时,压力表又发出信号,使 1YA 通电,液压泵再次向系统供油,使压力上升。因此,这一回路能自动地补充压力油,使液压缸的压力能长期保持在所需范围内。

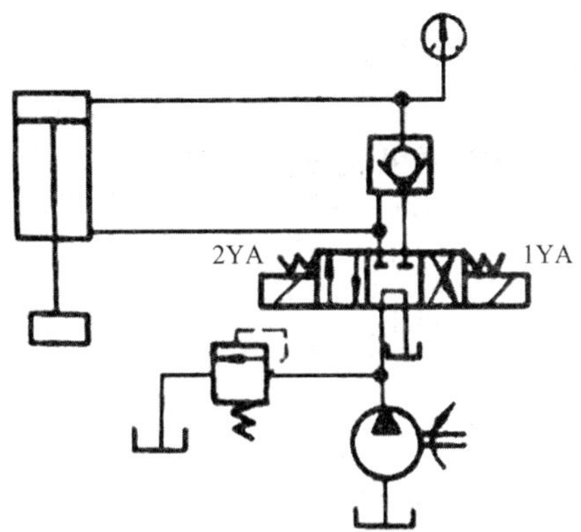

图 7-10　自动补油的保压回路

7.1.6　平衡回路

平衡回路的作用在于执行机构不工作时,防止在负载的重力作用下使执行机构自行下落。图 7-11 所示为采用单向顺序阀的平衡回路。当 1YA 通电后活塞下行时,液压缸下腔的油液打开顺序阀而回油箱,回油路上存在一定背压。如果此顺序阀调定的背压值大于活塞和与之相连的工作部件自重在缸下腔产生的压力值时,且当换向阀处于中位时,活塞及工作部件就能被顺序阀锁住而停止运动。这种回路在活塞向下快速运动时功率损失大,锁住时活塞和与之相连的工作部件会因单向顺序阀和换向阀的泄漏而缓慢下落,因此它只适用于工作部件自重不大,活塞锁住时对定位要求不高的场合。

图 7-12 所示为由减压阀和溢流阀组成的减压平衡回路。进入液压缸的压力由减压阀调节,以平衡载荷 F;液压缸的活塞杆跟随载荷做随动并产生位移 s,当活塞杆向上移动时,减压阀向液压缸供油;当活塞杆向下移动时,溢流阀溢流;保证液压缸在任何时候都保持对载荷的平衡。溢流阀的调定压力要大于减压阀的调定压力。在工程机械中常用平衡阀直接形成平衡回路。

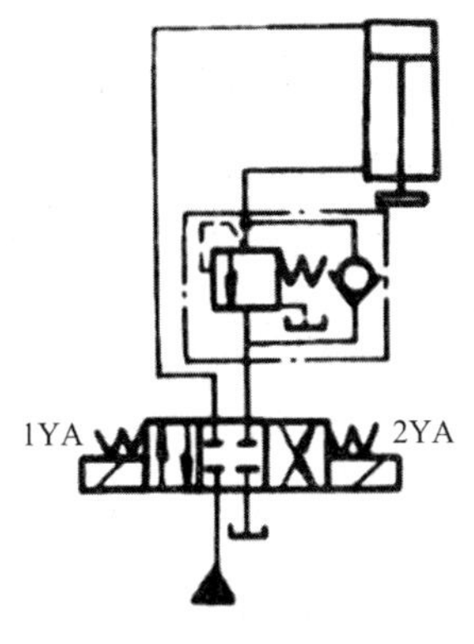

图 7-11　用顺序阀的平衡回路

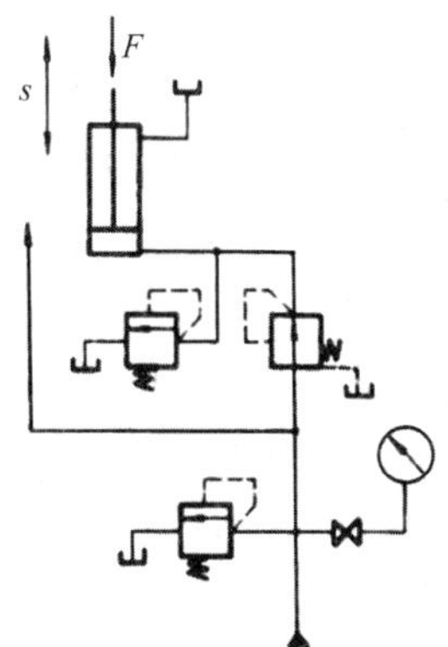

图 7-12　减压平衡回路

7.2 速度控制回路

液压传动系统中的速度控制回路包括调速回路、快速运动回路和速度换接回路等。

调速是为了满足液压执行元件对工作速度的要求，在不考虑液压油的可压缩性和泄漏的情况下，液压缸的运动速度为

$$v=\frac{q}{A} \tag{7-1}$$

液压马达的转速为

$$n=\frac{q}{V_m} \tag{7-2}$$

式中：q 为输入液压执行元件的流量；A 为液压缸的有效工作面积；V_m 为液压马达的排量。

由式（7-1）和式（7-2）可知，改变输入液压执行元件的流量 q 或改变液压缸的有效工作面积 A（或液压马达的排量 V_m）均可以达到改变速度的目的。但改变液压缸的有效工作面积在实际中是很困难的，因此只能用改变进入液压执行元件的流量或改变变量液压马达排量的方法来调速。为了改变进入液压执行元件的流量，可采用定量泵和流量控制阀来改变通过流量阀流量的方法，也可采用改变变量泵或变量马达排量的方法。前者称为节流调速；后者称为容积调速；而同时用变量泵和流量阀来达到调速目的时，则称为容积节流调速。

7.2.1 节流调速回路

节流调速回路是通过改变回路中流量控制元件（节流阀或调速阀）的通流面积来控制流入执行元件或自执行元件流出的流量，以调节其运动速度。根据流量阀在回路中的位置，节流调速回路分为进油节流调速回路、回油节流调速回路和旁路节流调速回路三种回路。前两种调速回路由于在工作中回路的供油压力不随负载变化而变化，故又称为定压式节流调速回路；而在旁路节流调速回路中，由于回路的供油压力随负载的变化而变化，故又称为变压式节流调速回路。

（1）进油节流调速回路

如图 7-13（a）所示，节流阀串联在液压泵和液压缸之间。液压泵输出的油液一部分经节流阀进入液压缸工作腔，推动活塞运动，多余的油液经溢流阀流回油箱。由于溢流阀存在溢流，泵的出口压力 p_0 就是溢流阀的调整压力并基本保持恒定。调节节流阀的通流面积，即可调节通过节流阀的流量，从而调节液压缸的运动速度。

Ⅰ. 速度负载特性

液压缸在稳定工作时，其受力平衡方程式为

$$p_1A_1=F+p_2A_2$$

式中：p_1 和 p_2 分别为液压缸进油腔和回油腔的压力，由于回油腔通油箱，$p_2\approx0$；F 为液压缸的负载；A_1 和 A_2 分别为液压缸无杆腔和有杆腔的有效面积。

所以

$$p_1 = \frac{F}{A_1}$$

因为液压泵的供油压力 p_P 为定值，故节流阀两端的压力差为

$$\Delta p = p_P - p_1 = p_P - \frac{F}{A_1}$$

经节流阀进入液压缸的流量为

$$q_1 = kA_T\Delta p^m = kA_T(p_P - \frac{F}{A_1})^m$$

式中：k 为常数；A_T 为节流阀的通流面积；m 为指数，$0.5 \leqslant m \leqslant 1$。

故液压缸的运动速度为

$$v = \frac{q_1}{A_1} = \frac{kA_T}{A_1}(p_P - \frac{F}{A_1})^m \tag{7-3}$$

式(7-3)即为进油节流调速回路的速度负载特性方程。由该式可知，液压缸的运动速度 v 和节流阀的通流面积 A_T 成正比。调节 A_T 可实现无级调速，这种回路的调速范围较大(速比最高可达 100)。当 A_T 调定后，速度与负载成反比，故这种调速回路的速度负载特性较软。

若按式(7-3)选用不同的 A_T 值作 v-F 坐标曲线图，可得一组曲线，即为该回路的速度负载特性曲线，如图 7-13(b)所示。这组曲线表示液压缸运动速度随负载变化的规律，曲线越陡，说明负载变化对速度的影响越大，即速度刚性越差。由式(7-3)和图 7-13(b)还可看出，当 A_T 一定时，重载区域比轻载区域的速度刚性差；当负载一定时，A_T 越大(即活塞运动速度越高)，速度刚性越强。所以这种调速回路适用于低速、轻载的场合。

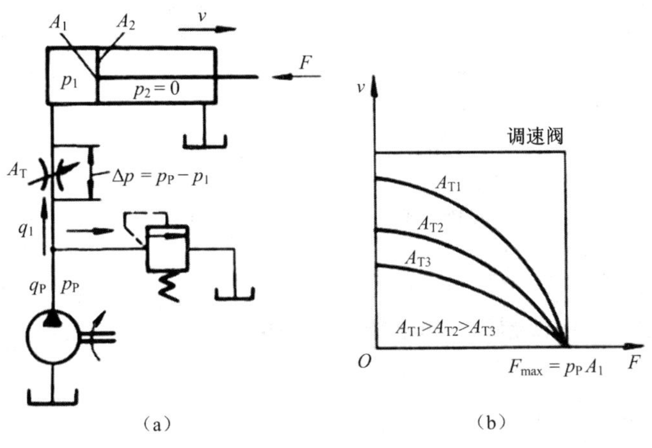

图 7-13　进油节流调速回路

(a)回路图　(b)调速特性

Ⅱ. 最大承载能力

由式(7-3)可知，无论 A_T 为何值，当 $F = p_P A_1$ 时，节流阀两端压差 Δp 为零，活塞运动也就停止，此时液压泵输出的流量全部经溢流阀回油箱。所以，此时 F 值即为该回路的最大

承载值，即 $F_{max}=p_PA_1$。

Ⅲ. 功率和效率

在节流阀进油节流调速回路中，液压泵的输出功率为 $P_P=p_Pq_P=$ 常量；而液压缸的输出功率为 $P_1=Fv=Fq_1/A_1=p_1q_1$，所以该回路的功率损失为

$$\Delta P=P_P-P_1=p_Pq_P-p_1q_1=p_P(q_1+q_y)-(p_P-\Delta p)q_1=p_Pq_y+\Delta pq_1$$

式中：q_y 为通过溢流阀的溢流量，$q_y=q_P-q_1$。

由上式可知，调速回路功率损失由溢流损失 $\Delta P_y=p_Pq_y$ 和节流损失 $\Delta P_T=\Delta pq_1$ 两部分组成。

回路的效率为

$$\eta_c=\frac{P_1}{P_P}=\frac{Fv}{p_Pq_P}=\frac{p_1q_1}{p_Pq_P} \tag{7-4}$$

由于存在两部分功率损失，故这种调速回路的效率较低。

（2）回油节流调速回路

图 7-14 所示为把节流阀串联在液压缸的回油路上，利用节流阀控制液压缸的排油量 q_2 来实现速度调节。由于进入液压缸的流量 q_1 受到回油路上 q_2 的限制。因此调节 q_2 也就调节了进油量 q_1，定量泵输出的多余油液仍经溢流阀流回油箱，溢流阀调整压力 p_P 基本保持稳定。

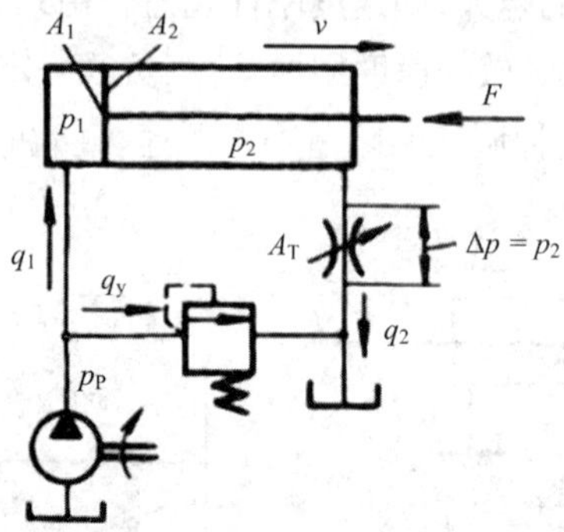

图 7-14 回油节流调速回路

Ⅰ. 速度负载特性

类似于式（7-3）的推导过程，由液压缸的力平衡方程（$p_2\neq 0$）和流量阀的流量方程（$\Delta p=p_2$），进而可得液压缸的速度负载特性为

$$v=\frac{q_2}{A_2}=\frac{kA_T\left(p_P\dfrac{A_1}{A_2}-\dfrac{F}{A_2}\right)^m}{A_2} \tag{7-5}$$

比较式（7-5）和式（7-3）可以发现，回油节流调速和进油节流调速的速度负载特性以及速度刚性基本相同，若液压缸两腔有效面积相同（双杆液压缸），那么两种节流调速回路的速度负载特性和速度刚度就完全一样。因此，对进油节流调速回路的一些分析完全适用于回油节流调速回路。

Ⅱ. 最大承载能力

回油节流调速回路的最大承载能力与进油节流调速回路相同，即 $F_{max}=p_pA_1$。

Ⅲ. 功率和效率

液压泵的输出功率与进油节流调速相同，即 $P_P=p_Pq_P$，且等于常数；液压缸的输出功率为

$$P_1=Fv=(p_PA_1-p_2A_2)v=p_Pq_1-p_2q_2$$

该回路的功率损失为

$$\Delta P=P_P-P_1=p_Pq_P-p_Pq_1+p_2q_2=p_P(q_P-q_1)+p_2q_2=p_Pq_y+\Delta pq_2$$

式中：p_Pq_y 为溢流损失功率；Δpq_2 为节流损失功率。

因此，回油节油调速回路与进油节流调速回路的功率损失相似。回油节油调速回路的效率为

$$\eta_c=\frac{Fv}{p_Pq_P}=\frac{p_Pq_1-p_2q_2}{p_Pq_P}=\frac{(p_P-p_2\dfrac{A_2}{A_1})q_1}{p_Pq_P} \tag{7-6}$$

当使用同一个液压缸和同一个节流阀，且负载 F 和活塞运动速度 v 相同时，则式（7-6）和式（7-4）是相同的，因此可以认为进、回油节流调速回路的效率是相同的。但是，应当指出，在回油节流调速回路中，液压缸工作腔和回油腔的压力都比进油节流调速回路的高，特别是在负载变化大，尤其是当 F 接近于零时，回油腔的背压有可能比液压泵的供油压力还要高，这样会使节流功率损失大大提高，且加大泄漏，因而其效率实际上比进油节流调速回路的要低。

Ⅳ. 进、回油节流调速回路对比

从以上分析可知，进、回油节流调速回路之间有许多相同之处，但也有如下不同。

1）承受负值负载的能力不同。回油节流调速回路的节流阀使液压缸回油腔形成一定的背压，在受到负值负载时，背压能阻止工作部件的前冲，即能在负值负载下工作，而进油节流调速由于回油腔没有背压，因而不能在负值负载下工作。

2）停车后的启动性能不同。长期停车后，液压缸油腔内的油液会流回油箱，当液压泵重新向液压缸供油时，在回油节流调速回路中，由于进油路上没有节流阀控制流量，即便回油路上的节流阀关得很小，也会使活塞前冲；而在进油节流调速回路中，由于进油路上有节流阀控制流量，故活塞前冲量很小，甚至没有前冲。

3）实现压力控制的方便性不同。在进油节流调速回路中，进油腔的压力将随负载而变化。当工作部件碰到死挡块而停止后，其压力将升到溢流阀的调定压力，利用这一压力变化来实现压力控制是很方便的。但在回油节流调速回路中，只有回油腔的压力才会随负载变化，当工作部件碰到死挡块后，其压力将降至零，很难利用这一压力变化实现压力控制，故一般较少采用。

4）发热及泄漏的影响不同。在进油节流调速回路中，经过节流阀并发热的液压油直接进入液压缸的进油腔；而在回油节流调速回路中，经过节流阀并发热的液压油流回油箱冷

却。因此,发热和泄漏对进油节流调速回路的影响均大于回油节流调速回路。

5)运动平稳性不同。在回油节流调速回路中,由于回油路上节流阀小孔对缸的运动有阻尼作用,同时空气也不易渗入,可获得更为稳定的运动。而在进油节流调速回路中,回油路中没有节流阀对油液产生阻尼作用,因此运动平稳性稍差。但是,在使用单杆活塞液压缸的场合,无杆腔的进油量大于有杆腔的回油量,故在缸径、缸速均相同的情况下,若节流阀的最小稳定流量相同,则进油节流调速回路能获得更低的稳定速度。

为了提高回路的综合性能,一般常采用进油节流调速回路,并在回油路上加背压阀,使其兼备两者的优点。

(3)旁路节流调速回路

图 7-15(a)所示为采用节流阀的旁路节流调速回路。节流阀通过调节液压泵溢回油箱的流量,从而控制进入液压缸的流量。改变节流阀通流面积即可实现调速,故此时溢流阀实际上是安全阀,常态时关闭,过载时打开,其调定压力为最大工作压力的 1.1~1.2 倍。

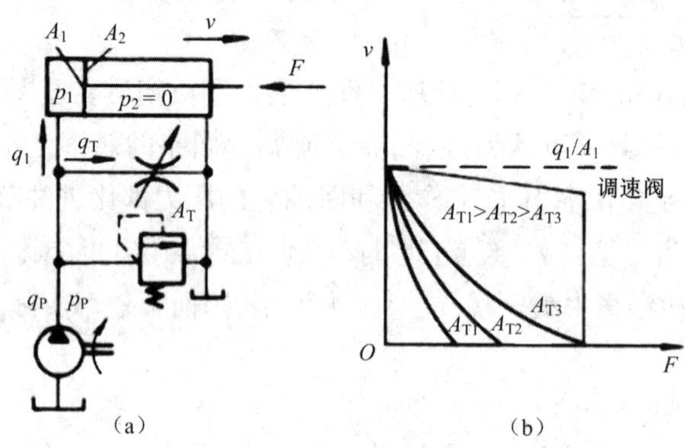

(a) (b)

图 7-15 旁路节流调速回路

(a)回路图 (b)调速特性

Ⅰ. 速度负载特性

按照式(7-3)的推导过程,可得到旁路节流调速的速度负载特性方程。与前述不同之处主要是进入液压缸的流量 q_1 为泵的流量 q_P 与节流阀溢出的流量 q_T 之差。由于在回路中泵的工作压力随负载而变化,正比于压力的泄漏量也是变量(进、回油节流调速回路中为常量),对速度产生了附加影响,因而泵的流量中要计入泵的泄漏流量 Δq_P。所以有

$$q_1 = q_P - q_T = (q_t - \Delta q_P) - kA_T\Delta p^m = q_t - k_1(\frac{F}{A_1}) - kA_T(\frac{F}{A_1})^m$$

式中:q_t 为液压泵的理论流量;k_1 为液压泵的泄漏系数;其他符号意义同前。

所以,液压缸的速度负载特性为

$$v = \frac{q_1}{A_1} = \frac{q_t - k_1(\frac{F}{A_1}) - kA_T(\frac{F}{A_1})^m}{A_1} \tag{7-7}$$

根据式(7-7),选取不同的 A_T 值可作出一组速度负载特性曲线,如图 7-15(b)所示,由

曲线可见，当 A_T 一定而负载增大时，速度显著下降，即速度刚性很差；当 A_T 一定时，负载越大，速度刚度越大；当负载一定时，A_T 越小（即活塞运动速度越高），速度刚度越大。

Ⅱ. 最大承载能力

由图 7-15（b）可知，速度负载特性曲线在横坐标上并不汇交，其最大承载能力随 A_T 的增大而减小，即旁路节流调速回路的低速承载能力很差，调速范围也小。

Ⅲ. 功率与效率

旁路节流调速回路只有节流损失而无溢流损失，液压泵的输出压力随负载而变化，即节流损失和输入功率随负载而变化，所以比进、回油节流调速回路效率高。

由于旁路节流调速回路的速度刚性很差，低速承载能力又差，故其应用比进、回油节流调速回路少，只用于高速、负载变化较小、对速度平稳性要求不高而要求功率损失较小的系统。

（4）采用调速阀的节流调速回路

使用节流阀的节流调速回路的速度刚性均较差，在变载荷下的运动平稳性较差。为了克服这个缺点，可用调速阀代替回路中的节流阀。由于调速阀本身能在负载变化的条件下保证节流阀进、出油口间的压差基本不变，因而使用调速阀后，节流调速回路的速度负载特性将得到改善。旁路节流调速回路的承载能力亦不因活塞速度降低而减小，在负载增加时，液压泵的泄漏使活塞速度有少量的降低。但所有性能上的改进都是以加大流量控制阀的工作压差，也即增加液压泵的压力为代价的，调速阀的工作压差一般最小需 0.5 MPa，高压调速阀则需 1.0 MPa 左右。

7.2.2　容积调速回路

容积调速回路是用改变液压泵或液压马达的排量来实现调速的，主要优点是没有节流损失和溢流损失，因而效率高、油液温升小，适用于高速、大功率的调速系统。

根据油路的循环方式，容积调速回路可以分为开式回路和闭式回路。在开式回路中，液压泵从油箱吸油，执行元件的回油直接回油箱。这种回路结构简单，油液在油箱中能得到充分冷却，但油箱体积较大，空气和杂质易进入回路。在闭式回路中，执行元件的回油直接与泵的吸油腔相连，结构紧凑，只需很小的补油箱，空气和杂质不易进入回路。但油液的冷却条件较差，需设置辅助泵补油、冷却和换油等。补油泵的流量一般为主泵流量的 10%~15%，压力通常为 0.3~1.0 MPa。

（1）变量泵和定量液压执行元件容积调速回路

图 7-16 所示为由变量泵和定量液压执行元件组成的容积调速回路。其中图 7-16（a）中的执行元件为液压缸；图 7-16（b）中的执行元件为液压马达且为闭式回路。两图中的安全阀 2 起安全作用，用以防止系统过载。在图 7-16（b）中，为补充泵和马达的泄漏，增加了补油泵 4，同时置换部分已发热的油液溢流，溢流阀 5 用来调节补油泵的压力。在图 7-16（a）中，改变变量泵的排量即可调节活塞的运动速度 v。忽略元件和管道的泄漏，回路活塞的运动速度为

$$v=\frac{q_P}{A_1}=\frac{q_t-k_1\dfrac{F}{A_1}}{A_1} \tag{7-8}$$

式中：q_t 为变量泵的理论流量；k_1 为变量泵的泄漏系数；其他符号意义同前。

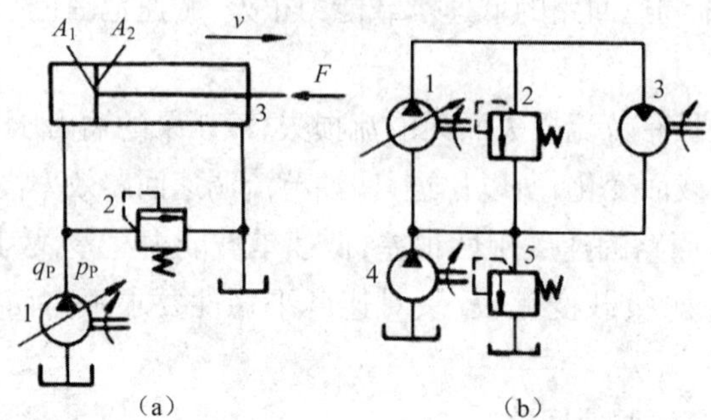

图 7-16　变量泵定量执行元件容积调速回路

1—变量泵；2—安全阀；3—定量执行元件；4—补油泵；5—溢流阀

将式(7-8)按不同的 q_t 值作图，可得一组平行直线，如图 7-17(a)所示。由图可见，由于变量泵有泄漏，活塞运动速度会随负载 F 的加大而减小。F 增大至某值时，在低速下会出现活塞停止运动的现象(图中 F' 点)，这时变量泵的理论流量等于其泄漏量。可见这种回路在低速下的承载能力是很差的。

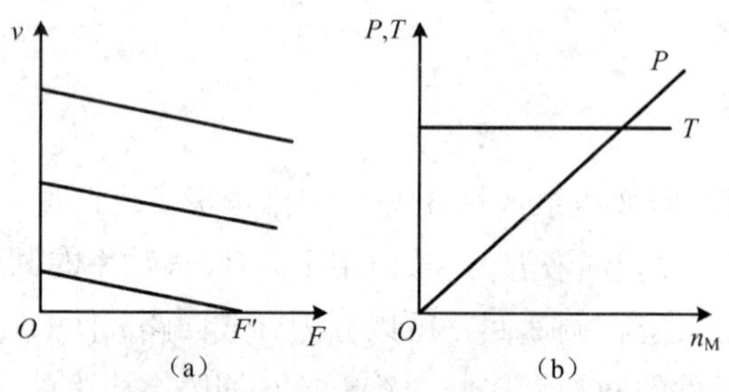

图 7-17　变量泵执行元件调速特性

在图 7-17(b)所示的变量泵 - 定量液压马达的调速回路中，若不计损失，马达转速为 $n_M=q_P/V_M$，因液压马达排量为定值，故调节变量泵流量 q_P，即可对马达转速 n_M 进行调节。当负载转矩恒定时，马达输出转矩($T=\Delta P_M V_M/2\pi$)和回路工作压力 p 均恒定，马达的输出功率($P=\Delta P_M V_M n_M$)与转速 n_M 成正比。故该回路的调速方式又称为恒转矩调速。回路的调速特性见图 7-17(b)。

(2)定量泵和变量马达容积调速回路

图 7-18(a)所示为由定量泵和变量马达组成的容积调速回路。定量泵 1 输出流量不变，改变变量马达 3 的排量 V_M 就可以改变液压马达的转速。溢流阀 5 的作用是调节补油压力。在这种调速回路中，由于定量泵的转速和排量均为常值，当负载功率恒定时，马达输出功率 P_M 和回路工作压力 p 都恒定不变，而马达的输出转矩与 V_M 成正比，输出转速与 V_M

成反比。所以这种回路称为恒功率调速回路，其调速特性如图 7-18（b）所示。这种回路因为调速范围很小且不能用来使马达实现平稳的反向，所以很少单独使用。

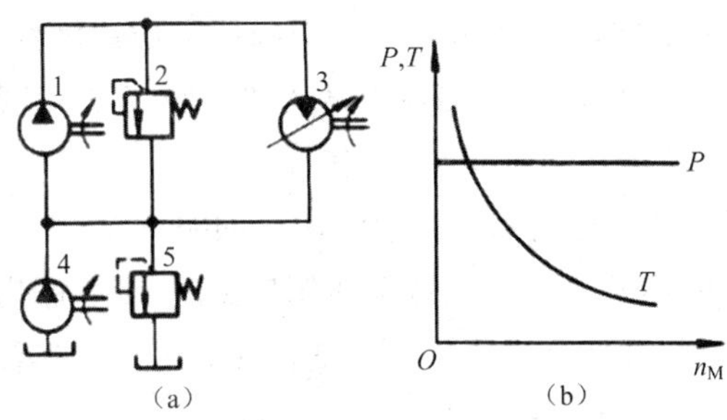

图 7-18 定量泵变量马达容积调速回路

（a）回路图 （b）调速特性

1—定量泵；2—安全阀；3—变量马达；4—补油泵；5—溢流阀

（3）变量泵和变量马达容积调速回路

图 7-19（a）所示为采用双向变量泵和双向变量马达的容积调速回路。其中，单向阀 6 和 8 用于使补油泵 4 双向补油，单向阀 7 和 9 使安全阀 3 在两个方向都能起过载保护作用。这种调速回路是变量泵和定量液压执行元件容积调速回路、定量泵和变量马达容积调速回路的组合。由于泵和马达的排量均可改变，故增大了调速范围，并扩大了液压马达输出转矩和功率的选择余地，其调速特性曲线如图 7-19（b）所示。

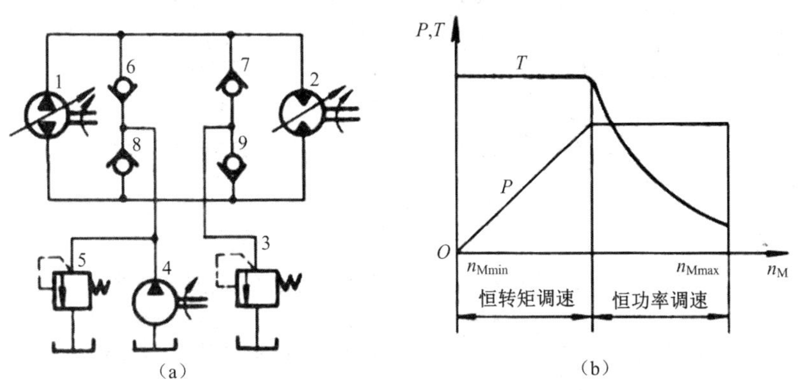

图 7-19 变量泵变量马达容积调速回路

（a）回路图 （b）调速特性

1—变量泵；2—变量马达；3—安全阀；4—补油泵；5—溢流阀；6、7、8、9—单向阀

一般要求工作部件在低速时有较大的转矩，因此这种系统在低速范围内调速时，先将液压马达的排量调至最大，使马达获得最大输出转矩，由小到大改变泵的排量，直至达到最大值，液压马达转速随之升高，输出功率线性增加，此时液压回路处于恒转矩输出状态；若要进一步增大液压马达的转速，则可由大到小地改变变量马达的排量，此时输出转矩随之降低，而泵则处于最大功率输出状态不变，这时液压回路处于恒功率输出状态。

7.2.3 容积节流调速回路

容积节流调速回路采用压力补偿型变量泵供油，用流量控制阀调节进入液压缸的流量来调节其运动速度，并使变量泵的输油量自动地与液压缸所需流量相适应。这种调速回路没有溢流损失，效率较高，速度稳定性也比容积调速回路好，常用在速度范围大、中小功率的场合，如组合机床的进给系统等。

（1）使用限压式变量泵和调速阀的容积节流调速回路

图 7-20（a）所示为由限压式变量泵和调速阀组成的容积节流调速回路。该回路由限压式变量泵 1 供油，压力油经调速阀 2 进入液压缸 3 的工作腔，回油经背压阀 4 返回油箱。液压缸运动速度由调速阀中的节流阀来控制。设泵的流量为 q_P，则稳态工作时 $q_P = q_1$，但在减小调速阀流量的一瞬间，q_1 减小，而此时液压泵的输油量还未来得及改变，于是 $q_P > q_1$；因回路中阀 6 为安全阀，没有溢流，故此时泵的出口压力升高，因而限压式变量泵输出流量自动减小，直至 $q_P = q_1$；反之亦然。由此可见，调速阀不仅能保证进入液压缸的流量稳定，而且可以使泵的流量自动地和液压缸所需的流量相适应，因而也可使泵的供油压力基本恒定（该调速回路也称为定压式容积节流调速回路）。这种回路中的调速阀也可装在回油路上，它的承载能力、运动平稳性、速度刚性等与相应采用调速阀的节流调速回路相同。

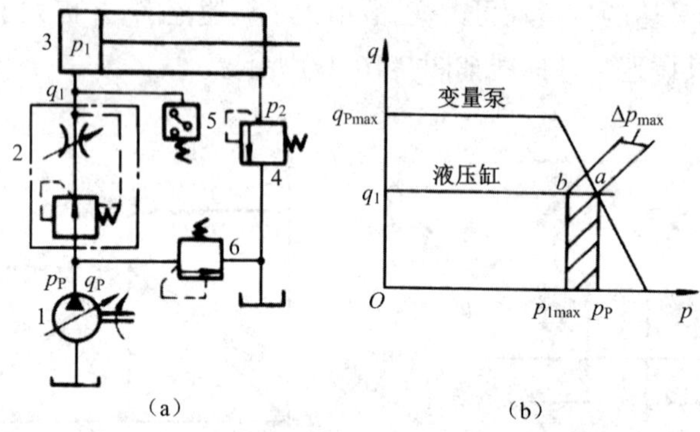

图 7-20　使用限压式变量泵和调速阀的容积节流调速回路

（a）回路图　（b）调速特性

1—变量泵；2—调速阀；3—液压缸；4—背压阀；5—压力继电器；6—安全阀

图 7-20（b）所示为这种回路的调速特性，可见回路虽无溢流损失，但仍有节流损失，其大小与液压缸工作腔压力 p_1 有关，液压缸工作腔压力的正常工作范围是

$$p_2 \frac{A_2}{A_1} \leqslant p_1 \leqslant (p_P - \Delta p) \tag{7-9}$$

式中：Δp 为保持调速阀正常工作所需的压差，一般大于 0.5 MPa；其他符号意义同前。

当 $p_1 = p_{1max}$ 时，回路中的节流损失为最小（见图 7-20（b）），此时泵的工作点为 a，液压缸的工作点为 b；若 p_1 减小（b 点向左移动），节流损失加大，这种调速回路的效率为

$$\eta_c = \frac{\left(p_1 - p_2 \dfrac{A_2}{A_1}\right) q_1}{p_P q_P} = \frac{p_1 - p_2 \dfrac{A_2}{A_1}}{p_P} \tag{7-10}$$

式(7-10)中没有考虑泵的泄漏损失,当限压式变量泵达到最高压力时,其泄漏量为 8%左右,泵的输出流量越小,泵的压力 p_P 就越高;负载越小,则式(7-10)中的压力 p_1 便越小。可见在速度低、负载小的场合,这种调速回路的效率很低。

(2)使用差压式变量泵和节流阀的调速回路

图 7-21 所示为由差压式变量泵和节流阀组成的容积节流调流回路,该回路的工作原理与使用限压式变量泵和调速阀的容积节流调速回路基本相似。节流阀 2 控制进入液压缸 3 的流量 q_1 并使变量泵 1 输出流量 q_P 自动和 q_1 相适应。当 $q_P>q_1$ 时,泵的供油压力上升,泵内左、右两个控制柱塞便进一步压缩弹簧,推动定子向右移动,减小泵的偏心,使泵的流量减小到 $q_P=q_1$,反之亦然。

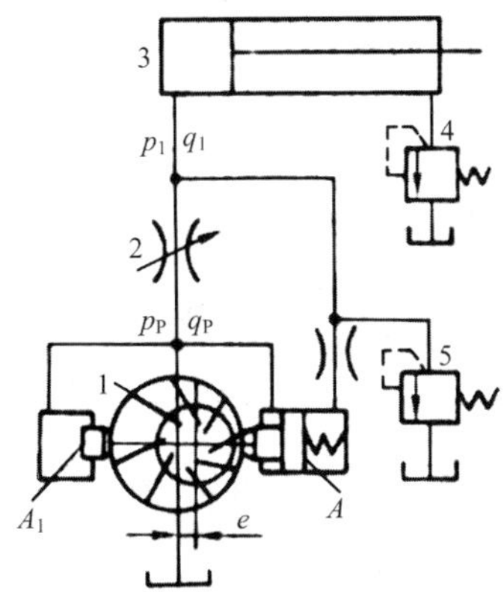

图 7-21　使用差压式变量泵与节流阀的容积节流调速回路

1—变量泵;2—节流阀;3—液压缸;4—背压阀;5—安全阀

在这种调速回路中,作用在液压泵定子上的力的平衡方程为

$$p_P A_1 + p_P(A - A_1) = p_1 A + F_S$$

即

$$p_P - p_1 = F_S/A \tag{7-11}$$

式中:A 和 A_1 分别为控制缸无柱塞腔的面积和有柱塞的面积;p_P 和 p_1 分别为液压泵供油压力和液压缸工作腔压力;F_S 为控制缸所受的弹簧力。

由式(7-11)可知,节流阀前后压差 $\Delta p=p_P-p_1$ 基本上由作用在泵的控制柱塞上的弹簧力来确定。由于弹簧刚度小,工作中伸缩量也很小,所以 F_S 基本恒定,则 Δp 也近似为常数。因此,通过节流阀的流量就不会随负载而变化,这和调速阀的工作原理相似。这种调速回路的性能和使用限压式变量泵和调速阀的容积节流调速回路不相上下,它的调速范围也是只受节流阀调节范围的限制。此外,这种回路还能补偿由负载变化引起的泵的泄漏变化,因此它在低速小流量的场合中性能较好。在这种调速回路中,不但没有溢流损失,而且泵的供油压力也随负载而变化,回路中的功率损失也只有节流阀处压降所造成的节流损失一项,因而它的效率较高且发热少,其效率为

$$\eta_c = \frac{p_1 q_1}{p_P q_P} = \frac{p_1}{p_1 + \Delta p} \tag{7-12}$$

由式(7-12)可知,适当控制 Δp(一般 $\Delta p \approx 0.3$ MPa),即可以获得较高的效率。因此,这种回路宜用在负载变化大、速度较低的中、小功率场合。

对于上述两种容积节流调速回路,由于液压泵的输出流量能与阀的调节流量自动匹配,因此它们是流量适应性回路,能够节省能量消耗。

7.2.4 快速运动回路

快速运动回路又称为增速回路,其作用是使液压执行元件获得所需的高速,缩短机械空行程运动时间,提高系统的工作效率。有多种实现快速运动的方法,对应多种结构方案。下面介绍几种常用的快速运动回路。

(1)液压缸差动连接回路

图 7-22(a)所示的回路是利用二位三通电磁换向阀实现液压缸差动连接的回路。当溢流阀 3 和二位三通电磁换向阀 5 的左位接入回路时,液压缸差动连接做快进运动。当阀 5 的电磁铁通电,差动连接即被切断,液压缸回油经过单向调速阀 6,实现工进。三位四通电磁换向阀 3 右位接入后,缸快退。这种连接方式可在不增加泵流量的情况下提高执行元件的运动速度。但是,泵的流量和有杆腔排出的流量合在一起流过的阀和管路应按合成流量来选择,否则会使压力损失增大,泵的供油压力过高,致使泵的部分压力油从溢流阀流回油箱而达不到差动快进的目的。

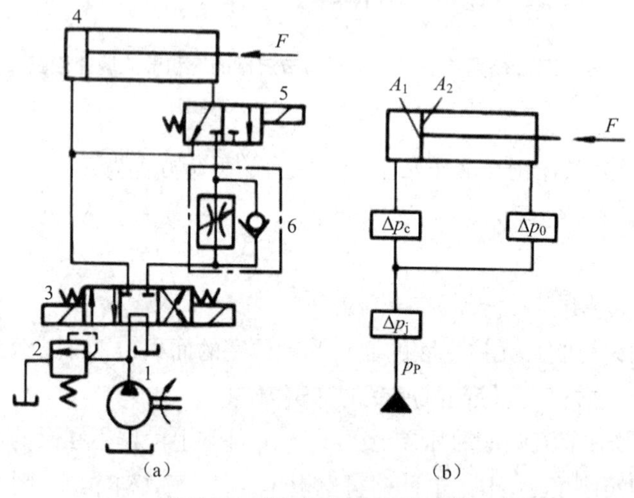

图 7-22 液压缸差动连接回路

(a)回路图 (b)压力计算图

1—液压泵;2—溢流阀;3—三位四通电磁换向阀;4—液压缸;5—二位三通电磁换向阀;6—单向调速阀

若设液压缸无杆腔的面积为 A_1,有杆腔的面积为 A_2,液压泵出口至差动后合成管路前的压力损失为 Δp_i,液压缸出口至合成管路前的压力损失为 Δp_0,合成管路的压力损失为 Δp_c(图 7-22(b)),则液压泵差动快进时的供油压力 p_P 可由力平衡方程求得,即

$$(p_P - \Delta p_i - \Delta p_c)A_1 = F + (p_P - \Delta p_i + \Delta p_0)A_2$$

所以,

$$p_P = \frac{F}{A_1 - A_2} + \frac{A_2}{A_1 - A_2}\Delta p_0 + \frac{A_1}{A_1 - A_2}\Delta p_c + \Delta p_i \tag{7-13}$$

若 $A_1 = 2A_2$，则有

$$p_P = \frac{F}{A_2} + \Delta p_0 + 2\Delta p_c + \Delta p_i \tag{7-14}$$

式中：F 为差动快进时的负载。

由式（7-14）可知，液压缸差动连接时其供油压力 p_P 计算与一般回路中压力损失的计算不同。

液压缸的差动连接也可用 P 型中位机能的三位换向阀来实现。

（2）采用蓄能器的快速运动回路

图 7-23（a）所示是一种使用蓄能器来实现快速运动的回路，其工作原理如下：当换向阀 5 处于中位时，液压缸 6 不动，液压泵 1 经单向阀 3 向蓄能器 4 充油，使蓄能器储存能量。当蓄能器压力升高到它的调定值时，卸荷阀 2 打开，液压泵卸荷，由单向阀保持住蓄能器压力。当换向阀的左位或右位接入回路时，泵和蓄能器同时向液压缸供油，使它快速运动。在这里，卸荷阀的调整压力应高于系统工作压力，以保证泵的流量全部进入系统。

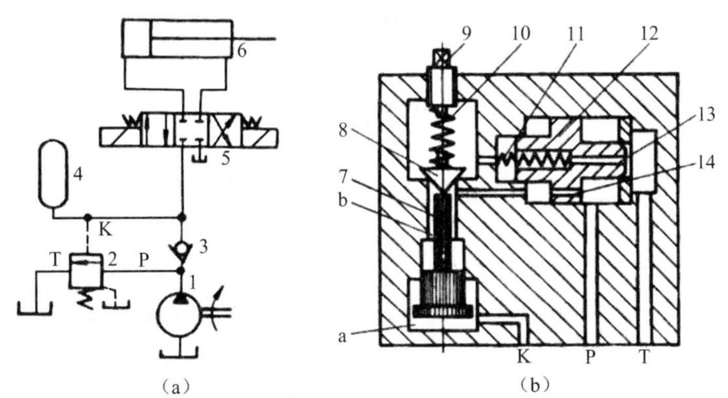

图 7-23　采用蓄能器的快速运动回路

（a）回路图　（b）卸荷阀结构

1—液压泵；2—卸荷阀；3—单向阀；4—蓄能器；5—换向阀；6—液压缸；7—柱塞；8—导阀；9—调节螺钉；10—导阀弹簧；11—主阀弹簧；12—主阀；13—中心孔；14—阻尼孔

这种回路中专门设计了卸荷阀结构（图 7-23（b）），它与一般先导式压力阀不同。其导阀 8 除了受导阀弹簧 10 的力和 b 腔的液压力作用外，还要承受来自柱塞 7 的推力。当蓄能器开始充油时，卸荷阀中的导阀 8 和主阀 12 都处于关闭位置，油腔 a 和 b 处的压力都等于泵压、柱塞两端液压力平衡，对导阀不产生推力。随着进入蓄能器的油液不断增多，油腔 a 和 b 中的压力亦不断升高；当压力升高到 b 腔的液压力克服导阀弹簧力，将导阀打开时，P 外来的压力油便经阻尼孔 14、导阀阀口、主阀中心孔 13 和通油口 T 流回油箱。由于阻尼孔的作用，b 腔压力小于泵压，这使主阀阀口打开，泵开始卸荷，此时 b 腔压力小于 a 腔压力。柱塞便对导阀施加一额外的推力，促使导阀和主阀的阀口都开得更大，结果使 b 腔压力下降到零，柱塞处于其最上端位置。由于 a 腔的工作面积比 b 腔大，因此蓄能器中的压力即使因泄漏而有所下降,卸荷阀仍能使泵处于卸荷状态。蓄能器所能达到的最高压力由调节螺钉9调定。

这种快速运动回路适用于短时内需要大流量,又希望以较小流量的泵提供较高速度的快速运动场合。但是系统在其整个工作循环内必须有足够长的停歇时间,以使液压泵能对蓄能器充分地进行充油。

(3)双液压泵供油回路

图7-24所示为双液压泵供油快速运动回路,其中系统在快速运动时,大流量泵1输出的油液经单向阀4与小流量泵2输出的油液共同向系统供油;工作行程时,系统压力升高,打开液控顺序阀3使泵1卸荷,由泵2单独向系统供油。系统的工作压力由溢流阀5调定,单向阀4在系统工进时关闭。这种双泵供油回路的优点是功率损耗小、效率高,因而应用较为普遍。

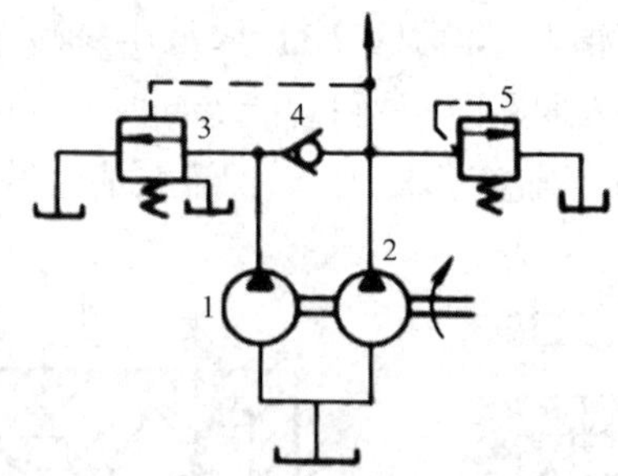

图7-24 双液压泵供油回路

1—大流量泵;2—小流量泵;3—顺序阀;4—单向阀;5—溢流阀

(4)用增速缸的快速运动回路

图7-25所示为采用增速缸的快速运动回路。当三位四通换向阀的左位接入系统时,压力油经增速缸中的柱塞的通孔进入B腔,使活塞快速伸出,速度为$v=4q_P/(\pi d^2)$, d为柱塞外径。A腔所需的油液经液控单向阀3从辅助油箱吸入。活塞杆到达工作位置时,由于负载加大,压力升高,打开顺序阀4,高压油进入A腔,同时关闭液控单向阀3。此时活塞杆在压力油作用下继续外伸,但因有效面积加大,速度变慢而推力加大。

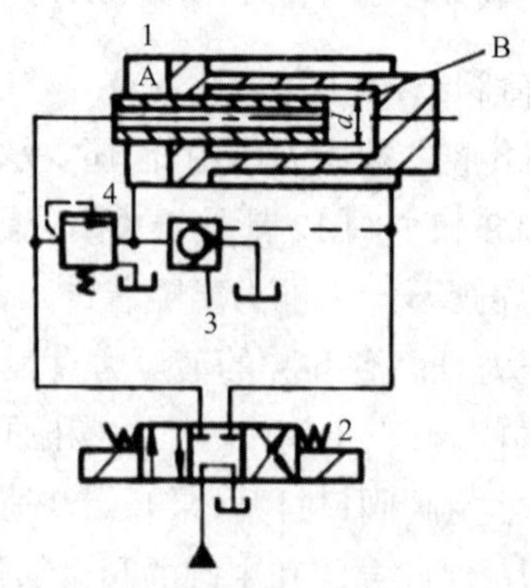

图7-25 用增速缸的快速运动回路

1—增速缸;2—三位四通换向阀;3—液控单向阀;4—顺序阀

7.2.5　速度换接回路

速度换接回路的作用是使液压执行元件在一个工作循环中从快速转慢速、两个慢速之间的换接,实现这些功能的回路应该具有较高的速度换接平稳性。

(1)快速 - 慢速换接回路

除了图 7-22、图 7-23 和图 7-24 所示的快速运动回路都可以使液压缸的运动由快速换接为慢速,如组合机床液压传动系统常用行程阀来构成快速 - 慢速换接回路。图 7-26 所示为行程阀速度换接回路。其原理如下:当活塞所连接的挡块压下行程阀 6 时,行程阀关闭,液压缸右腔的油液必须通过节流阀 5 才能流回油箱,活塞运动速度转变为慢速工进。当换向阀 2 的左位接入回路时,压力油同时经单向阀 4 和节流阀进入液压缸右腔,活塞快速向左退回。这种回路的快慢速换接过程比较平稳,换接点的位置比较准确,缺点是行程阀的安装位置不能任意布置,管路连接较为复杂。

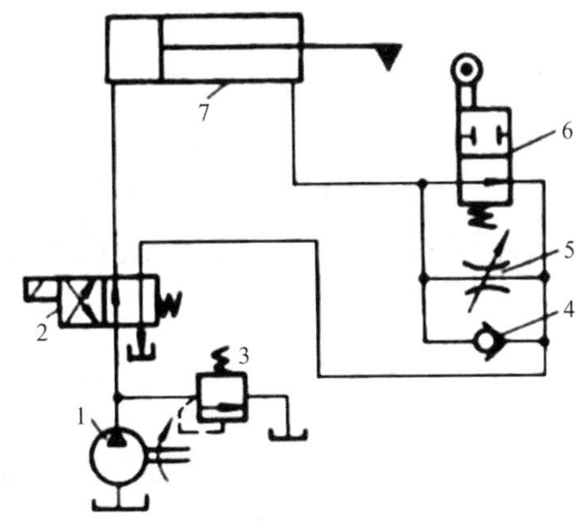

图 7-26　行程阀速度换接回路

1—泵;2—换向阀;3—溢流阀;4—单向阀;5—节流阀;6—行程阀;7—液压缸

(2)两种慢速的换接回路

图 7-27 所示为用两个调速阀来实现不同工进速度的换接回路。其中,图 7-27(a)所示的回路中,两个调速阀并联,由换向阀 3 实现换接;在图示位置,输入液压缸 4 的流量由调速阀 1 调节;换向阀 3 的右位接入回路时,则由调速阀 2 调节;两个调速阀的调节互不影响。但是,一个调速阀工作时另一个调速阀内无油通过,它的减压阀处于最大开口位置,速度换接时大量油液通过该处将使工作部件产生突然前冲现象,因此这种回路不宜用于在工作过程中的速度换接。图 7-27(b)所示的是两个调速阀串联形成的速度换接回路,当换向阀 6 的左位接入回路时,因调速阀 2 被阀 5 短接,输入缸 4 的流量由调速阀 1 控制。当阀 5 右位接入回路时,由于通过调速阀 2 的流量调得比调速阀 1 的小,所以输入缸的流量由调速阀 2 控制。在这种回路中,调速阀 1 一直处于工作状态,它在速度换接时限制了进入调速阀 2 的流量,因此它的速度换接平稳性较好;但由于油液经过两个调速阀,所以能量损失较大。

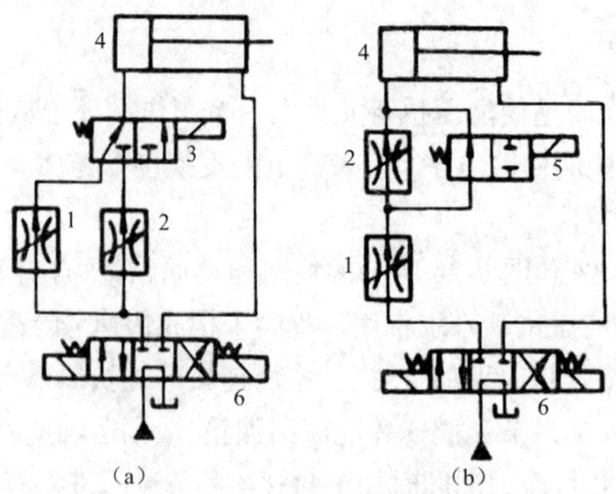

图 7-27 双调速阀速度换接回路

(a)两个调速阀并联 (b)两个调速阀串联

1、2—调速阀;3—二位三通电磁换向阀;4—液压缸;5—二位二通电磁阀;6—三位四通电磁换向阀

7.3 方向控制回路

方向控制回路用来控制液压传动系统各油路中液流的接通、切断或变向,从而使各执行元件按需要相应地实现启动、停止或换向等一系列动作。这类控制回路有换向回路、锁紧回路等。

7.3.1 换向回路

对换向回路的基本要求如下:换向可靠、灵敏而又平稳、换向精度合适。换向过程一般可分为三个阶段:执行元件减速制动、短暂停留和反向启动。这一过程是通过换向阀的阀芯与阀体之间位置变换来实现的,因此对于由不同换向阀组成的换向回路,其换向性能也不同。根据换向过程的制动原理,换向回路可分为时间制动换向回路和行程制动换向回路。

(1)时间制动换向回路

时间制动换向就是从发出换向信号,到实现减速制动,这一过程的时间基本一定。图 7-28 所示为时间控制换向回路,图示位置为活塞带动工作台向左运动到行程终点的状态,工作台上的挡铁碰到换向杠杆使先导阀 A 切换到左位。此时,控制压力油经先导阀 A、油路 10 至换向阀 B 左端的单向阀,油路 8 进入换向阀的左端,换向阀右端的油首先经快跳孔 7、油路 11、先导阀回油箱,换向阀芯便迅速右移至中间位置将快跳孔 7 盖住,实现换向前的快跳。在此过程中,制动锥 c 和 a 逐渐将进油路 2 → 3 和回油路 4 → 5 关小,实现工作台缓冲制动。当换向阀芯到达中位时,由于采用中位 H 型过渡机能,液压缸的左、右腔便同时与进、回油相通,工作台靠惯性浮动。当换向阀芯盖住快跳孔 7 后,阀芯的右端回油只能经节流阀回油箱,阀芯慢速向右移动,直到制动锥 c 和 a 将进油路 2 → 3 和回油路 4 → 5 都关闭,工作台即停止运动。

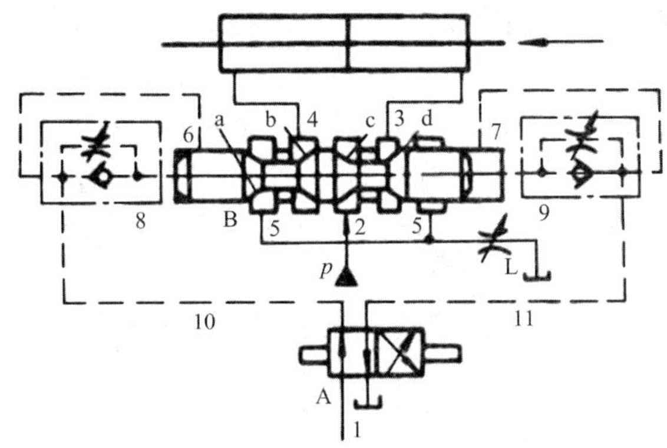

图 7-28　时间控制换向回路

A—先导阀；B—换向阀；L—节流阀；a、b、c、d—制动锥；1、2、3、4、5、8、9、10、11—油路；6、7—快跳孔

由上述减速制动过程可知，从工作台上换向挡铁碰到换向杠杆使先导阀（行程阀）换向，到工作台减速制动停止，换向阀芯总是移动一定的距离（制动锥的长度）。当换向阀两端的节流阀调好之后，工作台每次换向制动所需的时间是一定的，所以称为时间制动换向回路。在这段时间内，工作台速度大，换向冲出量就大，其异速换向定位精度低。当工作台停止后，换向阀芯仍继续慢速右移，制动锥 b 和 d 逐渐将进油路 2 → 4 和回油路 3 → 5 打开，工作台便开始反向（向右）运动。工作台的向左、向右运动速度均由节流阀 L 调节。

这种换向回路可以按具体情况调节制动时间。例如，在工作台速度快、质量大时，可以把制动时间调得长一些，以利于消除换向冲击；反之，则可调得短一些，以使其换向平稳又提高生产效率。故这种回路宜用于对换向精度要求不高，但要求换向频率高且换向平稳的场合，如平面磨床、牛头刨床、插床等的液压传动系统。

（2）行程制动换向回路

行程制动换向是指从发出换向信号到工作部件减速制动、停止的这一过程中，工作部件所走过的行程基本上是一定的。

图 7-29 所示为行程制动换向回路，液压缸带动工作台向左运动，当工作台到达左端预定位置时，挡铁碰到换向杠杆带动先导阀芯 A 右移，先导阀芯上的制动锥 e 便逐渐关闭缸左腔 a →节流阀 E 的回油路，使工作台减速制动。在先导阀芯上的制动锥完全关闭缸的回油路之前，先导阀的左侧到换向阀 B 左端的控制油路和换向阀右端到先导阀右侧的控制回油路就已开始打开（一般为 0.1~0.45 mm），使换向阀以三种速度向右移动，以实现工作台的换向。

因换向阀右端的回油可经快跳孔 b 和先导阀 A 回油箱，所以换向阀就向右快跳到中间位置，由于换向阀 B 的中位过渡机能为 P 型，液压缸的左、右两腔同时通压力油；与此同时先导阀 A 的制动锥 e 将缸的回油路关闭，因此液压缸便立即停止工作。当换向阀 B 快跳到中位时，其阀芯将快跳孔 b 关闭，这时阀 B 右端的回油只能经单向阀 D、先导阀回油箱，换向阀芯就慢速右移（此时液压缸两腔仍通压力油），实现液压缸换向前的暂停。当阀 B 慢速右移至阀芯上的凹槽与快跳孔 b 相通时，换向阀芯又实现第二次快跳至右端，这时工作台的进、回油路也迅速换向，工作台便快速反向运动（右行），实现一次换向。由上述换向过程可知，从工作台挡铁碰到换向杠杆推动先导阀芯右移，到该阀芯上的制动锥 e 将缸的回路完全关闭，工作台完全停止，先导阀芯移动的距离（等于制动锥 e 的长度）基本上是一定的，而先导阀芯的移动是由工作台通过换向杠杆带动的，所以工作台的运动行程也基本上是一定的，而与工作台的运动速度无关。故这种控制方式称为行程制动换向。

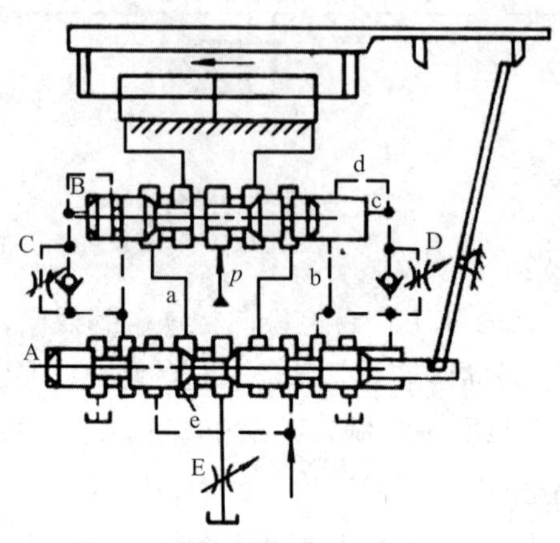

图 7-29 行程制动换向回路

A—先导阀；B—换向阀；C、D—单向阀；E—节流阀；a、c、d—油路；b—快跳孔；e—制动锥

这种换向回路具有高的换向定位精度和良好的换向平稳性，但工作台换向前的速度越高，制动时间就越短，换向平稳性较差。此外，换向阀和先导阀的结构复杂，对制造精度的要求高。它主要用在工作台速度较低的外圆磨床和内圆磨床等液压传动系统中。

7.3.2 行程控制自动换向回路

行程控制自动换向回路是作者提出的一项发明（ZL201710772142.3），该回路解决了现有技术存在的若干问题，如现有行程控制换向液压回路需要由先导阀与主阀组合而成的复合阀来控制液压执行元件的方向、回路结构复杂、执行元件运动行程与往复运动频率不可调整等。通过将现有先导阀 + 阀式的复合阀改为换向阀 + 急回机构的行程控制换向回路，该回路实现了行程控制液压缸的自动换向，具有简化液压换向回路控制机构、开机供压即可使液压缸自动做往复运动、活塞杆运动行程与往复运动频率可调整、成本低、推广范围广等优点。图 7-30 所示为行程控制自动换向回路的示意图。

（1）组成

行程控制自动换向液压回路由液压源、可调节流阀、换向阀阀体、换向阀阀芯、液压缸缸体、液压缸活塞、液压缸活塞杆、伸出位置挡铁、缩回位置挡铁、换向杆、右限位钉、急回弹簧、急回弹簧安装座、换向杆支点、左限位钉、铰链、阀芯传动杆、液压油箱等元件组成。其中，换向杆、右限位钉、急回弹簧、急回弹簧安装座、换向杆支点、左限位钉构成急回机构。

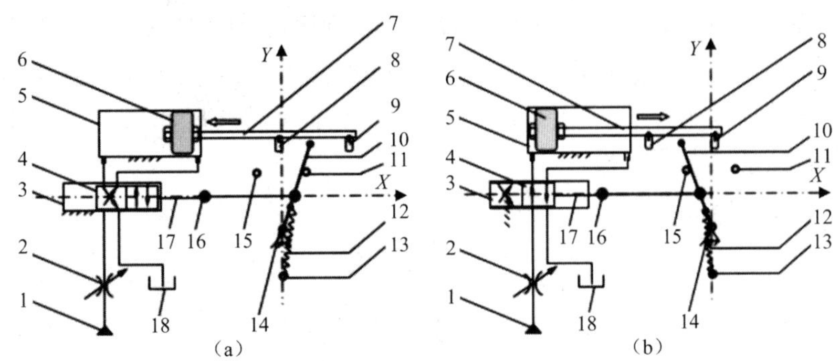

图 7-30　行程控制自动换向液压回路

(a)换向杆在右侧　(b)换向杆在左侧

1—液压源;2—可调节流阀;3—换向阀阀体;4—换向阀阀芯;5—液压缸缸体;6—液压缸活塞;7—液压缸活塞杆;8—伸出位置挡铁;9—缩回位置挡铁;10—换向杆;11—右限位钉;12—急回弹簧;13—急回弹簧安装座;14—换向杆支点;15—左限位钉;16—铰链;17—阀芯传动杆;18—油箱

(2)连接关系

液压缸活塞杆安装在液压缸活塞上并与液压缸缸体、液压缸活塞同轴,液压缸活塞杆外露部分安装有伸出位置挡铁和缩回位置挡铁,以控制液压缸活塞杆的行程;液压换向阀为二位四通行程换向滑阀,换向阀阀芯连着阀芯传动杆,经铰链与急回机构的换向杆相连;急回机构的换向杆的上端接受伸出位置挡铁和缩回位置挡铁产生的力,换向杆下端与换向杆支点铰接,换向杆中部有铰链,传动杆与铰链相连接,换向杆支点与急回弹簧安装座自上而下分布在 Y 轴上,急回弹簧的两端分别连接在换向杆中部和急回弹簧安装座上。右限位钉与左限位钉分别限制换向杆的摆动范围。

(3)工作原理

如图 7-30(a)所示,当换向杆从右侧越过 Y 轴时,在急回弹簧的弹簧力作用下,换向杆迅速摆向左侧并被左限位钉限位,以操纵液压换向阀改变液压油流动方向,使执行元件右移(伸出)。

同理,当换向杆从左侧越过 Y 轴时,在急回弹簧的弹簧力作用下,换向杆迅速摆向右侧并被右限位钉限位,以操纵液压换向阀改变液压油流动方向,使执行元件左移(缩回),如图 7-30(b)所示。

液压缸活塞杆外露部分安装有伸出位置挡铁和缩回位置挡铁,以控制液压缸活塞杆的行程;伸出位置挡铁和缩回位置挡铁在液压缸活塞杆外露部分上的位置可以改变,以调整液压缸活塞杆的行程。

7.3.3　锁紧回路

锁紧回路的作用是使液压缸能在任意位置上停留,且停留后不会因外力作用而移动位置。图 7-31 所示为使用液控单向阀(又称双向液压锁)的锁紧回路。当换向阀的左位接入回路时,压力油经左侧液控单向阀进入液压缸左腔,同时通过控制口打开右侧液控单向阀,使液压缸右腔的回油可经右侧液控单向阀及换向阀流回油箱,活塞向右运动。反之,活塞向左运动。到了需要停留的位置,只要使换向阀处于中位,因阀的中位为H型机能(Y型也可),所以两个液控单向阀均关闭,使活塞双向锁紧。回路中由于液控单向阀的密封性好,泄漏极少,锁紧的精度主要取决于液压缸的泄漏。这种回路被广泛用于工程机械(如起重运输机械)等有锁紧要求的场合。

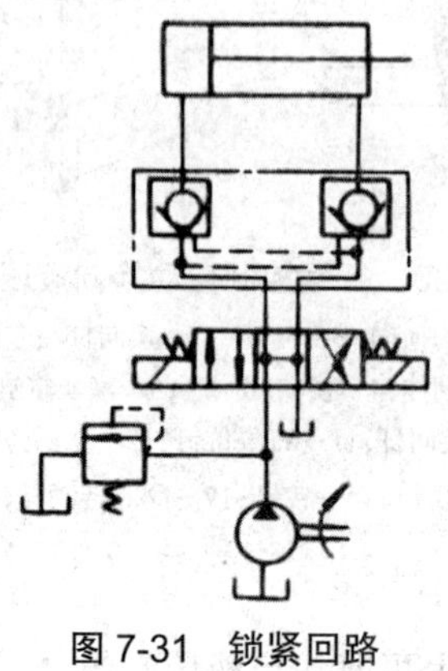

图7-31 锁紧回路

7.3.4 缓冲回路

当运动部件在快速运动中突然停止或换向,就会引起液压冲击和振动,这不仅会影响其定位或换向精度,而且会妨碍机器的正常工作。例如,当机械手手臂的运动速度为0.3~1 m/s时。缓冲装置或缓冲回路的合理设计就成为整个机械手液压传动系统的关键。

为了消除运动部件突然停止或换向时的液压冲击,除了在液压元件(液压缸)本身设计缓冲装置外,还可在系统中设置缓冲回路,有时则需要综合采用几种制动缓冲措施。

图7-32所示为溢流缓冲回路,包括液压缸双向缓冲回路(图7-32(a))和液压马达双向缓冲回路(图7-32(b))。缓冲用溢流阀1的调节压力应比主溢流阀2的调节压力高5%~10%,当出现液压冲击时产生的冲击压力使溢流阀1打开,实现缓冲,缸的另一腔(低压腔)则通过单向阀从油箱补油,以防止产生气穴现象。

图7-33所示为节流缓冲回路。图7-33(a)所示为采用单向行程节流阀的双向缓冲回路;当活塞运动到达终点前的预定位置时,挡铁逐渐压下单向行程节流阀2,运动部件便逐渐减速缓冲直到停止;只要适当地改变挡铁的工作面形状,就可改变缓冲效果。图7-33(b)所示为二级节流缓冲回路;三位四通换向阀1和三位四通阀5的左位接入回路时,活塞快速右行,当活塞到达终点前预定位置时,使阀5处于中位,这时回油经节流阀3和4回油箱,获得一级减速缓冲;当活塞右行接近终点位置时,再使阀5右位移入,这时缸的回油只经节流阀3回油箱,获得第二级减速缓冲。图7-33(c)所示为溢流节流联合缓冲回路;当三位四通换向阀1的左位(或右位)接入回路时,活塞快速向右(或向左)运动;当二位二通阀7的右位接入回路时,实现以溢流阀6为主的第一级缓冲;当回油压力降到溢流阀6的缓冲调节压力时,溢流阀6关闭,转为节流阀8的节流缓冲,活塞便以第二级缓冲减速到达终点,使阀5处于中位,即可实现活塞定位。本回路只要适当调整溢流阀6和节流阀8,便能获得较好的

缓冲效果。

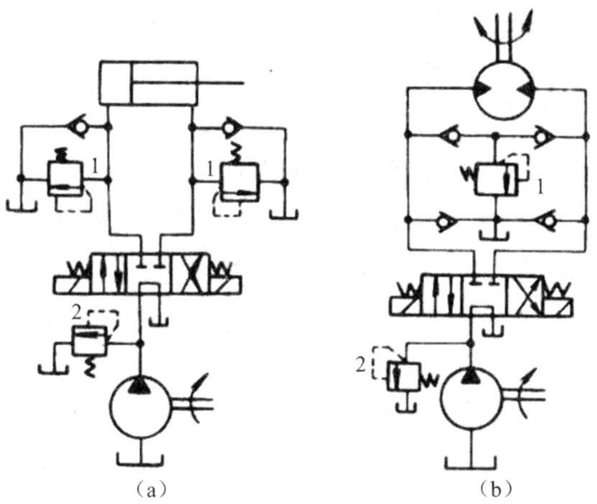

图 7-32　溢流缓冲回路

1—缓冲用溢流阀;2—主溢流阀

(a)用液压缸　(b)用液压马达

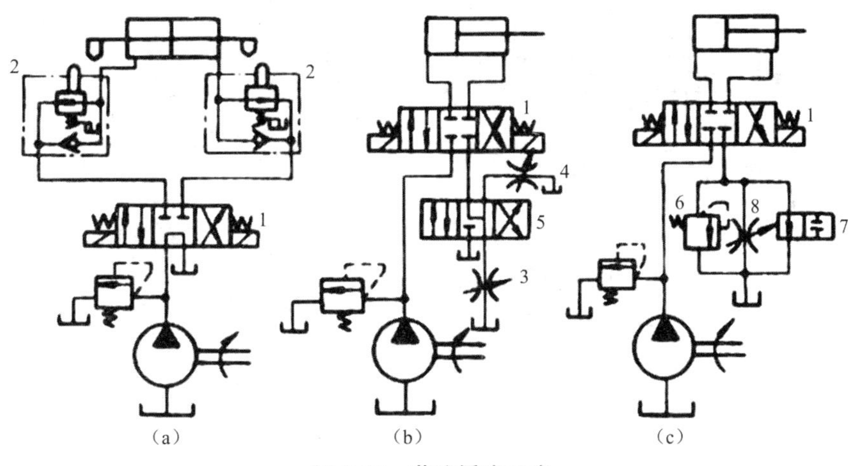

图 7-33　节流缓冲回路

(a)双向缓冲回路　(b)二级节流缓冲回路　(c)溢流节流联合缓冲回路

1—三位四通换向阀;2—单向行程节流阀;3、4、8—节流阀;5—三位四通阀;6—溢流阀;7—二位二通阀

7.4　多执行元件控制回路

在液压传动系统中,如果由一个油源给多个液压执行元件输送压力油,这些执行元件会因压力和流量的彼此影响而在动作上相互牵制,必须使用一些特殊的回路才能实现预定的动作要求。常见的这类回路主要有顺序动作回路、同步动作回路、多执行元件互不干扰回路等。

7.4.1 顺序动作回路

顺序动作回路的作用是使液压传动系统中的各个执行元件严格地按规定的顺序动作。按控制方式不同，可分为行程控制和压力控制两大类。

（1）行程控制顺序动作回路

图 7-34（a）所示为由行程阀控制的顺序动作回路。1、2 两液压缸活塞均在右端。当推动手柄，使阀 3 左位接入，缸 1 左行，完成动作①；挡块压下行程阀 4 后，缸 2 左行，完成动作②；阀 3 复位后，缸 1 先退回，实现动作③；随着挡块后移，阀 4 复位，缸 2 退回，实现动作④。至此，顺序动作全部完成，这种回路工作可靠，但动作顺序一经确定，就难以改变，同时管路长，布置较麻烦。

图 7-34（b）所示为由行程开关控制的顺序动作回路。当阀 5 通电换向时，缸 1 左行完成动作①后，触动行程开关 S_1 使阀 6 通电换向，控制缸 2 左行完成动作②；当缸 2 左行至触动行程开关 S_2 使阀 5 断电，缸 1 返回，实现动作③；之后触动 S_3 使阀 6 断电，缸 2 返回，完成动作④；最后触动 S_4 使泵卸荷或引起其他动作，完成一个工作循环。这种回路的优点是控制灵活方便，但其可靠程度主要取决于电气元件的质量。

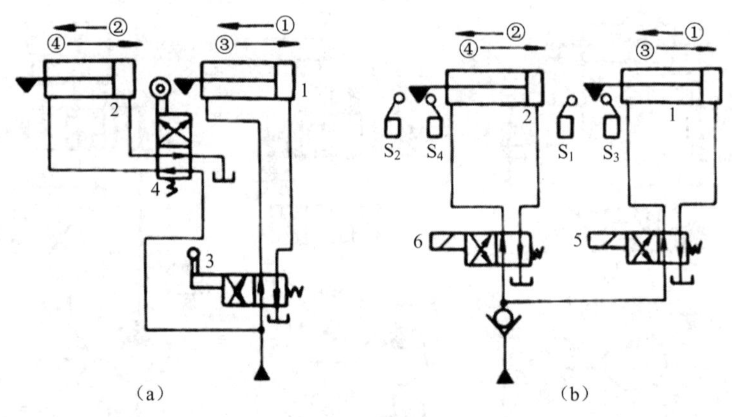

图 7-34 行程控制顺序运动回路

（a）行程阀控制 （b）行程开关控制

1、2—液压缸；3—二位四通手动换向阀；4—二位四通行程阀；5、6—二位四通电磁换向阀

（2）压力控制顺序动作回路

图 7-35 所示为使用顺序阀的压力控制顺序动作回路。当换向阀的左位接入回路且顺序阀 4 的调定压力大于液压缸 1 的最大前进工作压力时，压力油先进入液压缸 1 的左腔，实现动作①；当液压缸行至终点后，压力上升，压力油打开顺序阀 4 进入液压缸 2 的左腔，实现动作②；同样地，当换向阀右位接入回路且顺序阀 3 的调定压力大于液压缸 2 的最大返回工作压力时，两液压缸则按③和④的顺序返回。显然这种回路动作的可靠性取决于顺序阀的性能及其压力调定值。一般来说，顺序阀的调定压力应比前一个动作的压力高出 0.8~1.0 MPa，否则顺序阀易在系统压力波动时造成误动作。由此可见，这种回路适用于液压缸数目不多、负载变化不大的场合。

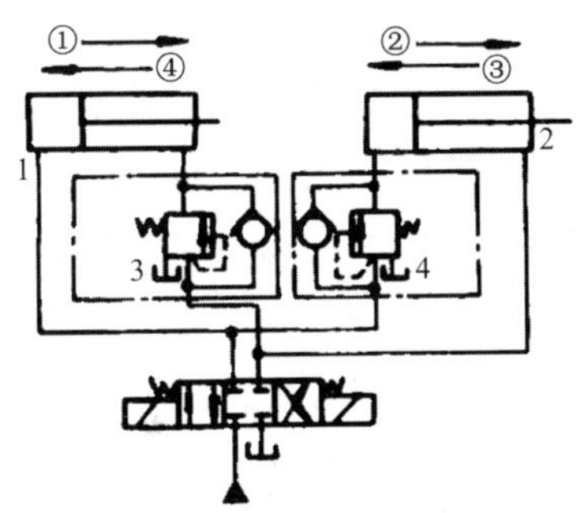

图 7-35　顺序阀控制顺序动作回路

1、2—缸；3、4—顺序阀

7.4.2　同步动作回路

同步动作回路的作用是保证系统中的两个或多个液压执行元件在运动中的位移量相同或以相同的速度运动。从理论上讲，对两个工作面积相同的液压缸输入等量的油液就可使两液压缸同步。但泄漏、摩擦阻力、制造精度、外负载、结构弹性变形以及油液中的含气量等因素都会使同步难以实现。为此，同步动作回路要尽量克服或减少这些因素的影响，有时要采取补偿措施，消除累积误差。

(1)带补偿措施的串联液压缸同步回路

图 7-36 所示为两液压缸串联同步回路。液压缸 1 的有杆腔 A 的有效面积与液压缸 2 的无杆腔 B 的有效面积相等，因而从 A 腔排出的油液进入 B 腔后，两液压缸的下降便得到同步。其补偿原理为：当三位四通换向阀 6 右位接入回路时，两液压缸活塞同时下行，若缸 1 的活塞先运动到底，它就触动行程开关 a 使阀 5 通电，压力油经阀 5 和液控单向阀 3 向缸 2 的 B 腔补油，推动活塞继续运动到底，误差即被消除。若缸 2 先到底，则触动行程开关 b 使阀 4 通电，控制压力油使液控单向阀反向通道打开，使缸 1 的 A 腔通过液控单向阀回油，其活塞即可继续运动到底。这种串联式同步回路只适用于负载较小的液压传动系统。

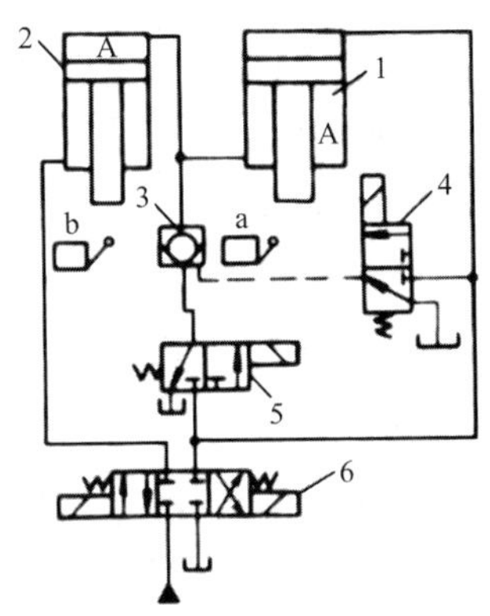

图 7-36　带补偿措施的串联液压缸同步回路

1、2—缸；3—液控单向阀；4、5—二位三通电磁换向阀；6—三位四通电磁换向阀；a、b—行程开关

（2）用同步缸或同步马达的同步回路

图 7-37（a）所示为采用同步缸的同步回路，同步缸 1 的 A、B 两腔的有效面积相等，且两工作缸面积也相等，则缸 2、3 实现同步运动。这种同步回路的同步精度取决于液压缸和同步缸的加工精度和密封性，一般可达 1%~2%。由于同步缸一般不宜做得过大，所以这种回路仅适用于小容量的场合。

图 7-37（b）所示为采用同步液压马达的同步回路。两个液压马达 4 的轴刚性联接，等量的油液被分别输入两个尺寸相同的液压缸，使两个液压缸同步运动。与马达并联的节流阀 5 用于修正同步误差。影响回路同步精度的主要因素：同步马达因制造误差而引起的排量差别，作用于液压缸活塞上的负载不同引起的泄漏以及摩擦阻力不同等，但这种回路的同步精度比节流控制的要高。由于所用马达一般为容积效率较高的柱塞式马达，所以费用较高。

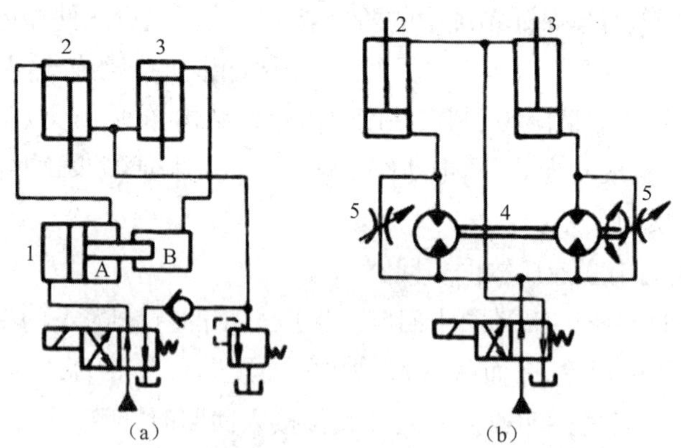

图 7-37 使用同步缸和同步马达的同步回路

（a）使用同步缸 （b）使用同步马达

1—同步缸；2、3—液压缸；4—同步马达；5—节流阀

7.4.3 多执行元件互不干扰回路

多执行元件互不干扰回路是防止同系统中几个执行元件因速度不同而引起在动作上相互干扰。图 7-38 所示为双液压泵供油互不干扰回路。图中的液压缸 A 和 B 各自要完成“快进→工进→快退”的自动工作循环。在图示状态下各缸原位停止，当二位五通电磁换向阀 5 和 6 的电磁铁均通电时，各缸均由大流量泵 2 供油并做差动快进。这时如某个液压缸，如缸 A 先完成快进，挡块和行程开关使阀 7 电磁铁通电，阀 6 电磁铁断电，此时大泵进入缸 A 的油路被切断，而高压小流量泵 1 经调速阀 9、阀 7、单向阀 8、阀 6 进入缸 A 左腔，而缸右腔油经阀 6、阀 7 流回油箱，缸 A 速度由调速阀 9 调节。但此时缸 B 仍快进，互不影响。各缸都转为工进后均由小流量泵 1 供油。若缸 A 率先完成工进，行程开关使阀 7 和阀 6 的电磁铁均通电，缸 A 即由大流量泵 2 供油快退，当电磁铁均断电时，各缸被锁在所在位置上。

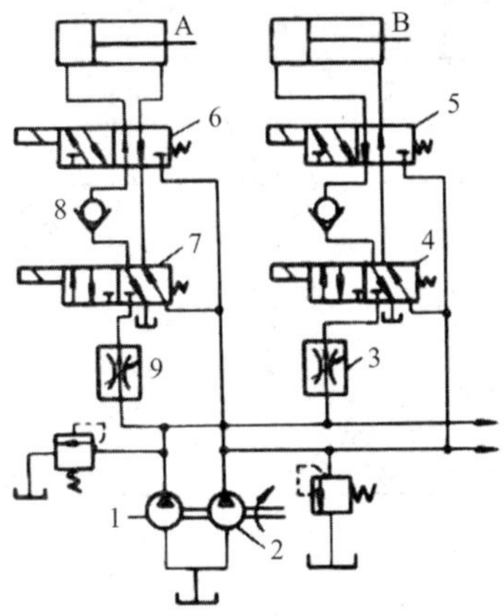

图 7-38　双泵供油互不干扰回路

1—小流量泵；2—大流量泵；3、9—调速阀；4、5、6、7—二位五通电磁换向阀；8—单向阀

思考题与习题

7-1　如习题图 7-1 所示的回油节流调速回路，溢流阀调定压力为 2.5 MPa，系统工作时该阀有油溢；活塞有效工作面积 $A = 0.01\ m^2$，不计压力损失。试回答：1）当背压 p_2 分别等于 0.5、2.5、3 MPa 时的负载 F；2）若节流阀开口不变，则以上三种情况下，活塞的运动速度怎样变化。

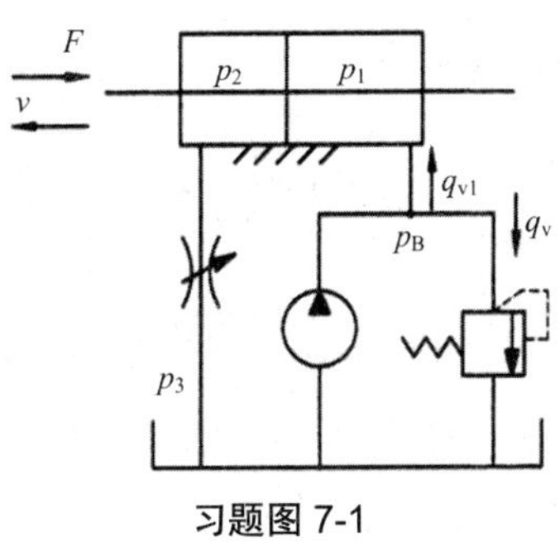

习题图 7-1

7-2　如习题图 7-2 所示该液压传动系统能实现“快进→工进→快退→停止→泵卸荷”的工作要求。试完成电磁铁动作顺序表（通电用“+”，断电用“−”）。

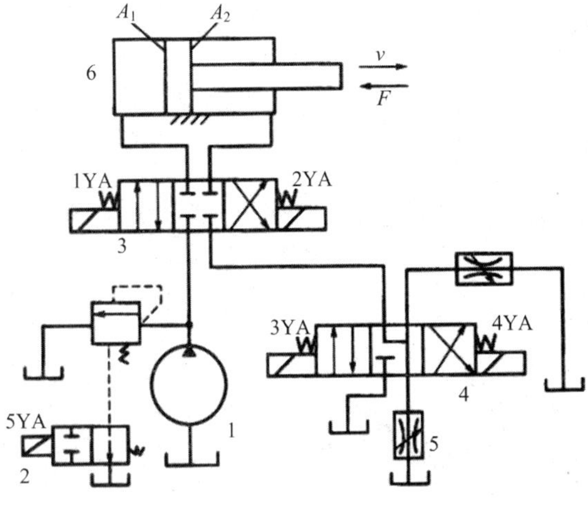

习题图 7-2

习题表 7-2

动作顺序	1YA	2YA	3YA	4YA	5YA
快进					
工进 1					
工进 2					
快退					
停止					
泵卸荷					

第8章　液压传动系统应用实例

在学习了流体力学的基本理论,掌握了液压传动的工作原理和性能特点,了解了作为系统组成单元的基本回路的作用与功能的基础上,还需要能够分析系统和设计系统。本章通过介绍一些典型液压传动系统应用实例,来介绍液压传动系统的组成,剖析各种元件在系统中的作用,分析系统的性能,从而为设计液压传动系统夯实基础。

案例 国之重器:歼-20

用手机扫一扫,了解更多信息

案例 音乐史诗赏析《东方红》

用手机扫一扫,了解更多信息

8.1　液压传动系统图及阅读方法

近年来,液压传动技术已广泛应用于工程机械、起重运输机械、冶金机械、矿山机械、建筑机械、农业机械、轻工机械、机械制造、航空航天等领域。由于液压传动系统所服务主机的工作循环、动作特点等各不相同,相应的系统组成、作用和特点也不尽相同。为了准确地厘清液压传动系统的功能,首先必须具备阅读液压传动系统图的能力。

8.1.1　液压传动系统图

液压传动系统图用来描述液压传动系统内各液压元件及其连接关系、各液压基本回路的组成与功能、能量的转换与控制情况、执行元件输出动作的实现方法等。通过对典型液压传动系统图的阅读和分析,进一步加深对各种基本回路和液压元件的综合应用的理解,为液压传动系统的调整、维护和使用打下基础。

8.1.2　读图步骤

阅读、分析液压传动系统图,可分为以下几个步骤。

1)清楚任务和要求,了解液压传动系统的任务以及完成该任务应具备的动作要求和特性。

2)在液压传动系统图中找出实现上述动作要求所需的执行元件,并清楚其类型、工作原理及性能。

3)找出系统的动力元件,并清楚其类型、工作原理、性能,以及各元件的吸、排油情况。

4)厘清各执行元件与动力元件的油路联系,并找出该油路上相关的控制元件,清楚其类型、工作原理及性能,从而将一个复杂的系统分解成若干个独立的子系统。

5)分析各子系统的工作原理,包括分析各基本回路的组成、每个元件在回路中的功用及其相互间的关系,了解实现现各执行元件的各种动作的操作方法,清楚油液流动路线,并能写出进、回油路线,从而掌握各子系统的基本工作原理。

6)分析各子系统之间的关系及实现方法,如动作顺序、互锁、同步、防干扰等。

在读懂系统图后,要归纳出系统的特点,以加深对系统的理解。

8.1.3 特别说明

阅读液压传动系统图时,应注意以下两个问题。

1)液压传动系统图中的符号只表示液压元件的职能和各元件的连通方式,而不表示元件的具体结构和参数。

2)各元件在系统图中的位置及相对位置关系,并不代表它们在实际设备中的位置及相对位置关系。

8.2 组合机床动力滑台液压传动系统

组合机床是由通用部件和某些专用部件所组成的效率和自动化程度较高的专用机床。其能完成钻、镗、铣、刮端面、倒角、攻螺纹等加工和工件的转位、定位、夹紧、输送等动作。

动力滑台是组合机床的一种通用部件。在滑台上可以配置各种工艺用途的切削头和部件,如安装动力箱和主轴箱、钻削头、铣削头、镗削头等。现以 YT4543 型组合机床的液压动力滑台为例进行讲解。

8.2.1 组合机床液压动力滑台工作循环

YT4543 型组合机床的液压动力滑台可以实现多种不同的工作循环,其中一种比较典型的工作循环是"快进→工进 1 →工进 2 →死挡铁停留→快退→停止"。该动力滑台液压传动系统的工作原理,如图 8-1 所示。系统中采用限压式变量叶片泵供油,并使液压缸差动连接以实现快速运动。由电液换向阀换向,用行程阀、液控顺序阀实现快进与工进的转换,用二位二通电磁换向阀实现工进 1 和工进 2 之间的速度换接。为保证进给的尺寸精度,采用死挡铁停留进行限位。

8.2.2 组合机床液压动力滑台工作原理

(1)快进

按下启动按钮,三位五通电磁液动换向阀 5 的先导电磁换向阀的电磁铁 1YA 得电,使电磁阀阀芯右移,左位进入工作状态。该阶段的主油路如下。

1)进油路:滤油器 1 →变量泵 2 →单向阀 3 →管路 4 →电液换向阀 5 的 P 到 A →管路 10 →管路 11 →行程阀 17 →管路 18 →液压缸 19 的左腔。

2)回油路:液压缸 19 的右腔→管路 20 →电液换向阀 5 的 B 到 T →管路 8 →单向阀 9 →管路 11 →行程阀 17 →管路 18 →液压缸 19 的左腔。

这时形成差动连接回路。快进的原因有二:一是因为"快进"时,滑台的载荷较小,系统中的压力也就较低，所以变量泵 2 输出流量增大；二是因为差动的原因，使活塞右腔的油液没有流回到油箱中，而是进入活塞的左腔，增大了进入活塞左腔的流量。上述两个原因导致活塞左腔的流量剧增，从而使活塞推动动力滑台快速前进，实现快进动作。

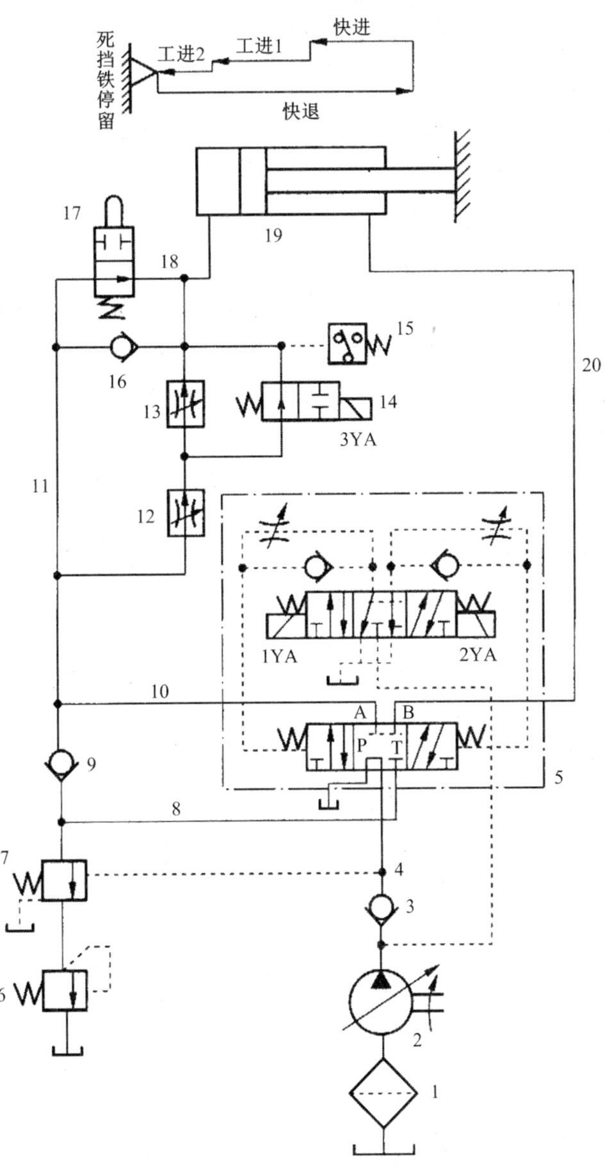

图 8-1　YT4543 型组合机床动力滑台液压系统原理

1—滤油器；2—变量泵；3、9、16—单向阀；4、8、10、11、18、20—管路；5—电液换向阀；6—背压阀；7—顺序阀；12、13—调速阀；14—电磁换向阀；15—压力继电器；17—行程阀；19—液压缸

（2）第一次工作进给（工进 1）

随着液压缸缸体的左移，行程阀 17 的阀芯被下压，行程阀上位工作，使管路 11 和 18 断开，快进阶段结束，转入工进 1。此时，电磁铁 1YA 继续得电，电液换向阀 5 仍在左位工作，电磁换向阀 14 的电磁铁处于断电状态。进油路必须经调速阀 12 进入液压缸左腔，与此同

时,系统压力升高,将顺序阀 7 打开并关闭单向阀 9,使液压缸实现差动连接的油路切断。回油经顺序阀 7 和背压阀 6(这里为溢流阀)回到油箱。该阶段的主油路如下。

1)进油路:滤油器 1→变量泵 2→单向阀 3→电液换向阀 5 的 P 到 A→管路 10→调速阀 12→电磁换向阀 14→管路 18→液压缸 19 的左腔。

2)回油路:液压缸 19 的右腔→管路 20→电液换向阀 5 的 B 到 T→管路 8→顺序阀 7→背压阀 6→油箱。

因为工作进给时油压升高,所以变量泵 2 的流量自动减小,动力滑台向前做第一次工作进给,进给速度用调速阀 12 调节。

(3)第二次工作进给(工进 2)

在第一次工作进给结束时,滑台上的挡铁压下行程开关(图中未画出),使电磁换向阀 14 的电磁铁 3YA 得电,其右位工作,切断了该阀所在的油路,经调速阀 12 的油液必须经过调速阀 13 进入液压缸的左腔,其他油路不变。此时,动力滑台由一工进转为二工进。由于调速阀 13 的控制流量小于调速阀 12 的控制流量,进给速度进一步降低。该阶段进给速度由调速阀 13 来调节。该阶段的主油路如下。

1)进油路:滤油器 1→变量泵 2→单向阀 3→电液换向阀 5 的 P 到 A→管路 10→调速阀 12→调速阀 13→管路 18→液压缸 19 的左腔。

2)回油路:液压缸 19 的右腔→管路 20→电液换向阀 5 的 B 到 T→管路 8→顺序阀 7→背压阀 6→油箱。

(4)死挡铁停留

当动力滑台的第二次工作进给终了并碰上死挡铁后,液压缸停止不动,系统的压力进一步升高,达到压力继电器 15 的调定值时,经过时间继电器延时,再发出电信号,使滑台退回。在时间继电器延时动作前,滑台停留在死挡块限定的位置上。

(5)快退

时间继电器发出电信号后,使 2YA 得电, 1YA 和 3YA 均断电电,电液换向阀 5 的右位工作。该阶段的主油路如下。

1)进油路:滤油器 1→变量泵 2→单向阀 3→管路 4→换向阀 5 的 P 到 B→管路 20→液压缸 19 的右腔;

2)回油路:液压缸 19 的左腔→管路 18→单向阀 16→管路 11→电液换向阀 5 的 A 到 T→油箱。

这时系统的压力较低,变量泵 2 的输出流量大,动力滑台快速退回。由于活塞杆的面积大约为活塞的一半,所以动力滑台快进、快退的速度大致相等。

(6)原位停止

当动力滑台退回到原始位置时,挡块(图中未画出)压下行程开关,这时电磁铁 1YA、2YA、3YA 都断电,电液换向阀 5 处于中位,动力滑台停止运动,变量泵 2 输出油液的压力升高,使泵的流量自动减至最小。

动力滑台液压传动系统的主要元件的动作顺序表 8-1。

表 8-1　动力滑台液压传动系统的主要元件动作顺序

工作循环	信号来源	电磁铁			换向阀 5	行程阀 17	顺序阀 7
		1YA	2YA	3YA			
快进	电磁铁 1YA 得电	+	—	—	左位	开	关
工进 1	行程阀 17 被下压	+	—	—	左位	关	开
工进 2	电磁铁 3YA 得电	+	—	+	左位	关	开
停留	死挡铁	+	—	+	左位	关	开
快退	时间继电器	—	+	—	右位	关 / 开	关
原位停止	终点开关	—	—	—	中位	开	关

8.2.3　组合机床液压传动系统基本回路

通过以上分析可以看出，为了实现自动工作循环，该液压传动系统采用了以下基本回路。

（1）调速回路

该液压传动系统采用了由限压式变量泵和调速阀的调速回路，调速阀设置在进油路上，回油经过背压阀。

（2）快速运动回路

该液压传动系统采用限压式变量泵在低压时输出流量大的特点，并采用差动连接来实现快进。

（3）换向回路

该液压传动系统应用电液换向阀实现换向，工作平稳、可靠，并由压力继电器与时间继电器发出的电信号控制换向动作。

（4）快速运动与工作进给的换接回路

该液压传动系统采用行程换向阀实现速度的换接，换接的性能较好，同时利用换向后，系统中的压力升高使液控顺序阀接通，来自活塞右腔的回油被排回油箱，系统由差动连接转换为工作进给。

（5）工作进给换接回路

该液压传动系统采用两个调速阀串联的回路，实现两种工作速度的转换。

8.3　汽车起重机液压传动系统

汽车起重机是将起重机安装在汽车底盘上的一种可自行行走、机动性好的起重机械。汽车起重机采用液压传动方式，以满足在冲击、振动和环境条件恶劣的情况下承载大负荷的需求。汽车起重机液压传动系统的特点是执行元件需要完成的动作较为简单，位置精度低，大部分采用手动操纵，液压系统的工作压力较高。现以 Q2-8 型汽车起重机为例来讲述其液压传动系统。

Q2-8 型汽车起重机是一种中型起重机,如图 8-2 所示。其最大起重量为 80 kN,最大起重高度为 11.5 m。起重机的工作机构由五部分组成。

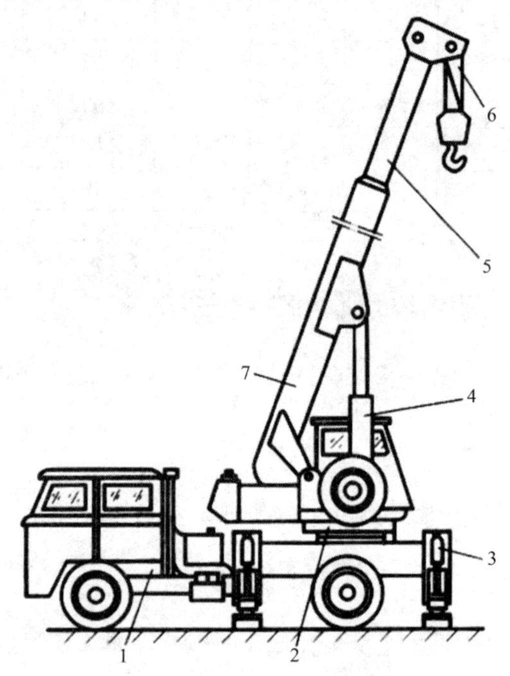

图 8-2 Q2-8 型汽车起重机

1—载重汽车;2—转台;3—支腿;4—吊臂变幅液压缸;5—吊臂伸缩缸;6—起降机构;7—基本臂

(1)支腿机构

由于汽车轮胎的支承能力有限,且为弹性变形体,作业时很不安全,故在起重作业前必须放下前、后支腿,使汽车轮胎架空,用支腿承重,在行驶时又必须将支腿收起,轮胎着地。该机构的作用:起重作业前,将汽车轮胎离开地面并调平车架;起重作业中,使载荷通过车架"刚性"地传到地面上。

(2)回转机构

回转机构的作用是在起重作业中使起重吊臂回转,将重物在水平面上运动。

(3)伸缩机构

伸缩机构的作用是改变起重吊臂的长度,将重物在垂直面上变换位置。

(4)变幅机构

变幅机构的作用是改变起重吊臂的倾角,将重物在垂直面上变换位置。

(5)起降机构

在其他机构不变时,起降机构通过钢缆将重物吊起、放下,实现纵向位置变换。

8.3.1　液压传动系统的组成

Q2-8 型汽车起重机的液压传动系统如图 8-3 所示。该系统属于中高压系统,用一个轴向柱塞泵作动力源,液压泵的额定压力为 21 MPa,排量为 40 mL/min,转速为 1 500 r/min,液压泵由汽车发动机通过传动装置(取力箱)驱动。与工作机构相对应,液压传动系统由支腿收放、转台回转、吊臂伸缩、吊臂变幅和吊重起降五个工作支路所组成。其中,前、后支腿收放支路的换向阀 A、B 组成一个阀组 1(双联多路阀)。其余四支路的换向阀 C、D、E、F 组成另一阀组 2(四联多路阀)。各换向阀均为 M 型中位机能三位四通手动阀,换向阀 C、D、E、F 依次串联组合而成的四联多路阀,可实现多缸卸荷。根据起重工作的具体要求,操纵各阀不仅可以分别控制各执行元件的运动方向,还可以通过控制阀芯的位移量来实现节流调速。

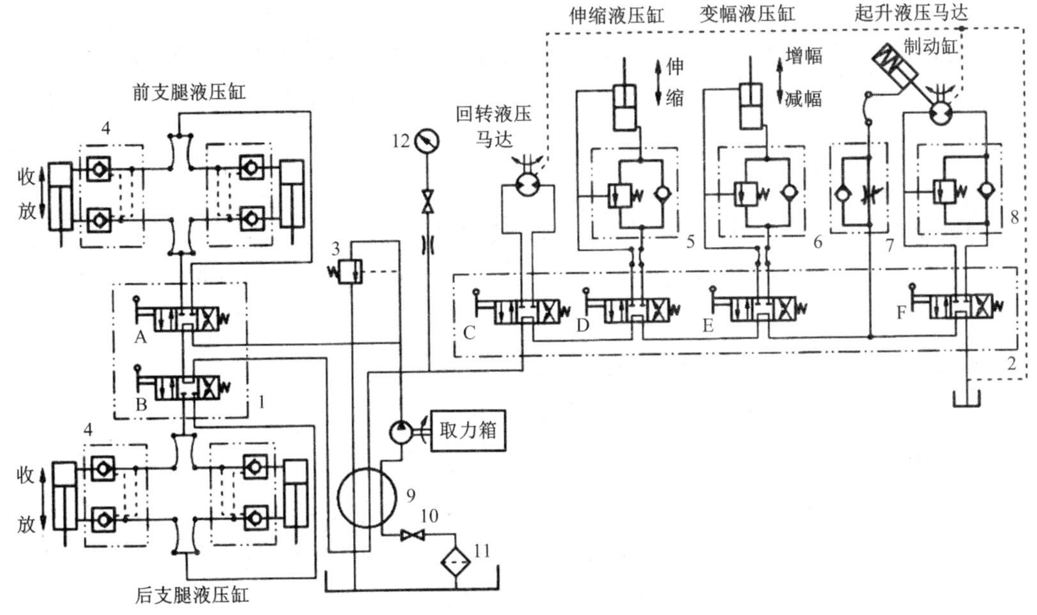

图 8-3　Q2-8 型汽车起重机液压系统

A、B、C、D、E、F—手动换向阀;1、2—手动阀组;3—安全阀;4—双向液压锁;5、6、8—平衡阀;7—单向节流阀;9—中心回转接头;10—开关;11—滤油器;12—压力表

液压传动系统中的液压泵、安全阀、阀组 1 及支腿液压缸安装在车架上,其他液压元件都安装在可回转的上车体部分。油箱也装在上车体部分,兼作配重。车架与上车体的油路通过中心回转接头 9 连通。

8.3.2　液压传动系统的工作原理

(1)支腿收放支路

前支腿两个液压缸同时用一个手动换向阀 A 控制其收、放动作,后支腿两个液压缸用阀 B 来控制其收、放动作。为确保支腿停放在任意位置并能可靠地锁住,故在每一个支腿液压缸的油路中设置一个由两个液控单向阀组成的双向液压锁。

当阀 A 在左位工作时，液压缸活塞杆伸出，前支腿放下，其进、回油路线如下。

1）进油路：液压泵→换向阀 A→液控单向阀→前支腿液压缸无杆腔。

2）回油路：前支腿液压缸有杆腔→液控单向阀→阀 A→阀 B→阀 C→阀 D→阀 E→阀 F→油箱。

后支腿液压缸用阀 B 控制，其油路路线与前支腿支路类似。

（2）转台回转支路

回转支路的执行元件是一个大转矩液压马达，它能双向驱动转台回转。通过齿轮、蜗杆机构减速，转台可获得 1~3 r/min 的低速。马达由手动换向阀 C 控制正、反转，其油路如下。

1）进油路：液压泵→阀 A→阀 B→阀 C→回转液压马达。

2）回油路：回转液压马达→阀 C→阀 D→阀 E→阀 F→油箱。

（3）吊臂伸缩支路

吊臂由基本臂和伸缩臂组成，伸缩臂套装在基本臂内，由吊臂伸缩液压缸带动作伸缩运动。为防止吊臂在停止阶段因自重作用而向下滑移，油路中设置了平衡阀 5（由一个外控式顺序阀与一个普通单向阀并联组成）。吊臂的伸缩由换向阀 D 控制，使伸缩臂具有伸出、缩回和停止三种工况。

1）当阀 D 在右位工作时，吊臂伸出，其油路路线如下。

①进油路：液压泵→阀 A→阀 B→阀 C→阀 D→平衡阀 5 中的单向阀→伸缩液压缸无杆腔。

②回油路：伸缩液压缸有杆腔→阀 D→阀 E→阀 F→油箱。

2）当阀 D 在左位工作时，吊臂缩回，其油路路线如下。

①进油路：液压泵→阀 A→阀 B→阀 C→阀 D→伸缩液压缸有杆腔。

②回油路：伸缩液压缸无杆腔→阀 5 中的外控式顺序阀→阀 D→阀 E→阀 F→油箱。

当阀 D 在中位工作时，吊臂由 M 型换向阀阀芯锁住而保持不动，液压泵的油液通过换向阀 A、B、C、D、E、F 后，流入油箱，此时液压泵卸荷。

（4）吊臂变幅支路

吊臂变幅是用液压缸来改变吊臂的起降角度的。变幅要求工作平稳可靠，故在油路中也设置了平衡阀 6。增幅或减幅运动由换向阀 E 控制，使吊臂具有增幅、减幅和停止三种工况。

1）当阀 E 在右位工作时，吊臂增幅，其油路路线如下。

①进油路：液压泵→阀 A→阀 B→阀 C→阀 D→阀 E→平衡阀 6 中的单向阀→变幅液压缸无杆腔。

②回油路：变幅液压缸有杆腔→阀 E→阀 F→油箱。

2）当阀 E 在左位工作时，吊臂减幅，其油路路线如下。

①进油路：液压泵→阀 A→阀 B→阀 C→阀 D→阀 E→变幅液压缸有杆腔。

②回油路：变幅液压缸无杆腔→阀 6 中的外控式顺序阀→阀 E→阀 F→油箱。

3）当阀 E 在中位工作时，吊臂由 M 型换向阀阀芯锁住而保持不动，液压泵的油液通过换向阀 A、B、C、D、E、F 后，流入油箱，此时液压泵卸荷。

（5）吊重起降支路

起降支路是系统的主要工作油路。重物的提升和落下作业由一个大转矩液压马达带动绞车来完成。液压马达的正、反转由换向阀 F 控制，马达转速，即起降速度可通过改变发动机油门（转速）及控制换向阀 F 来调节。油路设有平衡阀 8，用以防止重物因自重而下落。由于液压马达的内泄漏比较大，当重物吊在空中时，尽管油路中设有平衡阀，重物仍会向下缓慢滑移，为此在液压马达驱动的轴上设有制动器。当起降机构工作时，在系统油压作用下，制动器液压缸使闸块松开；当液压马达停止转动时，在制动器弹簧作用下，闸块将轴抱紧。当重物悬空停止后再次起升时，若制动器立即松闸，但马达的进油路可能未来及建立足够的油压，就会造成重物短时间失控下滑。为避免这种现象产生，在制动器油路中设置单向节流阀 7，使制动器抱闸迅速，松闸却能缓慢进行（松闸时间用节流阀调节）。

Q2-8 型汽车起重机液压传动系统的手动操纵阀位置与工作机构动作之间的关系见表 8-2。

表 8-2　Q2-8 型汽车起重机液压传动系统的手动操纵阀位置与工作机构动作关系

<table>
<tr><th colspan="6">手动阀位置</th><th colspan="7">工作机构动作</th></tr>
<tr><th>A</th><th>B</th><th>C</th><th>D</th><th>E</th><th>F</th><th>前支腿液压缸</th><th>后支腿液压缸</th><th>回转液压马达</th><th>伸缩液压缸</th><th>变幅液压缸</th><th>起降液压马达</th><th>制动液压缸</th></tr>
<tr><td>左</td><td rowspan="2">中</td><td rowspan="4">中</td><td rowspan="6">中</td><td rowspan="8">中</td><td rowspan="10">中</td><td>放下</td><td rowspan="2">不动</td><td rowspan="4">不动</td><td rowspan="6">不动</td><td rowspan="8">不动</td><td rowspan="10">不动</td><td rowspan="10">制动</td></tr>
<tr><td>右</td><td>收起</td></tr>
<tr><td rowspan="10">中</td><td>左</td><td rowspan="10">不动</td><td>放下</td></tr>
<tr><td>右</td><td>收起</td></tr>
<tr><td rowspan="8">中</td><td>左</td><td rowspan="8">不动</td><td>正转</td></tr>
<tr><td>右</td><td>反转</td></tr>
<tr><td rowspan="6">中</td><td>左</td><td rowspan="6">不动</td><td>缩回</td></tr>
<tr><td>右</td><td>伸出</td></tr>
<tr><td rowspan="4">中</td><td>左</td><td rowspan="4">不动</td><td>减幅</td></tr>
<tr><td>右</td><td>增幅</td></tr>
<tr><td rowspan="2">中</td><td>左</td><td rowspan="2">不动</td><td>正转</td><td rowspan="2">松开</td></tr>
<tr><td>右</td><td>反转</td></tr>
</table>

8.3.3　液压回路性能分析

从图 8-3 可以看出，Q2-8 型起重机液压传动系统的基本回路及特点如下。

1）在调压回路中，用安全阀 3 限制系统最高压力。

2）在调速回路中，通过控制手动换向阀的开度来调整工作机构（起降机构除外）的速度。优点是方便灵活；缺点是自动化程度低，劳动强度大。

3)在锁紧回路中,采用液控单向阀构成的双向液压锁,将前、后支腿牢牢锁住。

4)在平衡回路中,采用由普通单向阀与外控式顺序阀并联组成的平衡阀,防止在重物起降、吊臂伸缩和变幅作业中因重物自重作用而下降,确保重物起降、吊臂伸缩和变幅作业动作安全可靠。缺点是平衡阀所造成的背压会产生功率损失。

5)在多缸卸荷回路中,采用三位四通 M 型中位机能换向阀的串联连接,使各工作机构既可单独动作,也可在轻载下任意组合同时动作,以提高工作效率。缺点是六个换向阀的串接,增大了液压泵的卸荷压力。

6)在制动回路中,采用普通单向阀与节流阀并联组合来控制制动缸,配合起降马达安全可靠地工作。单向阀的作用是保证起降马达由动到静动作时制动缸能够快速制动;节流阀的作用是保证起降马达由静到动动作时制动缸解除制动动作缓慢柔和,防止重物突然下坠。

7)在卸荷回路中,串接的各换向阀均处于中位时, M 型中位机能组成的卸荷回路可使液压泵卸荷,减少功率损耗,适于起重机间歇性工作。

8.4 液压传动系统故障诊断与分析

随着工作时间的累计和外界因素的影响,液压传动系统会发生工作失常或不工作的情况。为了保障液压传动系统正常工作,就必须及时诊断、排除故障。本节主要讲述液压传动系统常见故障的诊断方法、故障原因分析以及故障的排除等内容。

8.4.1 液压传动系统故障诊断

故障诊断的方法很多,这里讲解常用的几种故障诊断方法。

(1)感官诊断法

感官诊断法也称官能检查法。凭借人的眼、耳、鼻、口、手等感受器官来判断系统状态正常与否。故障的感官诊断是定性分析,这种诊断方法具有简单、方便、直接、成本低等优点,适用于比较明显或表层故障缺陷的诊断。感官诊断法是一种定性分析故障的方法。

Ⅰ.眼看

通过视觉观察液压传动系统的工作状态,一般有六看:一看速度,即看执行机构运动速度有无变化;二看压力,即看液压传动系统各测压点压力有无波动现象;三看油液,即观察油液是否清洁、变质,油量是否满足要求,油的黏度是否合乎要求及表面有无泡沫等;四看泄漏,即看液压传动系统各接头处有无油液渗漏现象;五看振动,即看活塞杆或工作台等运动部件运行时,有无跳动、冲击等异常现象;六看产品,即从加工出来的产品判断运动机构的工作状态,观察系统压力和流量的稳定性。

Ⅱ.耳听

通过听觉来判断液压传动系统的工作是否正常,一般有四听:一听噪声,即听液压泵和系统噪声是否过大,液压阀等元件是否有尖叫声;二听冲击声,即听执行部件换向时冲击声是否过大；三听泄漏声，即听油路内部有无细微而连续不断的声音；四听敲打声，即听液压泵和管路中是否有敲打撞击声。

Ⅲ. 手摸

用手触摸运动部件的温度和工作状况，一般有四摸：一摸温升，即用手摸液压泵、油箱和阀体等温度是否过高；二摸振动，即用手摸运动部件和液压导管有无振动；三摸爬行，即当工作台慢速运行时，用手摸其有爬行现象；四摸松紧度，即用手拧螺纹连接部位有无松动，如挡铁、微动开关等的松紧程度；五摸间隙，即用手抓住连接件晃动，检查其连接间隙是否过大；六摸密封性，即用手触摸系统的密封部位，通过手上所粘污物性质和多少来判断系统密封性是否正常。

Ⅳ. 鼻嗅

通过人体的嗅觉判断油液类型以及油液是否变质。

Ⅴ. 嘴问

询问设备操作者，了解设备的平时工作状况，一般有六问：一问液压传动系统工作是否正常；二问液压油最近的更换日期、滤网的清洗或更换情况等；三问故障出现前控制阀是否调节过，有无不正常现象；四问故障出现之前液压件或密封件是否更换过；五问事故前后液压传动系统的工作差别；六问过去常出现哪类故障及排除经过。

Ⅵ. 查阅

查阅技术资料及有关故障分析和维修保养记录等，能够为正确诊断故障提供有效帮助。

(2)逻辑分析法

对于复杂的液压传动系统故障，常采用逻辑分析法，即根据故障产生的现象，采取逻辑分析和推理的方法。逻辑分析法是一种定性分析故障的方法。采用逻辑分析法诊断液压传动系统故障通常有两个出发点：一是从主机出发，主机故障也就是指液压传动系统执行机构工作不正常；二是从系统本身故障出发，有时系统故障在短时间内并不影响主机，如油温变化、噪声增大等。

(3)专用仪器检测法

专用仪器检测法即采用专门的液压传动系统故障检测仪器来诊断系统故障。该方法能够对液压故障做定量的检测。国内外有许多专用的便携式液压传动系统故障检测仪，测量流量、压力和温度，并能测量泵和马达的转速等。专用仪器检测法是一种定量分析故障的方法。将逻辑分析与专用检测仪器的测试相结合，可显著提高故障诊断的效率及准确性。

(4)状态检测法

状态检测用的仪器种类很多，通常有压力传感器、流量传感器、速度传感器、位移传感器和油温监测仪等。把测试到的数据输入计算机系统，计算机根据输入的数据提供各种信息及技术参数，由此判断出某个液压元件和液压传动系统某个部位的工作状况，并可发出报警或自动停机等信号。所以，状态检测技术可解决仅靠人的感觉器官无法解决的疑难故障的诊断，并为预知维修提供了信息。

8.4.2 液压传动系统故障分析

液压传动系统因设计与调整不当而在运行中产生各种故障。以下对一些典型故障进行分析。

（1）液压冲击

在如图 8-4（a）所示的二级调压回路中，当二位二通电磁换向阀通电，其右位工作时，液压传动系统突然产生较大液压冲击。在该二级调压回路中，当二位二通阀 4 断电关闭后，系统压力取决于溢流阀 2 的调整压力 p_1，阀 4 通电使管路连通后，系统压力则由调压阀 3 的调整压力 p_2 决定。由于阀 4 和阀 3 之间的油路内压力为零，阀 4 右位工作时，溢流阀 2 的远程控制口处的压力由 p_1 几乎下降到零后才回升到 p_2，系统必产生较大的压力冲击。不难看出，故障原因是系统中二级调压回路设计不当造成的。若将其改成如图 8-4（b）所示的组合形式，即把二位二通阀 4 接到远程调压阀 3 的出油口，并与油箱接通，则从阀 2 远程控制口到阀 4 的油路中充满接近 p_1 压力的油液，阀 4 通电后，系统压力从 p_1 直接降到 p_2，不会产生较大的压力冲击。

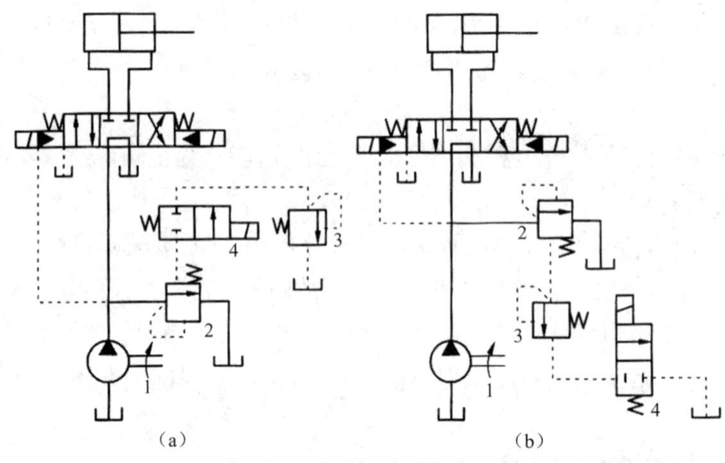

图 8-4 二级调压回路的改进

（a）改进前 （b）改进后

1—液压泵；2、3—调压阀；4—电磁阀

（2）压力不足

因液压设备不允许停机修理，所以有两套供油系统。当其中一套供油系统出现故障时，可立即启动另一供油系统，使液压设备正常运行。在图 8-5（a）中，两套供油系统的元件性能、规格完全相同，由溢流阀 3 或 4 调定第一级压力，远程调压阀 9 调定第二级压力。当泵 2 所属供油系统停止供油，只有泵 1 所属系统供油时，系统压力不达标。即使将电液换向阀 7 置于中位，泵 1 输出油路仍不能上升到调定的压力值。调试发现，泵 1 压力最高只能达到 12 MPa，设计要求能调到 14 MPa 甚至更高。将溢流阀 3 和远程调压阀 9 调压旋钮全部拧紧压力仍然不达标，当油温为 40 ℃时，压力值可达 12 MPa；油温升到 55 ℃时，压力只能到 10 MPa。液压元件没有质量问题，组合系统压力却不达标，应分析系统中元件组合的相互影响。泵 1 工作时、压力油从溢流阀 3 的进油口进入主阀芯下端，同时经过阻尼孔流入主阀芯上端弹簧腔，再经过溢流阀 3 的远程控制口及外接油管进入溢流阀 4 主阀芯上端的弹簧腔，接着经阻尼孔向下流动，进入主阀芯下腔再由溢流阀 4 进油口反向流入停止运转的泵 2 的排油管，这时油液推开单向阀 6 的可能性不大；当压力油从泵 2 出口进入泵 2 中时，将会使泵 2 像液压马达一样缓慢反转或经泵 2 的缝隙流入油箱。也就是说，溢流阀 3 的远程控制口向油箱中泄漏液压油，导致了压力不达标。由于控制油路上设置有节流装置，溢流阀 3 远程控制油路上的油液是在有阻尼状况下流回油箱内的，所以压力不是完全没有的，只是低于调定压力。如图 8-5(b)所示为改进后的两套供油系统，系统中设置了单向阀 11 和 12，切断进入泵 2 的油路，即可避免上述故障。

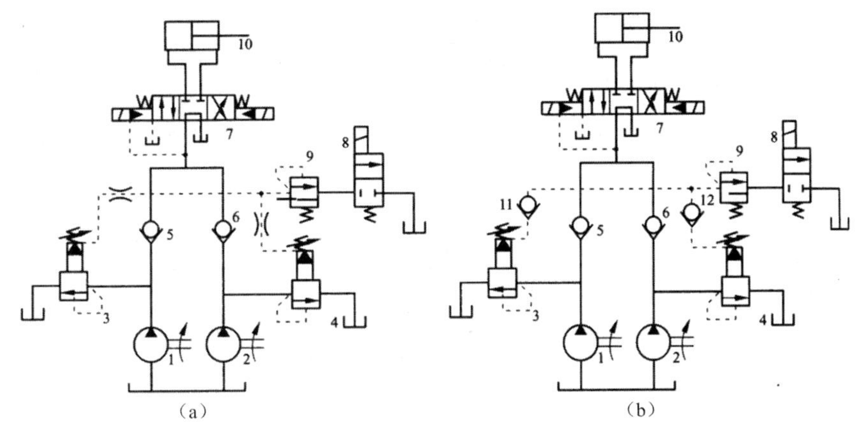

图 8-5　两套供油系统的原理

(a)改进前　(b)改进后

1、2—液压泵；3、4—溢流阀；5、6、11、12—单向阀；7—电液换向阀；8—电磁换向阀；9—调压阀；10—液压缸

8.4.3　液压传动系统常见故障产生原因及排除

(1)液压传动系统无压力或压力低

液压传动系统无压力或压力低的原因及排除方法见表 8-3。

表 8-3　液压传动系统无压力或压力低的原因及排除方法

产生原因		排除方法
液压泵	电动机转向错误	改变转向
	零件磨损，间隙过大，泄漏严重	修复或更换零件
	油箱液面太低，液压泵吸空	补加油液
	吸油管路密封不严，造成吸空	检查管路，拧紧接头，加强密封
	压油管路密封不严，造成泄漏	检查管路，拧紧接头，加强密封

续表

产生原因		排除方法
溢流阀	弹簧变形或折断	更换弹簧
	滑阀在开口位置卡住	修研滑阀使其移动灵活
	锥阀或钢球与阀座密封不严	更换锥阀或钢球,配研阀座
	阻尼孔堵塞	清洗阻尼孔
	远程控制口接回油箱	切断通油箱的控制油路
压力表损坏或失灵造成无压现象		更换压力表
液压阀卸荷		查明卸荷原因,采取相应措施
液压缸高低压腔相通		修配活塞,更换密封件
系统泄漏		加强密封,防止泄漏
油液黏度太低		更换高黏度油液
温度过高,降低了油液黏度		查明发热原因,采取相应措施

(2)液压运动部件换向冲击大

液压运动部件换向有冲击或冲击大的原因及排除方法见表 8-4。

表 8-4　运动部件换向冲击大的原因及排除

产生原因		排除方法
液压泵	运动速度过快,没设置缓冲装置	设置缓冲装置
	缓冲装置中单向阀失灵	修理缓冲装置中的单向阀
	缓冲柱塞的间隙过小或过大	按要求修理,配置缓冲柱塞
	节流阀开口过大	调整节流阀开口
液压缸	垂直运动的液压缸没采取平衡措施	设置平衡阀
换向阀	换向阀的换向动作过快	控制换向速度
	液动阀的阻尼器调整不当	调整阻尼器的节流口
	液动阀的控制流量过大	减小控制油的流量
压力阀	工作压力调整太高	调整压力阀,适当降低工作压力
	溢流阀发生故障,压力突然升高	排除溢流阀故障
	背压过低或没有设置背压阀	设置背压阀,适当提高背压力
混入空气	系统密封不严	加强吸油管路密封
	停机时油液流空	防止元件油液流空
	液压泵吸空	补足油液,减小吸油阻力

(3)液压传动系统超温

液压传动系统发热超温的原因及排除方法见表 8-5。

表 8-5　液压传动系统发热超温的原因及排除

产生原因	排除方法
系统设计不合理,压力损失过大,效率低	改进回路设计,采用变量泵或卸荷措施
工作压力过大	降低工作压力
泄漏严重,容积效率低	加强密封
管路太细而且弯曲,压力损失大	加大管径,缩短管路,使油流通畅
相对运动零件间的摩擦力过大	提高零件加工装配精度,减小运动摩擦力
油液黏度过大	选用黏度适当的液压油
油箱容积小,散热条件差	增大油箱容积,改善散热条件,设置冷却器
由外界热源引起温升	隔绝热源

(4)液压运动部件爬行

运动部件爬行的原因及排除方法见表 8-6。

表 8-6　运动部件爬行的原因及排除

产生原因		排除方法
负载刚度	系统负载刚度太低	改进回路设计
节流阀	节流阀或调速阀流量不稳	选用流量稳定性好的流量阀
液压缸爬行	液压缸产生爬行	排出空气
	运动密封件装配过紧	调整密封圈,使之松紧适当
	活塞杆与活塞不同轴	校正、修整或更换
	导向套与缸筒不同轴	修正调整
	活塞杆弯曲	校直活塞杆
	液压缸安装不良,中心线与导轨不平行	重新安装
	缸筒内径圆柱度超差	镗磨修复,重配活塞或增加密封件
	缸筒内孔锈蚀、毛刺	除去锈蚀、毛刺或重新镗磨
	活塞杆两端螺母过紧,使其同轴度降低	略松螺母,使活塞杆处于自然状态
	活塞杆刚度差	加大活塞杆直径
	液压缸运动件之间间隙过大	减小配合间隙
	导轨润滑不良	清洁、润滑导轨
导轨爬行	托板楔铁或压板调整过紧	重新调整
	导轨精度不高,接触不良	按规定刮研导轨,保持良好接触
	润滑油量不足或选用不当	改善润滑条件
油液	油污卡住液动机,增加摩擦阻力	清洗液动机,更换油液,清洁油滤
	油污堵塞节流孔,引起流量变化	清洗液压阀,更换油液,清洁节流孔
	油液黏度不适当	用指定黏度的液压油

续表

产生原因		排除方法
混入空气	油箱液面过低，吸油不畅	补加液压油
	过滤器堵塞	清洗过滤器
	吸、回油管相距太近	将吸、回油管远离
	回油管未插入油而以下	将回油管插入油面之下

(5)液压传动系统泄漏

液压传动系统产生泄漏的原因及排除方法见表 8-7。

表 8-7　液压传动系统产生泄漏的原因及排除

产生原因	排除方法
密封件损坏或装反	更换密封件，改正安装方向
管接头松动	拧紧管接头
单向阀阀芯磨损，阀座损坏	更换阀芯，配研阀座
相对运动零件磨损，间隙过大	更换磨损零件，减小配合间隙
铸件有气孔、砂眼等缺陷	更换铸件或维修缺陷
压力调整过高	降低工作压力
油液黏度太低	选用适当黏度的液压油
工作温度太高	降低工作温度或采取冷却措施

思考题与习题

8-1　图 8-1 所示的 YT4543 型组合机床动力滑台液压传动系统是由哪些基本液压回路组成的？如何实现差动连接？采用死挡铁停留有何作用？

8-2　在图 8-3 所示的 Q2-8 型汽车起重机液压传动系统中，为什么采用弹簧复位式手动换向阀控制各执行元件动作？

第 9 章　液压传动系统设计

液压传动系统的类型较多，用途各异，并具有各自的特点。而设计方案对其整机的工作性能起着非常重要的影响，所以在学习了液压元件、基本回路、液压传动系统及其控制技术等内容的基础上，还需要掌握液压传动系统的设计原则和计算方法。

9.1　液压传动系统的设计步骤

9.1.1　液压传动系统的设计要求与工况分析

（1）设计要求

在设计液压传动系统时，首先应明确以下问题，并将其作为设计依据。

1）主机和工作机构的结构特点和工作原理，主要包括主机动作采用的液压执行元件，各执行元件的运动方式、行程、动作循环以及动作时间是否需要同步或互锁等。

2）主机对液压传动系统的性能要求，主要包括各执行元件在各工作阶段的负载、速度、调速范围、运动平稳性、换向定位精度及对系统的效率、温升等的要求。

3）主机对液压传动系统控制技术的要求。

4）主机的使用条件及工作环境，如温度、湿度、振动，以及是否有腐蚀性和易燃物质存在等情况。

（2）液压传动系统工况分析

对液压传动系统进行工况分析，即对各执行元件进行运动分析和负载分析。对于运动复杂的系统，需要绘制出速度循环图和负载循环图，对简单的系统只需找出最大负载和最大速度点，从而为确定液压传动系统的工作压力和流量，为液压执行元件设计或选择提供数据。

Ⅰ. 运动分析

主机执行元件的运动情况可以用位移循环图（L-t）、速度循环图（v-t）或速度与位移（v-L）循环图表示，由此对运动规律进行分析。

1）位移 - 时间循环图（L-t）。

图 9-1 所示为液压机的液压缸位移 - 时间循环图，纵坐标 L 表示活塞位移，横坐标 t 表示活塞启动到返回原位置的时间，曲线斜率表示活塞移动速度。该图清楚地表明液压机的工作循环由快速下行、减速下行、压制、保压、泄压慢回和快速回程六个阶段组成。

2）计算和绘制速度 - 时间循环图。

根据整机工作循环图和执行元件的行程或转速以及加速度变化规律，即可计算并绘制出执行元件的速度 - 时间（v-t）循环图。速度 - 时间循环图按工程中液压缸的运动特点可归纳为三种类型。图 9-2 所示为液压缸三种类型的 v-t 图。

第一种如图 9-2 中的实线所示，液压缸开始做匀加速运动，然后做匀速运动，最后匀减速运动到终点。第二种如图 9-2 中虚线所示，液压缸在总行程的前一半做匀加速运动，在后一半做匀减速运动且加速度的数值相等。第三种如图 9-2 中双点划线所示，液压缸在总行程的一大半以上以较小的加速度做匀加速运动，然后匀减速至行程终点。

v-t 图的三条速度曲线，不仅清楚地表明了液压缸三种类型的运动规律，也间接地表明了三种工况的动力特性。

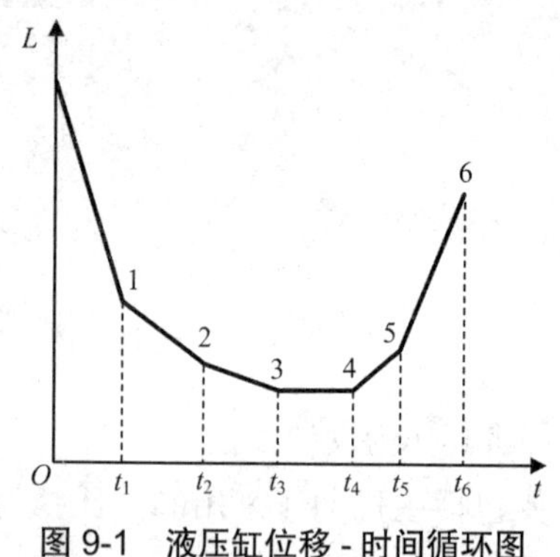

图 9-1 液压缸位移 - 时间循环图

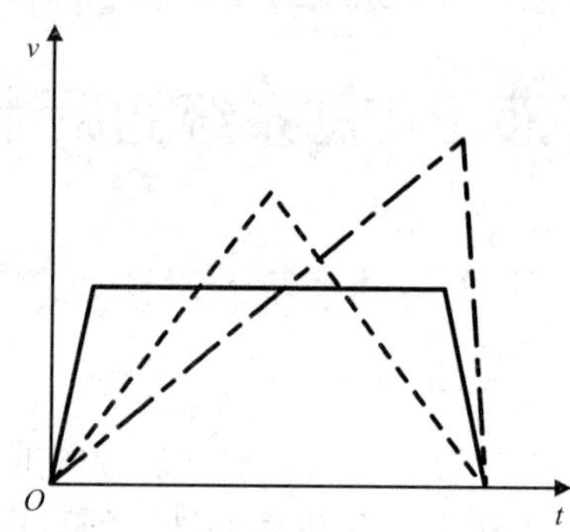

图 9-2 液压缸速度 - 时间循环图

3）整机工作循环图。

在具有多个液压执行元件的复杂系统中，执行元件通常是按一定的程序循环工作的。因此，必须根据主机的工作方式和生产率，合理安排各执行元件的工作顺序和作业时间，并绘制出整机工作循环图。

Ⅱ. 负载分析

负载分析是研究机械系统工作过程中其执行机构的受力情况。对液压传动系统而言，就是研究液压缸或液压马达的负载情况。对于负载变化复杂的系统必须画出负载循环图，不同工作目的的系统，负载分析的重点不同。例如，对于工程机械的作业机构，着重点为重力在各个位置上的作用情况，负载图以位置为变量；机床工作台着重点为负载与各工序的时间关系。

1）液压缸的负载及负载循环图。

首先，计算液压缸的负载。

一般来说，液压缸承受的动力负载有工作负载 F_w、惯性负载 F_m、重力负载 F_g，约束性负载有摩擦阻力 F_f、背压负载 F_b、液压缸自身的密封阻力 F_{sf} 等，即作用在液压缸上的外负载为

$$F = \pm F_w \pm F_m \pm F_f \pm F_g \pm F_b \pm F_{sf} \tag{9-1}$$

工作负载 F_w 为液压缸运动方向的工作阻力。对于机床来说就是沿工作部件运动方向

的切削力，此作用力的方向如果与执行元件运动方向相反为正值，两者同向为负值。该作用力可能是恒定的，也可能是变化的，其值要根据具体情况计算或由实验测定。

惯性负载 F_m 为运动部件在启动和制动等变速过程中惯性力，根据牛顿第二定律，其表达式为

$$F_m = ma = m\frac{\Delta v}{\Delta t} \tag{9-2}$$

式中：m 为运动部件的总质量（kg）；a 为运动部件的加速度（m/s²）；Δv 为 Δt 时间内的速度的变化量（m/s）；Δt 为启动或制动时间（s），启动或加速时取正值，减速时取负值。

对于一般机械系统，Δt 取 0.1~0.5 s；行走机械系统，Δt 取 0.5~1.5 s；机床主运动系统，Δt 取 0.25~0.5 s；机床进给系统，Δt 取 0.1~0.5 s，工作部件较轻或运动速度较低时取小值。

重力负载 F_g 是指重力产生的负载。在工作部件垂直放置和倾斜放置时，其本身的重量也成为一种负载。工作部件上移时，重力负载为正值；工作下移时，重力负载为负值；工作部件水平放置时，其重力负载为零。

摩擦阻力 F_f 为液压缸驱动工作机构所需要克服的机械摩擦力。摩擦阻力与导轨的形状、放置情况和工作部件运动状态有关。对于平导轨和 V 形导轨，其摩擦阻力的计算式为

平导轨：$$F_f = f(mg + F_N) \tag{9-3}$$

V 形导轨：$$F_f = \frac{f(mg + F_N)}{\sin(\alpha/2)} \tag{9-4}$$

式中：F_N 为作用在导轨上的垂直载荷；α 为 V 形导轨的夹角，通常取 $\alpha = 90°$；f 为导轨的摩擦系数，它有静摩擦系数 f_s 和动摩擦系数 f_d 之分，其值可参阅相关设计手册。

密封阻力 F_{sf} 指装有密封装置的零件在相对移动时的摩擦力，其值与密封装置的类型、液压缸的制造质量和油液工作压力有关。在初算时，可按液压缸的机械效率 $\eta_m = 0.9 \sim 0.95$ 考虑；验算时，按密封装置摩擦力的表达式计算。

背压负载 F_b 是指液压缸运动时回油路压力形成的背压阻力，其值为

$$F_b = p_b A \tag{9-5}$$

式中：A 为液压缸回油腔有效工作面积；p_b 为液压缸背压，在液压缸参数尚未确定之前，一般按经验数据估计一个数值。

其次，计算液压缸运动循环各阶段的总负载力。

液压缸运动分为启动、加速、恒速、减速制动等几个阶段，不同阶段的负载力计算是不同的。

启动阶段：$$F = (F_f \pm F_g \pm F_{sf})/\eta_m$$

加速阶段：$$F = (F_m + F_f \pm F_g + F_b + F_{sf})/\eta_m$$

恒速运动阶段：$$F = (\pm F_w + F_f \pm F_g + F_b + F_{sf})/\eta_m$$

减速制动阶段：$$F = (\pm F_w - F_m + F_f \pm F_g + F_b + F_{sf})/\eta_m$$

最后，绘制工作负载图。

对复杂的液压传动系统，如有若干个执行元件同时或分别完成不同的工作循环，则有必

要按上述各阶段计算总负载力,并根据上述各阶段计算总负载力和它所经历的工作时间(或位移),按相同的坐标绘制液压缸的负载 - 时间或负载 - 位移图。图 9-3 所示为某机床主液压缸的工作循环和负载图。

负载图中的最大负载力是初步确定执行元件工作压力和结构尺寸的依据。

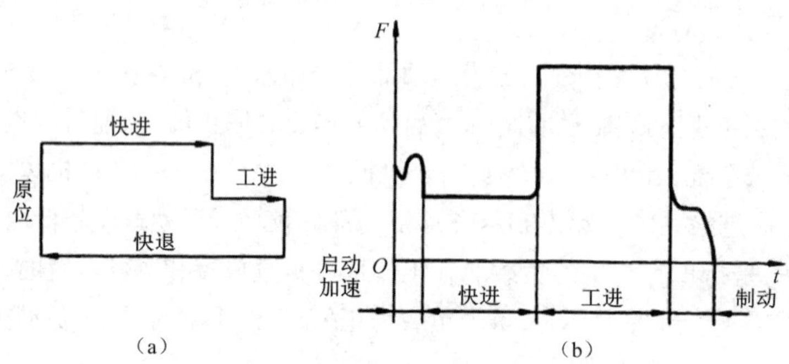

图 9-3 某机床主液压缸的工作循环图和负载图

(a)工作循环图 (b)负载图

2)液压马达的负载及负载循环图。

液压马达负载力矩分析与液压缸的负载分析相同,只需将负载的计算变换为负载力矩。

9.1.2 液压传动系统的设计方案

要确定一个机器的液压传动系统方案,必须和该机器的总体设计方案综合考虑。首先明确主机对液压传动系统的性能要求,进而抓住该类机器液压传动系统设计的核心和特点,然后按照可靠性、经济性和先进性的原则来确定液压传动系统方案。如对变速、稳速要求严格的机器(如机床液压传动系统),其速度调节、换向和稳定是系统设计的核心,因而应先确定其调速方式。而对于对速度无严格要求但对输出力、力矩有要求的机器(如挖掘机、装载机),其功率和分配是系统设计的核心,该类系统的特点是采用组合油路。

(1)确定系统的形式

确定系统的形式就是确定系统主油路的结构(开式或闭式、串联或并联)、液压泵的形式(定量或变量)、液压泵的数目(单泵、双泵或多泵)和回路数目等。另外,还需确定操作方式、调速形式及液压泵的卸荷方式等。例如,在工程机械中,液压起重机和轮式装载机多采用定量开式系统,小型挖掘机多采用单泵定量系统,中型挖掘机多采用双泵双回路定量并联系统,大型挖掘机多采用双泵双回路变量并联系统。行走机械和航空航天装置为减少体积和质量,可选择闭式回路,即执行元件的排油直接进入液压油的进口。

(2)确定系统的工作压力

液压传动系统的工作压力是指液压传动系统在正常运行时所能克服外载荷的最高限定压力。确定液压传动系统的工作压力包括压力级的确定、液压泵压力和溢流阀调定压力的选择。系统的压力级选择与机械种类、主机功率大小、工况和液压元件的形式有密切关系。一般来说,小功率机械采用低压系统,大功率机械采用高压系统。考虑上述各因素的情况,还应参考国家公称压力系列标准值来确定系统的工作压力。常用的液压传动系统压力推荐值见表 9-1。

表 9-1　各类设备的常用系统工作压力

机械类型	机床				农业机床	工程机床
	磨床	组合机床	龙门刨床	拉床		
工作压力 /MPa	≤2	3~5	≤8	8~10	10~16	20~32

（3）确定系统流量

根据已确定的系统工作压力，再根据各执行元件对运动速度的要求，计算每个执行元件所需流量，然后确定系统总流量。对单泵串联系统，各执行元件所需流量的最大值就是系统流量。对双泵或多泵液压传动系统，将同时工作的执行元件的流量进行叠加，则叠加数中的最大值就是系统流量。但应注意，对于串联的执行元件，即使同时工作，也不能进行流量叠加。如果对某一执行元件采用双泵或多泵合流供油，则合流流量就是系统流量。

（4）拟定液压传动系统原理图

Ⅰ. 拟定液压传动系统原理图的方法步骤

拟定液压传动系统原理图是液压传动系统设计中重要的一步，对于系统的性能及设计方案的经济性、合理性都具有决定性的影响。拟定液压传动系统原理图一般分为两步进行。

1）分别选择和拟定各个基本回路，选择时应从对主机性能影响较大的回路开始，并对各种方案进行分析比较，确定出最佳方案。

2）将选择的基本回路进行归并、整理，再增加一些必要的元件或辅助油路，组合成一个完整的液压传动系统。

Ⅱ. 拟定液压传动系统原理图时应注意的问题

1）控制方法。

在液压传动系统中，执行元件需改变运动速度和方向，对于多执行元件则还应有动作顺序及互锁要求，如果机器要求实行一定的自动循环，则更应慎重地选择各种控制方式。一般而言，行程控制动作比较可靠，是通用的控制方式；选用压力控制可以简化系统，但在一个系统内不宜多次采用；时间控制不宜单独采用，而常与行程或压力控制组合使用。

2）系统安全可靠性。

液压传动系统的安全性和可靠性非常重要，因此在设计时应针对不同功能的液压回路，采取不同的措施以确保液压回路及系统的安全性和可靠性。例如，为防止系统过载，应设置安全阀；为防止举升机构在其自重及失压情况下自动落下，必须设置平衡回路或液压锁；回转机构应有缓冲、限速及制动装置等以确保安全。另外，要防止回路间的相互干扰，如单泵驱动多个并联连接的执行元件有复合动作要求时，应在负载小的执行元件的进油路上串联节油阀，对保压油路可采用蓄能器与单向阀，使其与其他动作回路隔开。

3）有效利用液压功率。

提高液压传动系统的效率不仅能节约能量,还可以防止系统过热。例如,在工作循环中,系统所需流量差别较大时,应采用双泵和变量泵供油或增设蓄能器;在系统处于保压停止工作时,应使泵卸荷等。

4)防止液压冲击。

在液压传动系统中,由于工作机构运动速度的变换、工作负荷的突然消失以及冲击负载等原因,经常会产生液压冲击而影响系统的正常工作。因此在拟定系统原理图时应予以充分重视,并采取相应的预防措施。如对由工作负载突然消失而引起的液压冲击,可在回油路上加背压阀;对由冲击负载产生的液压冲击,可在油路入口处设置安全阀或蓄能器等。

9.1.3 液压传动系统的计算与元件选择

拟定完整的液压传动系统原理图之后,就可以根据选取的系统压力和执行元件的速度 - 时间循环图,计算和选择系统中所需的各种元件和管路。

(1)选择执行元件

初步确定了执行元件的最大外负载和系统的压力后,就可以对执行元件的主要尺寸和所需流量进行计算。计算时应从满足外负载和满足低速运动两方面的要求来考虑。

Ⅰ. 计算执行元件的有效工作压力

由于存在进油管路的压力损失和回油路的背压,所以有效工作压力比系统压力要低。

由图 9-4 所示为知,液压缸的有效工作压力 p_1 为

$$p_1 = p - \Delta p - p_0 \frac{A_2}{A_1} \tag{9-6}$$

液压马达的有效工作压力 p_M 为

$$p_M = p - \Delta p - p_0 \tag{9-7}$$

式中:p_1 为液压缸的有效工作压力(MPa);p_M 为液压马达的有效工作压力(MPa);p 为系统压力,即泵供油压力(MPa);Δp 为进油管路的压力损失(MPa),初步估计时,简单系统取 Δp = 0.2~0.5 MPa,复杂系统取 Δp = 0.5~1.5 MPa; p_0 为系统的背压,包括回油管路的压力损失(MPa),简单系统取 p_0 = 0.2~0.5 MPa,回油装背压阀时取 p_0 = 0.5~1.5 MPa; A_1 和 A_2 分别为液压缸进油腔和回油腔的的有效工作面积(m^2)。

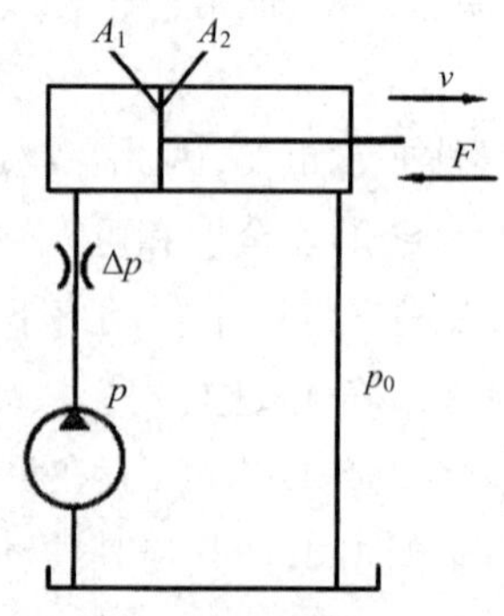

图 9-4 有效工作压力示意

Ⅱ. 计算液压缸的有效面积或液压马达的排量

1)从满足克服外负载要求出发,对于液压缸,有效面积为

$$A=\frac{F_{\max}}{p_1\eta_m\times10^6} \tag{9-8}$$

式中:A 为液压缸有效面积(m^2);$F_{\max}$ 为液压缸的最大负载(N);p_1 为液压缸的有效工作压力(MPa);η_m 为液压缸的机械效率,常取 0.9~0.98。

对于液压马达,其排量 V_M 应为

$$V_M=\frac{T_{\max}}{159p_M\eta_{mM}\times10^3} \tag{9-9}$$

式中:V_M 为液压马达排量(m^3/r);$T_{\max}$ 为液压马达的最大负载扭矩(N·m);p_M 为液压马达的有效工作压力(MPa);η_{mM} 为液压马达的机械效率,可取 0.95。

2)从满足最低速度要求,对于液压缸,有效面积为

$$A\geqslant\frac{q_{\min}}{v_{\min}} \tag{9-10}$$

式中:A 为液压缸有效面积(m^2);$q_{\min}$ 为系统的最小稳定流量,在节流调速系统中,取决于流量阀的最小稳定流量(m^3/s);$v_{\min}$ 为要求液压缸的最小工作速度(m/s)。

对于液压马达,其排量 V_M 为

$$V_M\geqslant\frac{q_{\min}}{n_{M\min}} \tag{9-11}$$

式中:$q_{\min}$ 为系统的最小稳定流量(m^3/s);$n_{M\min}$ 为要求液压马达的最低转速(r/s)。

从式(9-8)和式(9-10)中选取较大的计算值来计算液压缸的内径和活塞杆直径。对计算出的结果,按国家标准选用标准值。

从式(9-9)和式(9-11)中选取较大的计算值作为液压马达排量 V_M,然后结合液压马达的最大工作压力(p_M+p_0)(p_M+p_0)和工作转速 n_M,选择液压马达的具体型号。

3)计算执行元件所需流量。对于液压缸,所需最大流量为

$$q_{\max}=Av_{\max} \tag{9-12}$$

式中:$q_{\max}$ 为液压缸所需要最大流量(m^3/s);$v_{\max}$ 为液压缸活塞的最大移动速度(m/s)。

对于液压马达,所需最大流量为

$$q_{M\max}=V_Mn_{M\max} \tag{9-13}$$

式中:$q_{M\max}$ 为液压马达所需最大流量(m^3/s);$n_{M\max}$ 为液压马达的最大转速(r/s)

(2)选择液压泵

Ⅰ. 确定液压泵的流量

$$q_P=k\left(\sum q\right)_{\max} \tag{9-14}$$

式中:q_P 为液压泵流量(m^3/s);k 为系统泄漏系数,一般取 1.1~1.3,大流量取小值,小流量取大值);$(\sum q)_{\max}$ 为复合动作的各执行元件最大总流量(m^3/s),对于复杂系统,可从总流量循环图中求得。

当系统采用蓄能器,泵的流量可根据系统在一个循环周期中的平均流量选取,即

$$q_{\mathrm{P}}=\frac{k}{T}\sum_{i=1}^{n}V_i \tag{9-15}$$

式中：k 为系统泄漏系数；T 为工作周期（s）；V_i 为各执行元件在工作周期中所需的油液容积（m^3）；n 为执行元件的数目。

Ⅱ. 选择液压泵的规格

选取额定压力比系统压力（指稳态压力）高 25%~60%，流量与系统所需流量相当的液压泵。由于液压传动系统在工作过程中其瞬态压力有时比稳态压力高得多，因此选取的额定压力应比系统压力高一定值，以便泵有一定的压力储备。

Ⅲ. 确定液压泵所需功率

1）恒压系统。驱动液压泵的功率为

$$P_{\mathrm{P}}=\frac{p_{\mathrm{P}}q_{\mathrm{P}}}{\eta_{\mathrm{P}}} \tag{9-16}$$

式中：P_{P} 为驱动功率；p_{P} 为最大工作压力；q_{P} 为流量；η_{P} 为总效率。

各种形式液压泵的总效率可参考表 9-2 估取，液压泵规格大，取大值，反之取小值；定量泵取大值，变量泵取小值。

表 9-2 液压泵的总效率

液压泵类型	齿轮泵	螺杆泵	叶片泵	柱塞泵
总效率	0.6~0.7	0.65~0.80	0.60~0.75	0.80~0.85

2）非恒压系统。当液压泵的压力和流量在工作循环中变化时，可按各工作阶段进行计算，然后用下式计算等效功率：

$$P=\sqrt{\frac{P_1^2t_1+P_2^2t_2+\cdots+P_n^2t_n}{t_1+t_2+\cdots+t_n}} \tag{9-17}$$

式中：P 为液压泵所需等效功率；P_1，P_2，…，P_n 为一个工作循环中各阶段所需的功率；t_1，t_2，…，t_n 为一个工作循环中各阶段所需的时间。

需注意：按等效功率选择电机时，必须对电机的超载量进行检验；当阶段最大功率大于等效功率并超过电机允许的过载范围时，电机容量应按最大功率选取。

（3）选择控制阀

对换向阀，应根据执行元件的动作要求、卸荷要求、换向平稳性和排除执行元件间的相互干扰等因素确定滑阀机能，然后再根据通过阀的最大流量、工作压力和操纵定位方式等选择其型号。

对溢流阀，主要根据最大工作压力和通过阀的最大流量等因素来选择，同时要求反应灵敏、超调量和卸荷压力小。

对流量控制阀，首先应根据调速要求确定阀的类型，然后按通过阀的最大和最小流量以及工作压力选择其型号。

另外，在选择各类阀时，还应注意各类阀连接的公称通径，在同一回路上应尽量采用相同的通径。

(4)选择液压辅件、确定油箱容量

过滤器、蓄能器等液压辅件可按第 6 章中有关原则选用,管道和管接头的规格尺寸可参照它所连接的液压元件接口处的尺寸决定。

油箱的容量必须满足液压传动系统的散热要求,可按第 6 章中的有关公式计算,但应注意,如果系统中有多个泵,则相关公式中液压泵的流量应为系统中各液压泵流量的总和。

9.1.4　液压传动系统的校核

(1)压力损失的计算

根据初步确定的管道尺寸和液压传动系统装配草图,就可以进行压力损失的计算。压力损失包括沿程压力损失和局部压力损失,即

$$\Delta p = \sum \Delta p_{\lambda} + \sum p_{\xi} \tag{9-18}$$

式中:Δp 为系统压力损失;$\sum \Delta p_{\lambda}$ 为沿程压力损失;$\sum p_{\xi}$ 为局部压力损失。

沿程压力损失是油液沿直管流动时的黏性阻力损失,一般比较小。局部压力损失是油液流经各种阀、管路截面突然变化处及弯管处的压力损失。在液压传动系统中,局部压力损失是主要的,必须加以重视。

沿程压力损失和局部压力损失的计算方法,可参考流体力学或有关液压传动设计手册。

在液压传动系统设计时,应尽量避免不必要的管路弯曲和节流,避免直径突变,减少管接头,采用元件集成化,以便减少压力损失。

(2)热平衡验算

液压传动系统工作时,由于工作油液流经各种液压元件和管路时将产生能量损失,这些能量损失最终转化为热能,从而使油液发热、油温升高,使泄漏增加、容积效率降低。为了保证液压传动系统良好的工作性能,应使最高油温保持在允许范围内,一般不超过 65 ℃。

液压传动系统产生的热量,主要包括液压泵和液压马达的功率损失,溢流阀的溢流损失,油液通过阀体及管道等的压力损失所产生的热量。

1)液压泵功率损失所产生的热量为

$$H_1 = P_{iP}(1-\eta_P) \tag{9-19}$$

式中:H_1 为液压泵功率损失产生的热量;P_{iP} 为液压泵输入功率;η_P 为液压泵总效率。

2)油液通过阀体的发热量为

$$H_2 = \sum_{i=1}^{n} \Delta p_i q_i \tag{9-20}$$

式中:H_2 为油液通过阀体发热量;Δp_i 为通过每个阀体压力降;q_i 为通过阀体流量。

3)管路损失及其他损失(包括液压执行元件)所产生的热量为

$$H_3 = (0.03 \sim 0.05)P_{iP} \tag{9-21}$$

式中:H_3 为管路损失及其他损失所产生的热量。

液压传动系统总发热为

$$H = H_1 + H_2 + H_3 \tag{9-22}$$

液压传动系统产生的热量,一部分保留在系统中使系统温度升高,另一部分经过冷却表面散发到空气中去。一般情况下,系统经过连续运转一个多小时后,就可以达到热平衡状态,此时系统油温不再上升,产生的热量全部由散热表面散发到空气中。因此,其热平衡方程式为

$$H = C_T A \Delta T \tag{9-23}$$

式中: H 为液压传动系统的总发热量; A 为油箱散热面积(m²),如果油箱三个边长的比例在 1∶1∶1~1∶2∶3 范围内,且油面高度为油箱高度的 80%,则 $A = 0.065 \cdot \sqrt[3]{V^2}$,其中 V 为油箱有效容积(L); ΔT 为系统的温升(℃),即系统到达热平衡时的油温与环境温度之差; C_T 为散热系数(kW/(m²·℃))。

对于散热系数 C_T:当自然冷却通风很差时, $C_T = (8 \sim 9) \times 10^{-3}$;自然冷却通风良好时, $C_T = (15 \sim 17.5) \times 10^{-3}$;当油箱用风扇冷却时, $C_T = 23 \times 10^{-3}$;用循环水冷却时, $C_T = (110 \sim 170) \times 10^{-3}$ 。

所以,系统的最高温升为

$$\Delta T = \frac{H}{C_T A} \tag{9-24}$$

计算所得的系统最高温升 ΔT 加上周围环境温度,不得超过最高油温允许范围。如果所算出的油温超过了最高油温的允许范围,就必须增大油箱的散热面积或使用冷却装置来降低油温。表 9-3 为典型液压设备的工作温度范围。

表 9-3 典型液压设备的工作温度范围

液压设备名称	正常工作温度 /℃	最高允许温度 /℃	油及油箱温升 /℃
机床	30~50	55~70	≤30~35
数控机床	30~50	55~70	25
金属加工机械	40~70	60~90	—
机车车辆	40~60	70~80	≤35~40
工程机械	50~80	70~90	≤30~35
船舶	30~60	80~90	≤30~35
液压试验台	45~50	~90	45

(3)液压冲击的验算

在液压传动系统中产生液压冲击的原因很多,如液压缸在高速运动时突然停止,换向阀迅速打开或关闭油路,液压执行元件受到大的冲击负载等都会产生液压冲击。因此,对于液压冲击,在设计液压传动系统时很难准确地计算,只能进行大致的验算,其具体的表达式可参考流体力学或有关的液压传动手册。在设计液压传动系统时,必须采取一些措施缓冲液压冲击,如采取在液压缸或液压马达的进出口设置过载阀,采用 H 型滑阀机能的换向阀等措施。

9.1.5　绘制液压传动系统工作图和编写技术文件

液压传动系统设计的最后阶段是绘制工作图和编写技术文件。

（1）绘制工作图

1）液压传动系统原理图，应附有液压元件明细表，各种元件规格、型号及压力阀、流量阀调整值，执行元件工作循环图，相应电磁铁和压力继电器的工作状态表。

2）元件集成块装配图和零件图。液压元件厂提供各种功能的集成块，一般情况下设计者只需选用并绘制集成块组合零件图。如果没有合适的集成块可供选用，则需专门设计。

3）泵站装配图和零件图。一般有标准化图，否则需要绘制其装配图和零件图。

4）非标准件的装配图和零件图。

5）管路装配图，应标明管道走向，注明尺寸、接头规格和装配技术要求等。

（2）编写技术文件

技术文件一般包括设计计算说明书，液压传动系统原理图，零部件目录表，标准件、通用件和外购件总表，技术说明，操作使用及维护说明书等内容。

9.2　液压传动系统设计实例

下面以组合机床为例，进一步说明液压传动系统设计计算的内容及步骤。

某厂气缸加工自动线上要求设计一台卧式单面多轴钻孔组合机床，机床有主轴 16 根，钻 14 个 Φ13.9 mm 的孔，2 个 Φ8.5 mm 的孔。工作循环：快速接近工件→工作速度→快速退回原位→停止。工件材料为铸铁，硬度为 HB240。假设运动部件的重力 $G = 9\ 800$ N；快进快退速度 $v = 0.1$ m/s；动力滑台采用平导轨，静摩擦系数 $f_s = 0.2$，动摩擦因数 $f_d = 0.1$；往复运动的加速、减速时间为 0.2 s；快进行程 $L_1 = 100$ mm，工作行程 $L_2 = 50$ mm。试设计计算其液压传动系统。

该卧式单面多轴钻孔组合机床的液压传动系统设计计算如下。

（1）绘制 F-t 和 v-t 图

Ⅰ. 计算切削阻力

钻铸铁孔时，其轴向切削阻力计算公式为

$$F_e = 25.5DS^{0.8}\left(HB\right)^{0.6} \tag{9-25}$$

式中：F_e 为钻削力（N）；D 为孔径（mm）；S 为每转进给量（mm/r）；HB 为布氏硬度。

选择切削用量：钻 Φ13.9 mm 孔时，主轴转速 $n_1 = 360$ r/min，每转进给量 $S_1 = 0.147$ mm/r；钻 Φ8.5 mm 孔时，主轴转速 $n_2 = 550$ r/min，每转进给量 $S_2 = 0.096$ mm/r。则

$$\begin{aligned} F_e &= 14\times 25.5D_1S_1^{0.8}\left(HB\right)^{0.6} + 2\times 25.5D_2S_2^{0.8}\left(HB\right)^{0.6} \\ &= 14\times 25.5\times 13.9\times 0.147^{0.8}\times 240^{0.6} + 2\times 25.5\times 8.5\times 0.096^{0.8}\times 240^{0.6} \\ &= 30\ 500\ (\text{N}) \end{aligned}$$

Ⅱ. 计算摩擦阻力

静摩擦阻力：　$F_s = f_s G = 0.2 \times 9\ 800 = 1\ 960\ (\mathrm{N})$

动摩擦阻力：　$F_d = f_d G = 0.1 \times 9\ 800 = 980\ (\mathrm{N})$

Ⅲ. 计算惯性阻力

$$F_m = ma = \frac{G}{g} \cdot \frac{\Delta v}{\Delta t} = \frac{9\ 800}{9.8}\frac{0.1}{0.2} = 500\ (\mathrm{N})$$

Ⅳ. 计算工进速度

工进速度可分别按加工 $\Phi13.9$ mm 的孔和 $\Phi8.5$ mm 的孔的切削用量计算，即

$$v_2 = n_1 S_1 = 360 / 60 \times 0.147 = 0.88\ (\mathrm{mm/s})$$

$$v_2' = n_2 S_2 = 550 / 60 \times 0.096 = 0.88\ (\mathrm{mm/s})$$

根据以上分析计算，各工况负载见表 9-4。

表 9-4　液压缸负载的计算

工况	计算式	液压缸负载 F/N	液压缸驱动力 F_0/N
启动	$f_s G$	1 960	2 180
加速	$f_d G + F_m$	1 480	1 650
快进	$f_d G$	980	1 090
工进	$F_e + F_d$	31 480	35 000
反向启动	$f_s G$	1 960	2 180
加速	$f_d G + F_m$	1 480	1 650
快退	$f_d G$	980	1 090
制动	$f_d G - F_m$	480	532

注：表中 $F_0 = F / \eta_m$，η_m 为液压缸的机械效率，取 0.9。

Ⅴ. 计算快进、工进时间和快退时间

快进：　$t_1 = L_1 / v_1 = 100 \times 10^{-3} / 0.1 = 1\ (\mathrm{s})$

工进：　$t_2 = L_2 / v_2 = 50 \times 10^{-3} / 0.88 \times 10^{-3} = 56.8\ (\mathrm{s})$

快退：　$t_3 = (L_1 + L_2) / v_1 = (100 + 50) \times 10^{-3} / 0.1 = 1.5\ (\mathrm{s})$

Ⅳ. 绘制液压缸的 F-t 和 v-t 图

根据上述计算数据，绘制液压缸的 F-t 和 v-t 图，如图 9-5 所示。

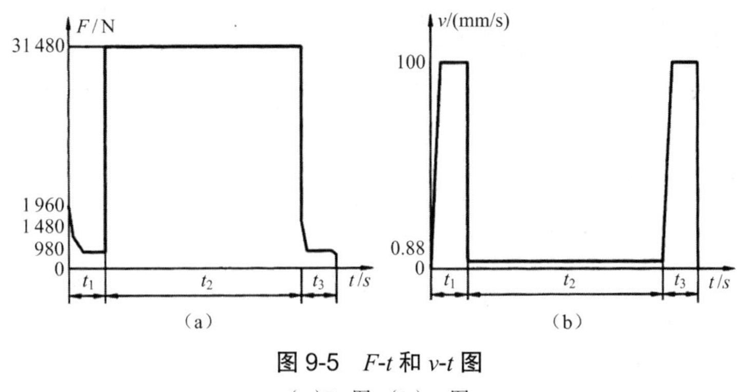

图 9-5　F-t 和 v-t 图

(a)F-t 图　(b)v-t 图

(2)确定液压传动系统参数

Ⅰ. 初选液压缸工作压力

由工况分析可知,工进阶段的负载力最大,所以液压缸的工作压力按此负载压力算。根据液压缸与负载的关系,选 $p_1 = 40 \times 10^5$ Pa。本机床为钻孔组合机床,为防止钻通时发生前冲现象,液压缸回油腔应有背压,设背压 $p_2 = 6 \times 10^5$ Pa,为使快进快退速度相等,选用 $A_1 = 2A_2$ 差动油缸,假定快进、快退的回油压力损失为 $\Delta p = 7 \times 10^5$ Pa。

Ⅱ. 计算液压缸尺寸

由工进工况出发,计算油缸大腔面积,由 $(p_1A_1 - p_2A_2)\eta_m = F$ 得

$$A_1 = \frac{F}{\eta_m\left(p_1 - \frac{p_2}{2}\right)} = \frac{31\,480}{0.9\times\left(40 - \frac{6}{2}\right)} = 94.5\times10^{-4}\ (\text{m}^2) = 94.5\ (\text{cm}^2)$$

液压缸直径为

$$D = \sqrt{\frac{4A_1}{\pi}} = \sqrt{\frac{4\times94.5}{3.14}} = 10.97\ (\text{cm})$$,取标准直径 $D = 110$(mm)

因为 $A_1 = 2A_2$,所以

$$d = \frac{D}{\sqrt{2}} = 0.707\times110 = 77.8\ (\text{mm})$$,取标准直径 $d = 80$(mm)

则液压缸有效面积为

$$A_1 = \frac{\pi}{4}D^2 = \frac{\pi}{4}\times11^2 = 95\ (\text{cm}^2)$$

$$A_2 = \frac{\pi}{4}(D^2 - d^2) = \frac{\pi}{4}\times(11^2 - 8^2) = 44.7\ (\text{cm}^2)$$

Ⅲ. 计算液压缸工作循环中各阶段的压力、流量和功率使用值

液压缸工作循环各阶段压力、流量和功率计算结果见表 9-5。

表 9-5 液压缸工作循环各阶段的压力、流量和功率计算

工况		计算式	F/N	p_2/Pa	p_1/Pa	q/(m³/s)	P/kW
快进	启动	$p_1=\dfrac{F+A_2\Delta p}{A_1-A_2}$ $q=(A_1-A_2)v_1$ $P=p_1q\times10^{-3}$	2 180	0	4.6×10^5	0.5×10^{-3}	—
	加速		1 650	7×10^5	10.5×10^5		—
	快进		1 090	—	9×10^5		0.5
工进	—	$p_1=\dfrac{F+A_2p_2}{A_1}$ $q=A_1v_2$ $P=p_1q\times10^{-3}$	3 500	6×10^5	40×10^5	0.83×10^2	0.033
快退	反向启动	$p_1=\dfrac{F+A_1p_2}{A_2}$ $q=A_2v_1$ $P=p_1q\times10^{-3}$	2 180	0	4.6×10^5	—	—
	加速		1 650	—	17.5×10^5	—	—
	快退		1 090	7×10^5	16.4×10^5	0.5×10^{-3}	0.8
	制动		532	—	15.2×10^5	—	—

Ⅳ. 绘制液压缸工况图

根据表 9-5 可绘制出液压缸的工况图，如图 9-6 所示。

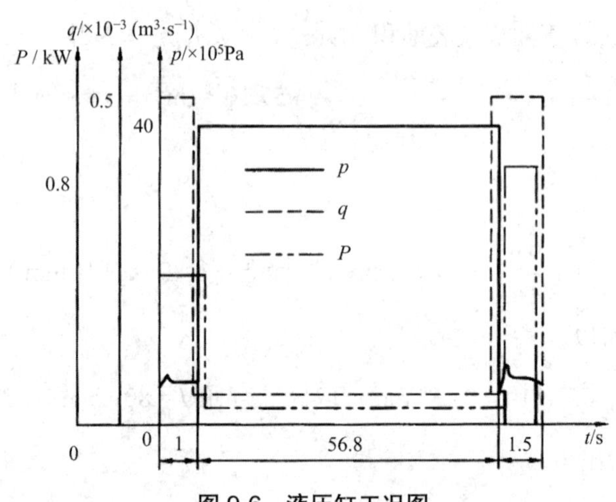

图 9-6 液压缸工况图

(3) 拟定液压传动系统图

Ⅰ. 选择液压回路

1) 调速方式。由工况图可知，该液压传动系统功率小，工作负载变化小，可选用进油路节流调速，为防止钻孔时的前冲现象，在回油路上加背压阀。

2) 液压泵形式的选择。由 q-t 图可知，系统工作循环主要包括低压大流量和高压小流量两个阶段，最大流量与最小流量之比 $q_{\max}/q_{\min}=0.5/0.83\times10^{-2}\approx60$，其相应的时间比 $t_2/t_1=56.8$。根据该情况，选叶片泵较适宜。在本方案中，选用双联叶片泵。

3) 速度换接方式。因钻孔工序对位置精度及工作平稳性要求不高，可选用行程调速阀

或电磁换向阀。

4)快速与工进转快退控制方式选择。为使快进快退速度相等,选用差动回路作快速回路。

Ⅱ. 绘制液压传动系统图

在所选定基本回路的基础上,再考虑其他有关因素,便组成如图 9-7 所示的液压传动系统。

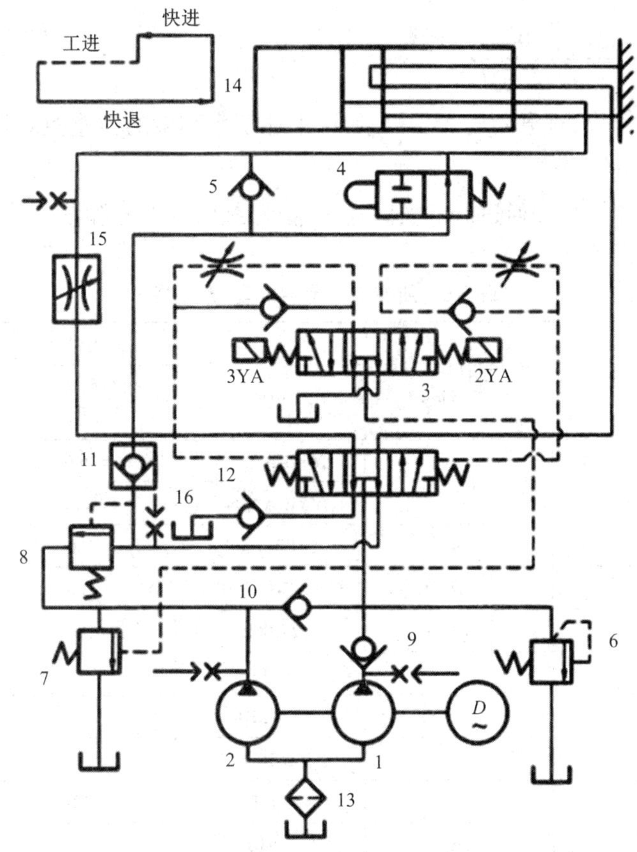

图 9-7 液压系统原理

(4)选择液压元件

Ⅰ. 选择液压泵和电动机

1)确定液压泵的工作压力。液压缸最大压力为 40×10^5 Pa 时,选取进油管路压力损失 $\Delta p=5\times10^5$ Pa,其调整压力一般比最大工作压力大 5×10^5 Pa,高压小流量泵工作压力为

$$p_1=(40+5+5)\times10^5=50\times10^5\ (\text{Pa})$$

由图 9-7 可知液压缸快退时工作压力损失 $\Delta p'=4\times10^5$ Pa,此时低压大流量泵压力为

$$p_2=(17.5+4)\times10^5=21.5\times10^5\ (\text{Pa})$$

2)液压泵的流量。由图 9-6 工况图可知,快进时的流量最大,其值为 30 L/min,最小流量在工进时,其值为 0.51 L/min,取系统泄漏折算系数 $k=1.2$,则液压泵最大流量应为

$$q_{\text{Pmax}} = 1.2 \times 30 \times 10^{-3} = 36\ (\text{L/min})$$

由于溢流阀稳定工作时的最小溢流量为 3 L/min,故小泵流量取 3.6 L/min。

3)确定液压泵型号。根据以上计算数据查阅产品目录,选用 YYB-AA36/6B 型双联叶片泵。

4)选择电动机。工况图中快退时液压缸输出功率最大为 0.78 kW,此时泵输出压力 p_2= 2.15 MPa,流量 q_P = 36+6 = 42(L/min)= 0.7 × 10^{-3}(m^3/s)。取泵的总效率为 0.7,则电动机功率为

$$P = \frac{p_2 q_P}{\eta_P} = \frac{21.3 \times 10^5 \times 0.7 \times 10^{-3}}{0.7} = 2\ 130\ (\text{W})$$

根据以上计算结果,查电动机产品目录,选上述功率和泵的转速相适应的电动机。

Ⅱ. 选择其他元件

根据系统的工作压力和通过阀的实际流量选择元件,其型号和参数见表 9-6。

表 9-6 所选液压元件的型号、规格

序号	元件名称	通过阀的最大流量/(L/min)	规格		
			型号	公称流量/(L/min)	公称压力/(MPa)
1	双联叶片泵	—	YYB-AA36/6	36/6	6.3
2	双联叶片泵	—	YYB-AA36/6	36/6	6.3
3	三位五通电液换向阀	84	35DY-100B	100	6.3
4	行程阀	84	22 C-100BH	100	6.3
5	单向阀	84	1-100B	100	6.3
6	溢流阀	6	Y-10B	10	6.3
7	顺序阀	36	XY-25B	25	6.3
8	背压阀	≈1	B-10B	10	6.3
9	单向阀	6	1-10B	10	6.3
10	单向阀	36	1-63B	63	6.3
11	单向阀	42	1-63B	63	6.3
12	单向阀	84	1-100B	100	6.3
13	滤油器	42	XU-40 × 100	—	—
14	液压缸	—	SG-E110 × 180 L	—	—
15	调速阀	—	q-6B	6	6.3
16	压力表开关	—	K-6B	—	—

Ⅲ. 确定管道尺寸

根据工作压力和流量,按照第 6 章中的相关公式可确定出管道内径和壁厚。

Ⅳ. 确定油箱容量

油箱容量可按经验公式估算，本例中取 $V=(5\sim7)q_{\mathrm{P}}$，即 $V=6q_{\mathrm{P}}=6\times42=252$（L）。

（5）液压传动系统的发热与温升验算

由前述的计算可知，在整个工作循环中，工进时间为 56.8 s，快进时间为 1 s，快退时间为 1.5 s。工进所占比重大约为 96%，所以系统的发热和油液的升温可用工进时的情况来分析。

工进时，液压缸的负载 $F=31\,480$ N，移动速度为 $v=0.88\times10^{-3}$ m/s，故其有效输出功率为

$$P=Fv=31\,480\times0.88\times10^{-3}(\mathrm{W})=27.7(\mathrm{W})=0.027\,7(\mathrm{kW})$$

液压泵输出的功率为

$$P_{\mathrm{P}}=\frac{p_1\times q_1+p_2\times q_2}{\eta_{\mathrm{P}}}$$

式中：p_1 和 p_2 分别为小流量泵 1 和大流量泵 2 的工作压力，其中力 $p_1=5$ MPa，$p_2=3\times10^5\times(36/63)=0.098$ MPa 此值为大流量泵通过顺序阀 7 的卸荷损失；q_1 和 q_2 分别为小流量泵 1 和大流量泵 2 的输出流量，其中 $q_1=6$ L/min，$q_2=36$ L/min；η_{P} 为液压泵总效率为 0.7。

液压泵工作压力为

$$P_{\mathrm{P}}=\frac{1}{0.75}\left[50\times10^5\times\frac{6\times10^{-3}}{60}+0.98\times10^5\times\frac{36\times10^{-3}}{60}\right]=0.75\ (\mathrm{kW})$$

由此得液压传动系统的发热量为

$$H=P_{\mathrm{P}}-P=0.75-0.0277=0.72\ (\mathrm{kW})$$

只考虑油箱的散热，其中油箱散热面积为

$$A=0.065\sqrt[3]{252^2}=2.59\ (\mathrm{m}^3)$$

取油箱传热系数 $C_{\mathrm{T}}=13\times10^{-3}$，则油箱的温升为

$$\Delta T=\frac{H}{C_{\mathrm{T}}A}=\frac{0.72}{13\times10^{-3}\times2.59}=21.4\ (^\circ\mathrm{C})$$

验算结论：油液升值没有超过允许值，系统无须添设冷却器。

思考题与习题

9-1 设计液压传动系统的依据和步骤是什么？

9-2 对液压传动系统进行验算时，应包括哪些方面？

9-3 一台专用铣床，铣头驱动电机的功率为 7.5 kw，铣刀直径为 120 mm，转速为 350 r/min；工作台重量为 4 000 N，工件和夹具的最大重量为 1 500 N，工作台行程为 400 mm，快进速度为 4.5 m/min；工件速度为 60~1 000 mm/min，其往复运动的加速（减速）时间为 0.05 s；工作台用平导轨，其静摩擦系数和动摩擦系数分别为 0.2 和 0.1。试设计该铣床的液压传动系统。

第 10 章　液压伺服控制系统

被控制量（输出量）能够自动、准确、快速地复现输入量变化，并具有反馈的控制方式称为伺服控制。控制元件和执行元件均采用液压元件的伺服控制系统称为液压伺服控制系统，它是建立在液压传动和自动控制理论基础上的一种自动控制系统。液压伺服系统能够对输入信号进行放大和变换。

10.1　液压伺服系统概述

10.1.1　液压伺服系统的工作原理

以车床液压仿形刀架为例，说明液压伺服系统的工作原理和工作特点。如图 10-1 所示，液压仿形刀架倾斜安装在车床溜板 5 的后方，工作时随溜板纵向进给，并按样件 12 的轮廓形状车削工件 1。

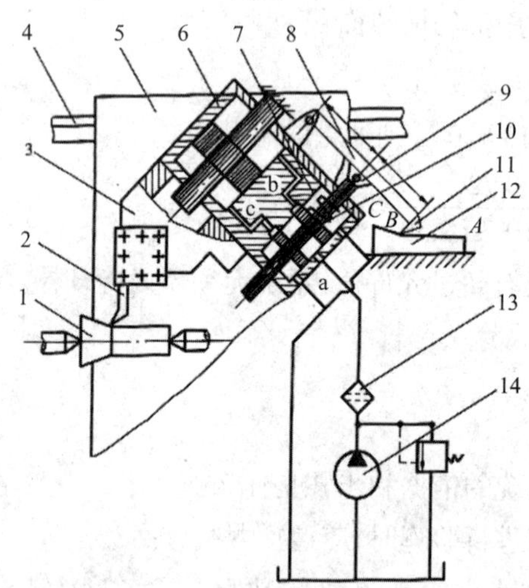

图 10-1　车床液压仿形刀架工作原理

1—工件；2—车刀；3—刀架；4—导轨；5—溜板；6—缸体；7—阀体；8—杠杆；9—杆；10—阀芯；11—触销；12—样件；13—滤油器；14—泵

仿形刀架液压缸的活塞杆固定在刀架的底座上，液压缸的缸体 6、伺服阀的阀体 7 和刀架 3 连成一体，可在刀架底座的导轨上沿液压缸轴向运动。样件 12 安装在机床后侧的支架上固定不动。位置指令由样件给出，伺服阀的阀芯 10 在弹簧作用下，通过杆 9，使杠杆 8 的触销 11 紧压在样件上，将样件发出的指令送到伺服阀。

车削圆柱表面时，溜板沿着导轨 4 纵向移动。杠杆触销在样件 *AB* 面上滑动，对触销没有输入信号，伺服阀的阀口不打开，刀架只随溜板做纵向运动，车刀在工件上车出圆柱面。车削圆锥面时，触销受样件 *BC* 面的作用，使杠杆绕着与缸体铰接支点向上方（逆时针方向）摆动，从而带动伺服阀芯相对于阀体上移将阀口打开，压力油由 a 经 b 进入液压缸上腔，推动缸体连同阀体和刀架沿液压缸轴向后退做仿形运动且使阀口逐渐关小直至完全关闭。在溜板保持纵向运动的同时，触销沿着样板 *BC* 面逐渐抬起，刀架也相应保持仿形运动。刀架纵向运动与仿形运动的合成使得刀具在工件上车削出与样件相同的圆锥面。其他曲面形状或凸肩的车削同理，如图 10-2 所示。

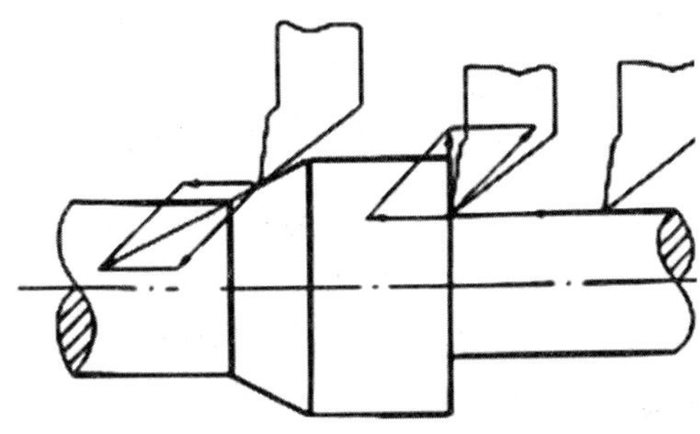

图 10-2　进给运动合成示意

由此可知，液压伺服系统具有以下工作特点。

（1）跟随作用

刀架（液压缸）输出位移能够迅速、准确地跟随触销的输入位移而形成一个自动跟踪系统，也称随动系统。

（2）反馈控制

触销经杠杆使伺服阀口打开（输入），由于阀体与缸体、刀架的固定连接，刀架的运动（输出）又经杠杆使阀口关小趋向复原而形成负反馈。由于系统的输出输入之间存在反馈连接，从而构成一个闭环伺服控制系统。

（3）靠偏差工作

刀架的输出位移必须落后于阀芯的输入位移产生偏差，此偏差即为伺服阀的开口量。欲使刀架（液压缸）工作，须有偏差存在，偏差信号控制液压能源进入液压缸的能量，使其向减小这个偏差的方向运动，力图消除偏差。但在刀架做仿形运动的任何时刻，都不能完全消除这个偏差。所以，液压伺服系统是靠偏差进行工作的。

（4）放大作用

推动触销所需的功率很小，而仿形液压缸输出的功率却很大，因此液压伺服系统又是一个功率放大装置。功率放大所需的能量由液压能源提供。

10.1.2 液压伺服控制系统的组成

液压伺服系统由若干个基本元件组成，这些元件在液压伺服系统中完成信号输入、信号比较、信号放大与控制、输出控制信号、传递反馈信号等功能。由图 10-3 可知，液压伺服系统由以下元件组成。

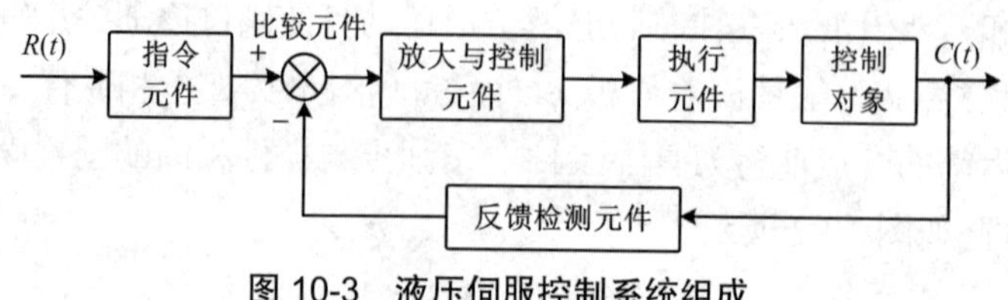

图 10-3 液压伺服控制系统组成

（1）指令元件

指令元件也称给定元件，给出输入信号（指令信号）加在系统的输入端。该信号可以是其他机械装置（如车床液压仿形中的样件）、电气装置、计算机。

（2）反馈检测元件

反馈检测元用于检测系统输出量，并将其转换成与输入信号形式和量纲相同的反馈信号，如杠杆、测速发电机等传感器。

（3）比较元件

比较元件用于将系统的输入信号与反馈信号进行比较，给出偏差信号。比较元件与同一结构元件共同完成输入、反馈、比较、放大等功能。

（4）放大与控制元件

放大与控制元件用于将接受的偏差信号放大，然后转换成所需的液压控制信号，以控制执行元件的运动。伺服阀是最常见的放大与控制元件。

（5）执行元件

执行元件用于产生对诸如液压缸、液压马达等被控对象的控制信号。

（6）控制对象

控制对象用于接受系统控制信号并输出被控制量，如工作台、仿形刀架等负载。

放大与控制元件、执行元件和负载在系统中是密切相关的，三者组合而成的液压动力机构，是液压伺服系统的核心。此外，系统中还有不包括在控制回路内的能源装置、校正装置以及其他辅助元件。

10.1.3 液压伺服控制系统的分类

液压伺服系统常见的分类方法如下。

1）按被控物理量分类：位置控制系统、速度控制系统、力控制系统等。

2）按传递信息元件分类：电液伺服系统、机液伺服系统、气液伺服系统等。

3）按液压控制元件分类：阀控系统（利用节流原理，由伺服阀控制进入执行元件的流量和压力）、泵控系统（利用伺服变量泵改变排量，控制进入执行元件的流量和压力）。

液压伺服系统除了具有液压传动系统的各种优点外，还有质量轻、体积小、响应速度快、抗负载刚性大、控制精度高等优点，因此广泛应用于国防、航天、航空、冶金、机械、船舶等工业部门，已在自动化技术领域占据重要地位。随着计算机技术与电子技术、液压技术进一步融合，液压伺服控制技术将会显示出更大的优越性，其应用前景将更加美好。

10.2　典型液压放大与控制元件

液压伺服阀与液压伺服变量泵是液压放大元件与控制元件，其特性对液压伺服系统的性能影响很大。其中，伺服阀是最重要、最基本的放大与控制元件，甚至控制了伺服变量泵的变量机构。液压伺服阀肩负"功率放大"与"能量转换"双重任务，仅以输入较小的机械控制功率即可控制的很大输出端的液压功率，起着"四两拨千斤"的功率放大作用，而且将机械能转换成液压能。当需要的输出功率巨大、单机放大无法完成时，还可采用两级、三级甚至多级液压伺服阀。

液压式伺服系统最常用的伺服阀，根据结构不同，分为滑阀和喷嘴挡板阀。滑阀一般用于单级伺服阀使用，喷嘴挡板阀则一般用于双级、多级伺服阀中的前置放大级。滑阀与喷嘴挡板阀都是节流式放大器，二者都是利用改变液流回路中节流孔的阻抗进行流体动力控制的。

10.2.1　滑阀

(1)滑阀的分类

滑阀因具有最优良的控制性能，因而液压伺服系统中被广泛应用。滑阀的分类方法如下。

1)按液流进入和流出滑阀的通道数目，可分为二通、三四通滑阀。

2)按滑阀的节流工作边数，可分为单边(图 10-4(a))、双边(图 10-4(b))和四边滑阀(图 10-4(c))。

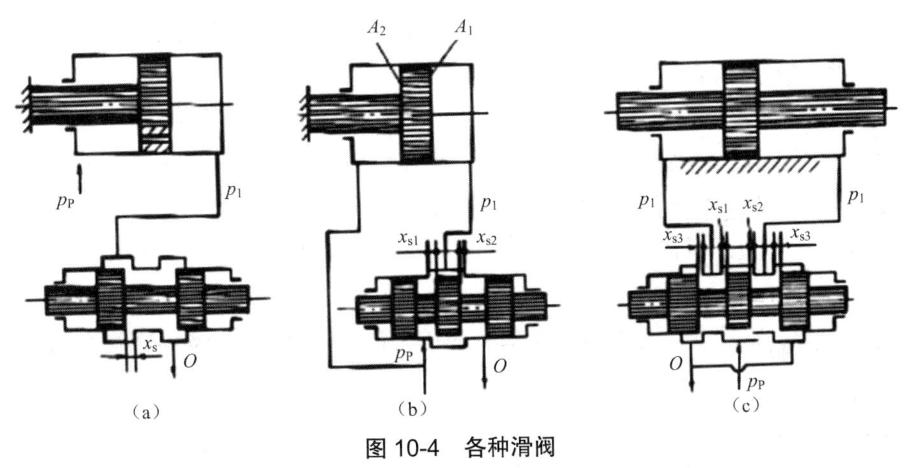

图 10-4　各种滑阀

(a)单边　(b)双边　(c)四边

3)按滑阀在零位(中间位)时,阀芯台肩与阀套槽宽的相对位置关系,可分为三种开口形式:负开口($x_s<0$, x_s 为阀芯位移)、零开口($x_s=0$)、正开口($x_s>0$)滑阀,如图 10-5 所示。开口形式对滑阀的流量特性影响很大,其中零开口滑阀的流量特性是线性的。

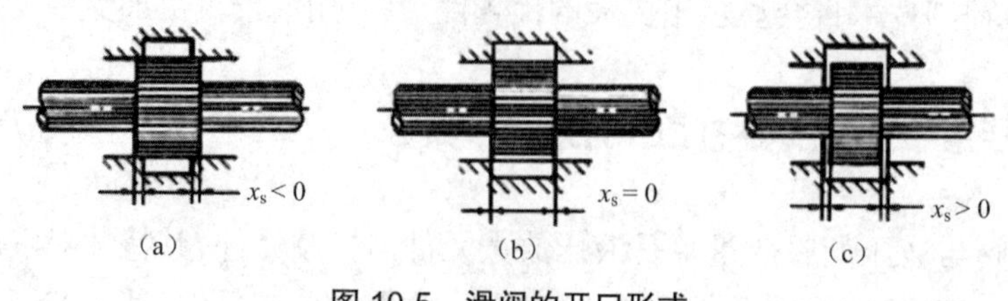

图 10-5 滑阀的开口形式

(a)负开口 (b)零开口 (c)正开口

(2)各类滑阀的工作原理

1)单边滑阀的工作原理。通过移动阀芯改变滑阀节流口开口量 x_s 时,即可控制液压缸右腔压力 p_1 及左右两腔的压力差 p_P-p_1,从而改变缸体运动的速度和方向。

2)双边滑阀的工作原理如图 10-4(b)所示。双边滑阀控制有两个节流工作边,具有压力 p_P 的压力油一路进入液压缸的左腔,另一路经滑阀工作边开口 x_{s1} 压力降至 p_1 后作用在液压缸右腔,并经另一节流口 x_{s2} 流回油箱。若滑阀处于零位,液压缸静止不动。当阀芯有一个小位移时, x_{s1} 与 x_{s2} 呈相反方向变化,从而控制了液压缸右腔的压力,最终改变了缸体的运动方向和速度。

3)四边滑阀的工作原理如图 10-4(c)所示。四边滑阀控制有四个节流工作边, x_{s1} 与 x_{s2} 分别控制压力油进入液压缸左、右两腔, x_{s3} 与 x_{s4} 分别控制液压缸的左、右腔接油箱。当滑阀处于零位时,液压缸左、右两腔压力相等,液压缸静止不动。当阀芯有一个小位移时, x_{s1}、x_{s4} 与 x_{s2}、x_{s3} 呈相反方向变化,从而控制了液压缸右腔的压力和流量,最终改变了缸体的运动方向和速度。

由以上分析可知,单边和双边滑阀只有一个负载通道,也就只能控制非对称液压缸(如单杆活塞液压缸)的往复运动;四边滑阀有两个负载通道,可控制对称液压缸(如双杆液压缸)或非对称液压缸的运动。在上述三种滑阀中,四边阀因其控制性能最好而被广泛采用,但其结构工艺较为复杂。

(3)滑阀的静特性

滑阀的静特性是指在稳态情况下,阀的负载流量 q_1、负载压力 p_1、和阀芯位移 x_s 三者之间的关系,即滑阀的压力 - 流量特性。滑阀的静特性也可用阀的特性系数(简称阀系数)来表示。滑阀的静特性可用解析法求得,也可通过实验方法测得。

Ⅰ. 理想零开口四边滑阀的压力 - 流量特性

滑阀的压力 - 流量特性反映了滑阀本身的工作能力和性能,对液压伺服控制的静、动态特性分析具有重要意义。滑阀的压力 - 流量特性,即

$$q_L=f(p_L,x_s)$$

现以零开口四边滑阀为例(图 10-6)。分析前先做如下假设:油液不可压缩;油源压力

p_P 恒定;滑阀阀芯与阀套之间的径向间隙为零;所有节流工作边均为锐利边;四个节流窗口匹配且对称;滑阀各节流口的流量系数 C_d 均相等;只考虑液流流经节流口时产生压力损失,其他压力损失忽略不计。

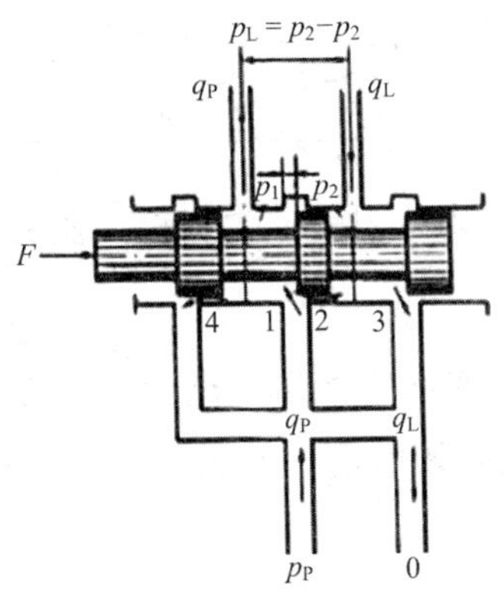

图 10-6　零开口四边滑阀

1、2、3、4—阀口

当滑阀阀芯自零位向右移动 x_s 时,阀口 1、3 打开,2、4 关闭。供油压力为 p_P,回油压力约等于 0,通往负载液压缸两腔的液压压力分别为 p_1、p_2,负载两端压降 $p_L=p_1-p_2$。供油量为 q_P,流过负载的流量为 q_L,通过滑阀进油、回油窗口的流量可由节流孔流量方程来描述:

$$q_1=C_dA_1\sqrt{\frac{2}{\rho}(p_P-p_1)},\ q_3=C_dA_3\sqrt{\frac{2}{\rho}p_2}$$

式中:A_1、A_3 分别为进油、回油窗口 1、3 处的截面面积。

由假设可知,节流窗口是匹配的,则 $A_1=A_2$,$q_1=q_3=q_L$,故有 $p_P=p_1+p_2$。又因 $p_L=p_1-p_2$,故

$$p_1=\frac{p_P+p_L}{2},\ p_2=\frac{p_P-p_L}{2}$$

考虑到矩形节流窗口面积 A 是其宽度 W 与开度 x_s 之乘积,理想零开口四边滑阀的压力 - 流量特性曲线(图 10-7)及压力 - 流量特性方程为

$$q_L=C_dW\cdot x_s\sqrt{\frac{p_P-p_L}{\rho}} \tag{10-1}$$

当滑阀阀芯自零位向左移动 x_s 时,同理可得到反向滑阀的压力 - 流量特性曲线,该曲线位于第三象限且与第一象限的图像以坐标系原点为对称点。

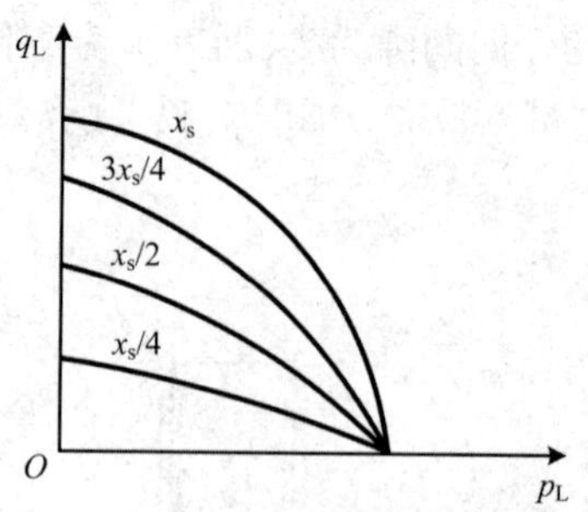

图 10-7 零开口四边滑阀的压力 - 流量特性曲线

Ⅱ. 滑阀的特性系数

滑阀的压力 - 流量特性方程是非线性的，为了便于分析，须先将该非线性方程方程线性化。采用小增量线性化的方法，将函数 $q_L = f(p_L, x_s)$ 在某一特定工作点附近展成泰勒级数一次近似式，即

$$\Delta q_L = \frac{\partial q_L}{\partial x_s}\Delta x_s + \frac{\partial q_L}{\partial p_L}\Delta p_L \tag{10-2}$$

这就是以增量形式表示的滑阀压力 - 流量特性方程的线性化表达式。也可用阀的特性系数来表示。现定义三个阀系数。

1）流量放大系数 K_q。流量放大系数也称流量增益，它表示负载压力一定时，阀芯单位输入位移引起的负载变化量的大小。

$$K_q = \frac{\partial q_L}{\partial x_s} = C_d W\sqrt{\frac{p_P - p_L}{\rho}}$$

2）流量 - 压力系数 K_C。流量 - 压力系数为滑阀开口一定时，负载压力变化引起的负载流量变化的大小。

$$K_C = -\frac{\partial q_L}{\partial p_L} = \frac{C_d W \cdot x_s}{2\sqrt{\rho(p_P - p_L)}}$$

3）压力放大系数 K_p。当负载流量不变时，即 $q_L = 0$，阀芯单位输入位移引起的负载压力变化大小。

$$K_p = -\frac{\partial p_L}{\partial x_s} = \frac{-\dfrac{\partial q_L}{\partial x_s}}{\dfrac{\partial q_L}{\partial p_L}} = \frac{K_q}{K_C} = \frac{2(p_P - p_L)}{x_s}$$

从阀系数的表达式可以看出，阀系数大小因滑阀工作点不同而不同。滑阀最重要的工作点是压力 - 流量特性曲线的原点，即 q_L、p_L、x_s 均为零。在原点附近的阀系数称为零位阀系数，对于理想零开口四边阀，有

$$K_{q0} = C_d W\sqrt{\frac{p_P}{\rho}}, K_{C0} = 0, K_{p0} = \infty$$

原点处的流量增益最大，流量压力系数最小，故系统的开环增益最大、阻尼最小。所以，从动态稳定性来看，零位特性对系统稳定性是关键的，系统在零位稳定，则在其他工作点必

然稳定。由于滑阀阀芯与阀套之间的径向间隙客观存在，所以在原点处因泄漏导致流量 - 压力系数 K_{C0} 不为零，压力放大系数 K_{q0} 也不为无穷大。若滑阀的工作点在原点，则增量与变量相等，线性化的压力 - 流量特性方程可去掉增量符号“Δ”，并带入阀系数写成：

$$q_L = K_q x_s - K_C p_L \tag{10-3}$$

上述滑阀的压力 - 流量特性和阀系数的分析方法也可用于其他以节流原理工作的控制阀，如喷嘴挡板阀等。

10.2.2　喷嘴挡板阀

单喷嘴挡板阀的结构原理如图 10-8 所示，其由喷嘴 1、挡板 2、活塞 3、中间油室 b 和固定节流孔 a 等组成。其中喷嘴与挡板构成一个可变节流孔。在系统供油压力 p_P 的作用下，工作油腔经固定节流孔和中间油室后，一路到达负载腔（液压缸无杆腔），另一路经喷嘴、喷嘴断面与挡板之间的间隙 δ 排回油箱。在输入控制信号作用下，挡板位置改变，间隙 δ 大小及可变节流孔面积随之改变，通过喷嘴的流量将发生变化。由于其前面有恒压油源及固定节流孔，所以中间油室内的压力 p_1 将同时发生变化，从而使执行机构运动。用小功率操纵挡板，即可在喷嘴挡板阀的输出端得到很大的流体功率 $P = p_1 q_1$。

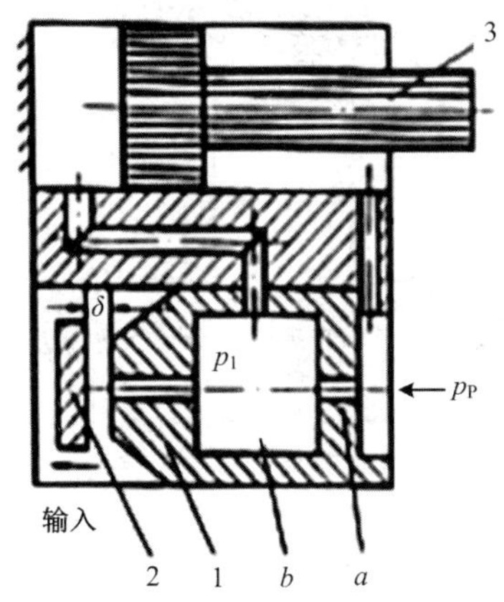

图 10-8　单喷嘴挡板阀结构原理图

1—喷嘴；2—挡板；3—活塞

双喷嘴挡板阀则是由两个结构相同的单喷嘴挡板阀组合而成，挡板在两个喷嘴之间或静止或推挽，即可实现用小功率操纵挡板，在喷嘴挡板阀的输出端得到很大的流体功率之目的。

与滑阀相比，喷嘴挡板阀具有结构简单、加工公差宽、制造难度小、运动部件惯性小、位移量小、动态响应快、灵敏度高、对油液污染不敏感等优点。但因喷嘴的泄漏，导致其功率损失较大，一般适用于低功率系统，如多级伺服阀的前置放大级。

10.3 液压动力机构

液压动力机构是指由液压放大元件、液压执行元件和负载组合而成的液压装置。液压放大元件可以是液压伺服阀和伺服变量泵,液压执行元件可以是液压缸和液压马达。按照放大元件和执行元件的不同组合,有四种常见动力机构的结构形式:阀控液压缸、阀控液压马达、泵控液压缸以及泵空液压马达。虽然各自组成不尽相同,但性能基本相似。对大多数液压伺服系统而言,动力机构均为关键环节,其动态特性在很大程度上决定整个系统性能,因此分析液压动力机构的特性是分析整个液压控制系统的基础。现以零开口四边滑阀与对称液压缸组成的动力机构为例,简要介绍其动态特性和主要性能参数的分析方法。

阀控缸系统的原理如图 10-9 所示(不包括杠杆)。该系统一般以伺服滑阀的位移 x_s 作为输入信号,阀的压力输出推动液压缸克服负载阻力,阀的流量输出使液压缸具有运动速度,液压缸的输出位移 x 即为阀控缸系统的输出。

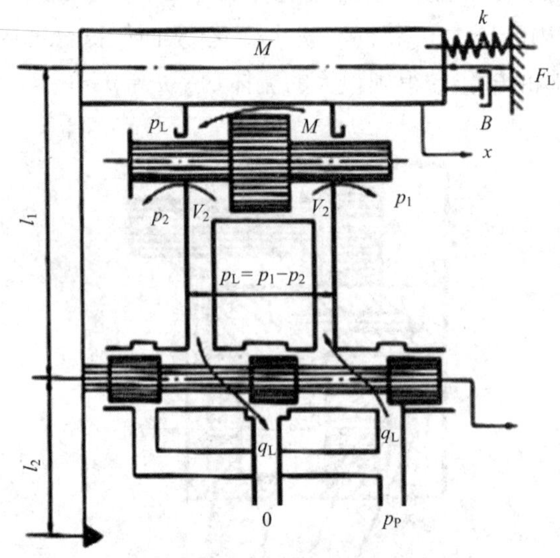

图 10-9 机液位置伺服系统动态计算简图

10.3.1 动力机构的基本方程

(1)滑阀的流量方程

式(10-3)为零开口四边滑阀的线性化流量方程:

$$q_L = K_q x_s - K_C p_L$$

(2)液压缸的流量连续方程

从阀进入液压缸的流量 q_1 除了使液压缸产生速度外,还要补偿液压缸的内、外泄漏以及液体的体积变化量。液压缸进油腔的流量连续方程为

$$q_1 = A\frac{dx}{dt} + C_i(p_1 - p_2) + C_e p_1 + \frac{V_{10} + Ax}{K}\frac{dp_1}{dt}$$

同理,可得到液压缸回油腔的流量连续方程:

$$q_2 = A\frac{dx}{dt} + C_i(p_1 - p_2) + C_e p_2 + \frac{V_{20} - Ax}{K}\frac{dp_2}{dt}$$

式中: q_1 和 q_2 为流入、流出液压缸的流量; A 为活塞的有效面积; C_i 和 C_e 为液压缸的内、外泄漏系数; p_1 和 p_2 为液压缸进油、回油腔的压力; V_{10} 和 V_{20} 为液压缸进油、回油腔的初始容积;K 为油液的体积模量。

将上述 q_1、q_2 的表达式相加,可得到液压缸的流量连续方程:

$$q_L = \frac{q_1 + q_2}{2} = A\frac{dx}{dt} + C_i(p_1 - p_2) + \frac{C_e}{2}(p_1 + p_2) + \frac{1}{2K}\left[(V_{10} + Ax)\frac{dp_1}{dt} - (V_{20} - Ax)\frac{dp_2}{dt}\right]$$

因为有

$$p_1 = \frac{p_P + p_L}{2},\ p_2 = \frac{p_P - p_L}{2}$$

则有

$$\frac{dp_1}{dt} = \frac{1}{2}\frac{dp_L}{dt},\ \frac{dp_2}{dt} = -\frac{1}{2}\frac{dp_L}{dt}$$

又因为 $V_{10} + V_{20} = V$,所以

$$(V_{10} + Ax)\frac{dp_1}{dt} - (V_{20} - Ax)\frac{dp_2}{dt} = \frac{V}{2}\frac{dp_L}{dt}$$

取 $C_1 = C_i + 0.5C_e$,可将液压缸的流量连续方程整理为

$$q_L = A\frac{dx}{dt} + C_1 p_1 + \frac{V}{4K}\frac{dp_L}{dt}$$

式中:V 为液压缸进油、回油腔的总容积;C_1 为液压缸的总泄漏系数。

(3)液压缸与负载的力平衡方程

由图 10-9 可列出带负载的液压缸力平衡方程

$$Ap_L = M\frac{d^2x}{dt^2} + B\frac{dx}{dt} + kx + F_L \tag{10-5}$$

式中: M 为缸体与负载折算到缸体上的总质量; B 为缸体与负载运动的黏性阻尼系数; k 为负载弹簧刚度;F_L 为作用在液压缸上的其他外干扰负载力。

可见,与液压缸输出力相平衡的负载,一般包括缸体与负载的惯性力、黏性阻尼力、弹簧负载力以及作用在液压缸上的其他集中外力。

10.3.2　阀控缸系统的传递函数

分别对动力机构的三个基本方程进行拉普拉斯变换,得

$$q_L(s) = K_q x_s(s) - K_C P_L(s)$$

$$q_L(s) = Asx(s) + C_1 P_L(s) + \frac{V}{4K} sp_L(s)$$

$$p_L(s) = \frac{1}{A}(Ms^2 + Bs + k)x(s) + \frac{F_L(s)}{A}$$

合并上述三个式子,得到

$$x(s)=\frac{\frac{K_q}{A}x_s(s)-\frac{K_{ce}}{A^2}\left(1+\frac{V}{4KK_{ce}}s\right)F_L(s)}{\frac{VM}{4KA^2}s^3+\left(\frac{K_{ce}M}{A^2}+\frac{BV}{4KA^2}\right)s^2+\left(1+\frac{BK_{ce}}{A^2}+\frac{kV}{4KA^2}\right)s+\frac{K_{ce}k}{A^2}} \tag{10-6}$$

式中：K_{ce} 为总流量；$K_{ce}=K_C+C_1$，其中 K_C 为压力系数，

式(10-6)给出了液压缸对阀输入位移 $x_s(s)$和外干扰负载力 $F_L(s)$同时作用时的响应特性。该传递函数是十分通用的，适用于任何一种四边阀构成的液压动力机构。实际应用中的负载往往很简单，在特定情况下忽略一些因素，可使传递函数的形式大大简化。例如，对于位置伺服系统，通常没有弹性负载，即 $k=0$；液压缸通常黏性阻尼很小，故 $B\approx0$。因此，可得到式(10-6)的简化形式：

$$x(s)=\frac{\frac{K_q}{A}x_s(s)-\frac{K_{ce}}{A^2}\left(1+\frac{V}{4KK_{ce}}s\right)F_L(s)}{s\left(\frac{VM}{4KA^2}s^2+\frac{K_{ce}M}{A^2}+1\right)}=\frac{\frac{K_q}{A}x_s(s)-\frac{K_{ce}}{A^2}\left(1+\frac{V}{4KK_{ce}}s\right)F_L(s)}{s\left(\frac{s^2}{\omega_h^2}s^2+\frac{2\xi_h}{\omega_h}s+1\right)}$$

式中：ω_h 为系统的液压固有频率，$\omega_h=\sqrt{\frac{4KA^2}{VM}}$；$\xi_h$ 为系统的阻尼比，$\xi_h=\frac{K_{ce}}{A}\sqrt{\frac{KM}{V}}$。

10.4 液压伺服系统

液压动力机构实际上是一个开环控制系统，它是液压伺服控制系统的最基本组成部分，实际再加上反馈元件和比例元件就构成了闭环控制的完整的液压伺服控制系统。如果反馈机构是杠杆、齿轮 - 齿条或丝杠 - 螺母等机械元件，就构成了机械液压传动系统。该伺服系统没有电子元件，结构简单、工作可靠、易于维护。机械伺服系统主要用于位置控制、如液压仿形机床、车辆的液压动力转向装置、电液脉冲马达、飞机舵面助力操纵系统等。现以液压仿形刀架为例，分析机液伺服系统的特性。

10.4.1 机液伺服系统的组成

如图 10-10 所示，在仿形刀架液压伺服控制系统中，系统的动力机构为“阀控缸”，连接阀芯与缸体的杠杆为反馈元件。系统的输入信号为杠杆的位移 x_i，输出量为缸体的位移 x。当有 $-x_i$ 时，伺服阀芯相应产生位移 x_s，打开阀口，液压油进入液压缸，推动缸体及负载移动。通过反馈杠杆，将缸体运动后所处位置 x 反馈回来与输入位移 x_i 进行比较，给出伺服阀的开口量 x_s(偏差信号)，形成闭环控制，直到开口量等于 0 时，液压缸停止运动。系统的组成和工作过程可用系统结构框图表示，如图 10-10 所示。

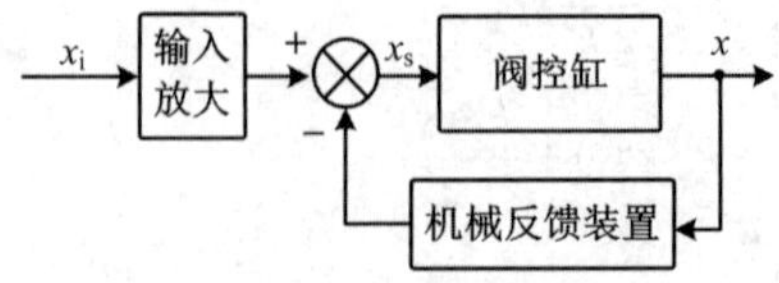

图 10-10 机液伺服系统结构框图

当杠杆位移较小时，伺服阀开口量 x_s 与杠杆输入 x_i、液压缸输出 x 之间的关系可由杠杆及缸体的几何关系（图 10-11）求出。

$$x_s = x_{s1} + x_{s2} - x$$

$$x_s(s) = \frac{l_1}{l_1 + l_2} x_{si}(s) - \frac{l_1}{l_1 + l_2} x_s(s) = K_i x_{si}(s) - K_j x_s(s) \tag{10-8}$$

式中：K_i 为输入放大系数；K_j 为反馈系数。

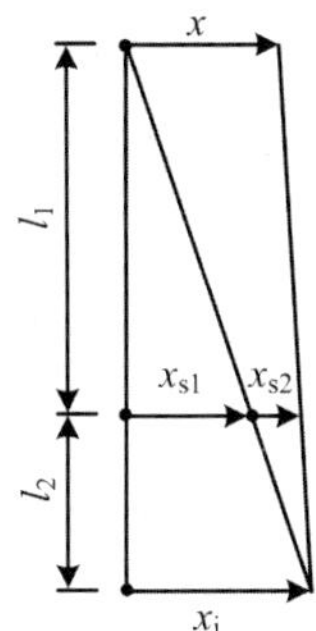

图 10-11　杠杆及缸体运动的几何关系

由阀控缸的传递函数式（10-7）和式（10-8）可画出机液伺服系统的框图，如图 10-12 所示。

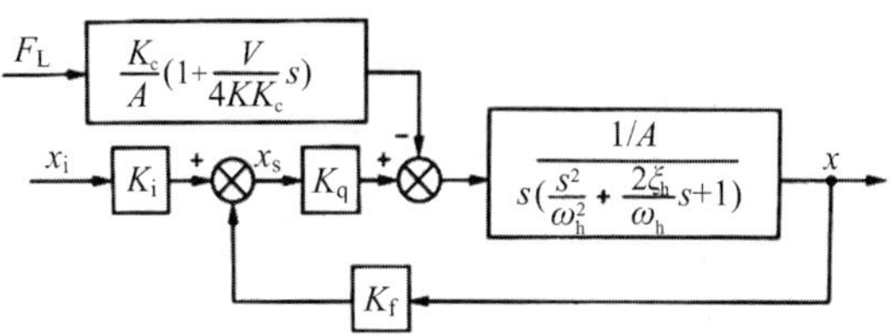

图 10-12　机液位置伺服系统方块图

10.4.2　系统的稳定性性分析

稳定性是系统的重要特性，是控制系统正常工作的首要条件，根据系统框图可得到机液伺服系统的开环传递函数为

$$G(s)H(s) = \frac{K_v}{s\left(\frac{s^2}{\omega_h^2} + \frac{2\xi_h}{\omega_h} s + 1\right)} \tag{10-9}$$

式中：K_v 为系统开环放大系数，$K_v = \frac{K_f K_q}{A}$。

$$1 + G(s)H(s) = \frac{s^3}{\omega_h^2} + \frac{2\xi_h}{\omega_h} s^2 + s + K_v = 0$$

上式是一个三阶方程，用劳斯 - 胡尔维茨判据判别稳定性较为方便。由此判据可得系

统的稳定性条件为

$$\frac{2\xi_h}{\omega_h}-\frac{K_v}{\omega_h^2}>0$$

即

$$K_v<2\xi_h\omega_h \tag{10-10}$$

系统的稳定性条件表明：为了使系统稳定，其开环放大系数 K_v 受液压固有频率 ω_h 和阻尼比 ξ_h 的限制。而且由前述对滑阀系数的分析及开环放大系数与阻尼比的表达式可知，系统在原点工作时稳定与否是至关重要的。但是系统只满足稳定条件是不够的，为了防止元件参数变化造成的不稳定，应使系统具有一定的稳定余量。根据系统的开环传递函数作出其伯德图，即可确定系统的幅值余量和相位余量是否满足要求。

10.4.3 系统的稳态误差分析

稳态误差表示系统的控制精度，由给定输入（触销位移）和干扰信号（外负载力）引起，分别称为跟随误差和负载误差。

（1）跟随误差

由式（10-9）可知，机液伺服系统是一个Ⅰ型系统，根据控制理论，Ⅰ型系统对三种典型输入信号的稳态误差如下。

1）输入阶跃信号，$e_{ss}=0$。

2）输入斜坡（速度）信号，$e_{ss}=v/K_v$，即误差与输入速度 v 呈正比，与系统开环增益 K_v 成反比。

3）输入加速度信号，$e_{ss}=\infty$，可见系统不能跟踪加速度信号。

（2）负载误差

由图 10-11 可求得系统对外负载力干扰的误差传递函数为

$$\phi_{eL}(s)=\frac{E_L(s)}{F_L(s)}=\frac{\dfrac{K_{ce}}{A^2}\left(\dfrac{V}{4KK_c}s+1\right)}{s\left(\dfrac{s^2}{\omega_h^2}+\dfrac{2\xi_h}{\omega_h}s+1\right)+K_v}$$

根据拉氏变换终值定理，稳态负载误差为

$$e_{ssL}=\lim_{t\to\infty}e_L(t)=\lim_{s\to 0}sE_L(s)=\lim_{s\to 0}s\phi_{eL}(s)\cdot F_L(s)$$

不同类型的外负载力干扰的负载误差不同。对于恒值负载力 F_{LO}（相当于阶跃负载），有

$$F_L(s)=\frac{F_{LO}}{s}$$

于是，

$$e_{ssL}=\frac{K_{ce}}{K_vA^2}F_{LO}=\frac{F_{LO}}{K_F}$$

$$K_{\mathrm{F}}=\frac{K_{\mathrm{v}}A^{2}}{K_{\mathrm{ce}}}$$

式中：K_{F} 为系统的闭环静刚度，即负载误差与外负载力成正比，与闭环静刚度成反比。

根据上述对两类稳态误差分析可以看出，提高开环放大系数 K_{v}，对于减小跟随误差和负载误差都是有利的，从而可以改善系统的工作精度，但受稳定性限制。此外，设法减小伺服滑阀的流量压力系数 K_{C}，也可减小负载误差，但导致系统的阻尼比同时减小。可见，提高液压伺服系统的精度与保证其稳定性是彼此矛盾的，应在确保系统稳定性前提下提高精度。

10.5　电液伺服系统

因电气电子元件在传递、运算、参量转换等方面的快速、方便，在自动化控制系统中被广泛使用充当信号比较、放大、反馈检测等元件。电液伺服阀是连接电信号和液压信号的桥梁，是整个电液伺服系统的核心元件。

10.5.1　电液伺服阀

（1）力反馈两级伺服阀

电液伺服阀按照液压放大器的级数，可分为单级阀、双级阀、三级阀等；按照阀芯位置反馈形式，可分为力反馈、直接反馈、机械反馈、电反馈、和弹簧对中式等。其中，以 QDY 系列力反馈两级电液伺服阀最具代表性，如图 10-13 所示。这种电液伺服阀主要有力矩马达（电气 - 机械转换器）、液压前置放大级（双喷嘴 - 挡板阀）和液压功率放大级（滑阀）三部分组成。其中，力矩马达部分包括一对永久磁铁 1、导磁体 2 和 4、衔铁 3、控制线圈 12 和弹簧管 11。衔铁 3 与挡板 5 连接在一起，由固定在阀座 10 上的弹簧管座支撑，挡板下部的反馈杆端为一球头，嵌放在滑阀 9 阀芯的凹槽内，将阀芯与衔铁挡板组件相连。该阀的基本构成如图 10-14 所示。

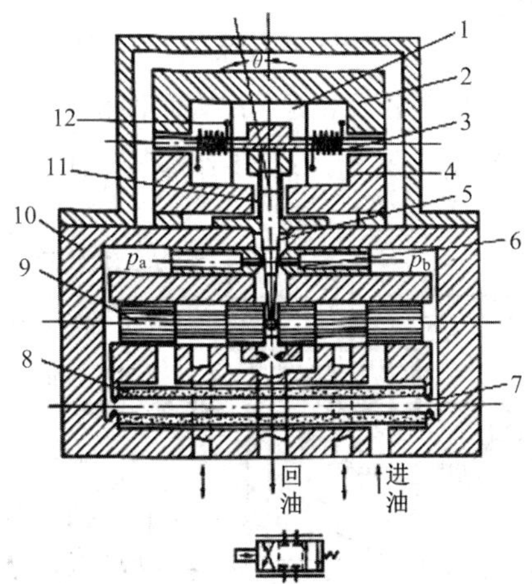

图 10-13　QDY 电液伺服阀原理图

1—永久磁铁；2、4—导磁体；3—衔铁；5—挡板；6—喷嘴；7—固定节流孔；8—滤油器；9—滑阀；10—阀座；11—弹簧管；12—线圈

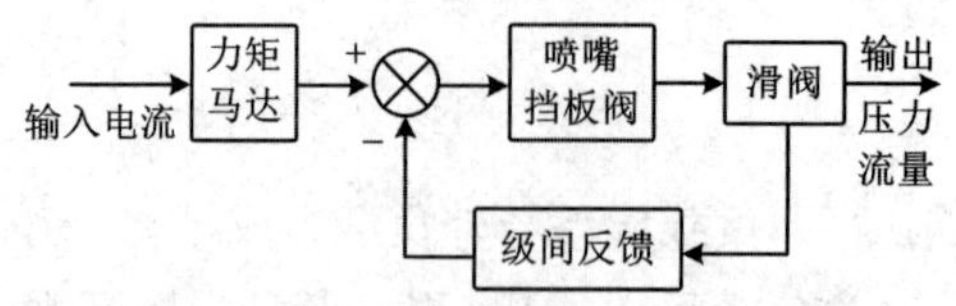

图 10-14 电液伺服阀的基本构成

（2）工作原理

力矩马达把输入的电信号（电流）转换成电磁力矩输出。控制线圈输入无信号电流时，永久磁铁和导磁体形成的固定磁场使导磁体和衔铁之间四个气隙中的磁通 Φ_g 相等，因此，力矩马达无力矩输出，衔铁、挡板均处在中间位置，喷嘴 a、b 输出的控制压力相等，滑阀阀芯在反馈杆小球的约束下也处于中间位置，电液伺服阀无液压信号输出。当力矩马达的控制线圈输入信号电流时，产生的控制磁通 Φ_c 与 Φ_g 合成后，使四个气隙中的磁通不再相等，力矩马达输出电磁力矩使衔铁绕弹簧管中心偏转，带动挡板偏移，喷嘴挡板在喷嘴 a、b 阀输出的控制压力差作用下，推动阀芯移动。与此同时，反馈杆产生弹性变形，对衔铁挡板组件的偏转产生反转矩，使挡板的偏移量减小，这就是力反馈作用。反馈作用的结果使滑阀阀芯两端的压力差减小。当阀芯上的液压作用力与反馈杆弹性变形力相平衡时，阀芯不再移动而保持在此开度，电液伺服阀则输出相应流量。这种阀的输出流量与输入的控制电流成正比。输入电流反向时，输出流量也反向。

10.5.2 电液伺服系统

电液伺服系统是最常见的伺服系统，由于所采用的指令装置、反馈测量装置与相应的电子元件不同，可以有模拟伺服系统、数字伺服系统、数 - 模混合伺服系统。

用于机床工作台位置控制的电液伺服系统工作原理如图 10-15 所示，两个电位器连接成桥式电路用于测量输入（指令电位器）与输出（工作台位置）之间的位置偏差（用电压表示）。工作台的位置随指令电位器滑臂的变动而变动。若反馈电位器滑臂电位与指令电位器滑臂电位不相等时，产生偏差电压，通过电子放大器放大，转换成电流，再经电液伺服阀转换并输出液压能，推动液压缸，驱动工作台向消除偏差的方向运动。当两个电位器滑臂处于相同电位位置时，无偏差电压，工作台停止运动，从而使机床工作台位置总是按照指令电位器给定的规律变化，实现位置控制。这种系统的结构框图如图 10-16 所示。

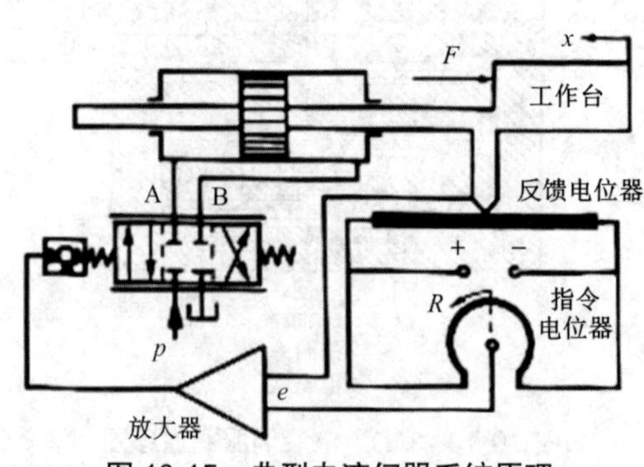

图 10-15 典型电液伺服系统原理

在电液位置伺服系统中，除了液压动力元件外，其他都是惯性较小的电气、电子元件。在系统分析时，一般来说，这些小惯性环节，甚至电液伺服阀都可以近似看作比例环节。因此，系统框图最终都可以简化成与机液位置伺服系统相似的形式，系统的开环传递函数也是比例、积分加振荡环节。所以，对机液伺服系统的分析，对于简化后未加校正的伺服系统也是适用的。

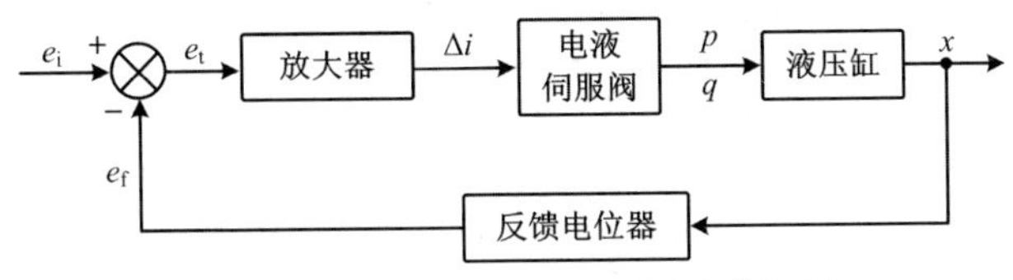

图 10-16　电液位置伺服系统结构框图

思考题与习题

10-1　液压仿形刀架的液压伺服系统为何将伺服滑阀的阀体与液压缸的缸体固连成一体？若将二者分开，会有什么后果？

10-2　何为伺服阀的零位特性？为什么零位阀系数对液压伺服系统的稳定性至关重要？

10-3　已知某单位反馈液压位置伺服系统的开环传递函数为

$$G(s)=\frac{K}{s\left(s^2+10s+100\right)}$$

试求使系统稳定的 K 值范围。

10-4　在力反馈电液伺服阀中，什么叫力反馈？力反馈是通过什么元件实现的？

附录A　常用液压图形符号

附表1　液压泵、液压马达和液压缸

名称		符号	说明
液压泵	液压泵		一般符号 
	单向定量液压泵		简化符号
	双向定量液压泵		简化符号
	单向变量液压泵		简化符号
	双向变量液压泵		简化符号
泵 - 马达	定量液压泵 - 马达		简化符号 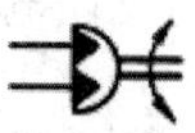
	双向变量液压泵 - 马达		外部泄油 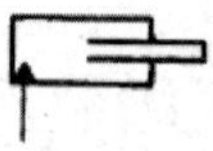
	液压整体式传动装置		单向流动变排量泵、定排量马达 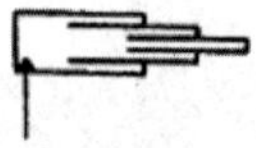
活塞缸	单杆活塞缸		简化符号
	双杆活塞缸		简化符号

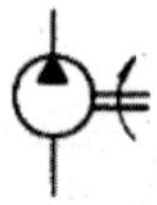

名称		符号	说明
液压马达	液压马达		一般符号
	单向定量液压马达		简化符号
	双向定量液压马达		简化符号
	单向变量液压马达		简化符号
	双向变量液压马达		简化符号
	摆动式液压马达		双向摆动、定角度
柱塞缸	柱塞缸		简化符号
	伸缩缸		简化符号
单杆弹簧活塞缸	常伸式		简化符号
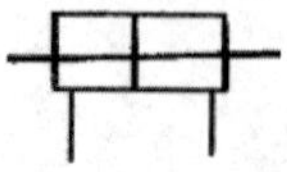	常缩式	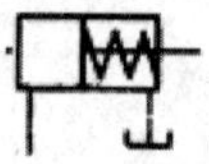	简化符号

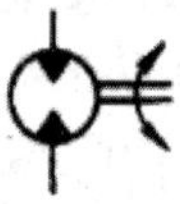

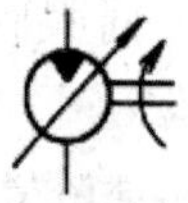

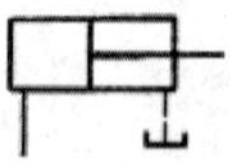

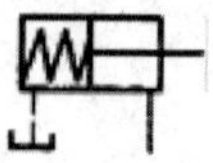

附表2 压力控制阀

名称		符号	说明	名称		符号	说明
溢流阀	直动式溢流阀		简化符号	减压阀	直动试定值减压阀		简化符号
	先导式溢流阀	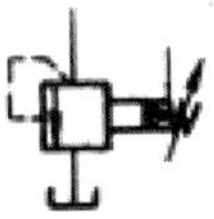	简化符号		直动式定差减压阀		简化符号
	直动式比例溢流阀	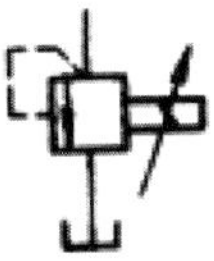	简化符号		直动式定比减压阀	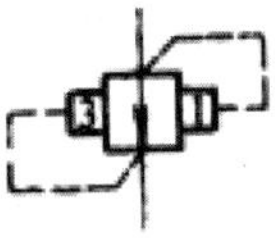	减压比1/3
	先导式比例溢流阀		简化符号		先导型减压阀		简化符号
	卸荷溢流阀	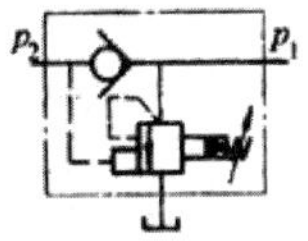	简化符号		溢流减压阀		简化符号
	双向直动式溢流阀	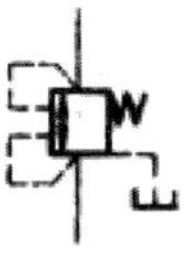	简化符号	卸荷阀	直动式卸荷阀	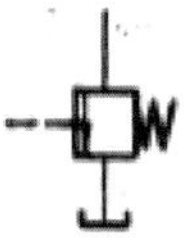	简化符号
	双溢流制动阀	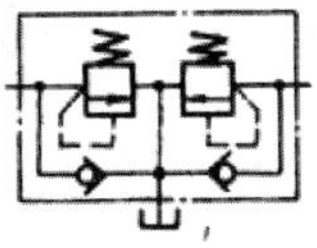	简化符号		先导式电磁卸荷阀	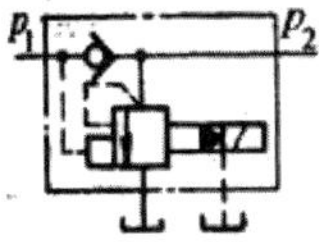	组合阀 $p_1>p_2$
	溢流油桥制动阀	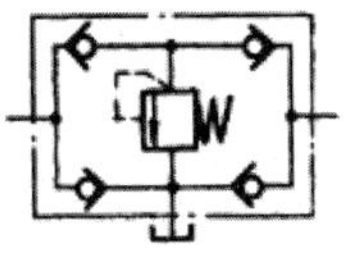	简化符号	顺序阀	直动式顺序阀	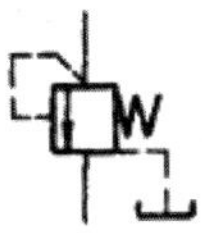	简化符号
平衡阀	单向顺序阀	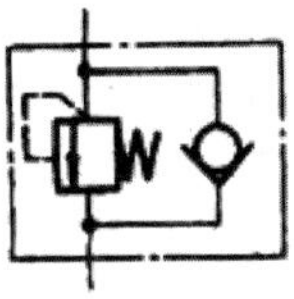	简化符号		先导型顺序阀	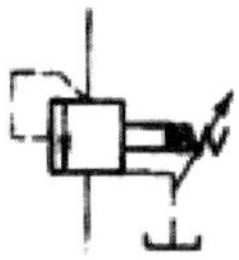	简化符号

附表 3　方向控制阀

名称		符号	说明
单向阀	普通单向阀		简化符号
	液控单向阀		简化符号
			液压锁
换向阀	二位二通电磁阀		常断
			常通
	二位三通电磁阀		简化符号
	二位三通电磁球阀		简化符号
	二位四通电磁阀		简化符号
	二位五通液动阀		简化符号
	二位四通机动阀		简化符号
换向阀	三位四通电磁阀		简化符号
	三位四通电液阀		简化符号（内控外泄）
	三位六通手动阀		简化符号
	三位五通电磁阀		简化符号
	三位四通电液阀		外控内泄（带手动应急控制装置）
	三位四通比例阀		节流型，中位正遮盖
	三位四通比例阀		中位负遮盖
梭阀	或门型		简化符号
	与门型		简化符号

附表4 辅助元件

名称		符号	说明	名称		符号	说明
油箱	开式油箱		管端在液面上	蓄能器	蓄能器		一般符号
			管端在油箱底（顶置式）		气体隔离式		简化符号
			管端在液面下		重锤式		简化符号
	密闭式油箱	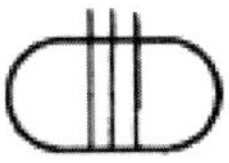	三条管路		弹簧式		简化符号
检测仪	压力指示器		简化符号	压力继电器			一般符号
	压力表		简化符号	热交换器	冷却器		一般符号
	电接点压力表		简化符号		加热器		一般符号
				过滤器	过滤器		一般符号
	液位计		简化符号		带污染指示器的过滤器	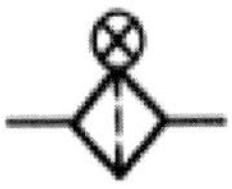	一般符号
	流量计		简化符号		磁性过滤器		一般符号
	温度计		简化符号		带旁通阀的过滤器		一般符号

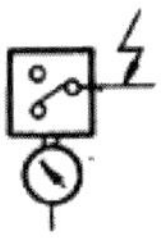

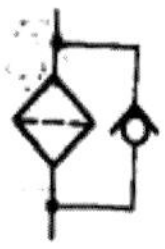

附表 5　流量控制阀

名称		符号	说明	名称		符号	说明
节流阀	可调节流阀		简化符号	调速阀	调速阀		简化符号
	不可调节流阀		简化符号		旁通型调速阀		简化符号
	单向节流阀		组合阀		温度补偿型调速阀		简化符号
截止阀			简化符号		单向调速阀		简化符号

附表 6　管路和接头

名称		符号	说明	名称		符号	说明
管路	工作管路		硬管	接头	快换接头		不带单向阀
	连接管路		硬管				带单向阀
	交叉管路		硬管不连通		旋转接头		单通路旋转接头
	柔性管路		软管				三通路旋转接头

附录 B　习题参考答案

第 2 章

2-6　$V_A=\rho g(h_1+h_2)$；$V_b=\rho g h_1$

2-7　$x_0=\dfrac{p\pi(D^2-D_0^2)}{4k}$

2-8　（1）$p_2=\dfrac{q_2}{q_1}p_1$；（2）$p_2=\left(\dfrac{q_2}{q_1}\right)^2 p_1$

2-9　$t=\dfrac{Q}{\dfrac{\pi d^2}{4}\sqrt{2\left(Hg-\dfrac{p_1}{\rho}\right)}}$

第 3 章

3-4　（1）$\eta_V=\dfrac{q_v}{q_{vt}}$；（2）$\eta_m=\dfrac{\eta}{\eta_V}$；（3）$P_i=\dfrac{p\cdot q_v}{\eta}$

第 4 章

4-1　$d=\sqrt{\dfrac{4q}{\pi v}}$；$D=2\sqrt{2}\sqrt{\dfrac{q}{\pi v}}$；$F=\dfrac{q}{v}p$

4-2　（1）$P_{op}=p_P V_P n_P \eta_{VP}$；（2）$P_{ip}=\dfrac{p_P V_P n_P}{\eta_{mP}}$；（3）$n_M=\dfrac{V_P n_P \eta_{VP}}{V_M}\times\eta_{VM}$，

$T_M=\dfrac{(p_P-\Delta p)V_M\eta_{mM}}{2\pi}$，$P_{oM}=(p_P-\Delta p)V_P n_P \eta_{VP}\eta_{mM}\eta_{VM}$

4-3 图（a），$F=p\times\dfrac{\pi}{4}\left(D^2-d^2\right)$，$v=\dfrac{4q}{\pi(D^2-d^2)}$，缸 体 向 左；图（b），$F=p\times\dfrac{\pi}{4}d^2$，$v=\dfrac{4q}{\pi d^2}$，缸体向右；图（c），$F=p\times\dfrac{\pi}{4}d^2$，$v=\dfrac{4q}{\pi d^2}$，缸体向右。

第 5 章

5-9　（a）$p=\min(p_A,p_B,p_C)=p_C=2$ MPa；（b）$p=p_A+p_B+p_C=p_A=11$ MPa。

5-10　油泵的压力有七级，数值各为 0、2、4、6、8、10、12 MPa。

第 7 章

7-1　（1）当 $p_2=0.5$ MPa 时，$F=20\ 000$ N。当 $p_2=2.5$ MPa 时，$F=0$ N；当 $p_2=3$ MPa 时，$F=-5\ 000$ N；（2）活塞的运动速度相等，从溢流阀流出的油相同。

参考文献

[1] 蔺国民. 液压与气动技术学习指导暨习题集 [M]. 北京：北京理工大学出版社，2009.

[2] 陈桂芳. 液压与气动技术 [M]. 北京：北京理工大学出版社，2007.

[3] 王积伟. 液压与气压传动 [M]. 北京：机械工业出版社，2009.

[4] 蔺国民，李锁牢. 液压与气压传动 [M]. 北京：西苑出版社，2011.

[5] 侯会喜，蔺国民，等. 液压与气动技术 [M]. 北京：北京理工大学出版社，2010.

[6] 蔺国民，尚苗，刘宇光，等. 一种集成化自行摆动式齿轮齿条液压缸：201711166062.X[P]. 2017-11-21.

[7] 蔺国民，王永富，尚苗. 一种液压平衡阀：201510041150.1[P]. 2015-01-27.

[8] 蔺国民，王永富，尚苗. 一种液压调速阀：201420835980.2[P]. 2015-07-01.

[9] 陈淑梅. 液压与气压传动（英汉双语）[M]. 北京：机械工业出版社，2008.

[10] 梁洪洁. 液压与气压传动案例教程 [M]. 西安：西安电子科技大学出版社，2012.

[11] 郭侠，薛培军. 液压与气动技术 [M]. 北京：化学工业出版社，2015.

[12] 孙涛. 液压与气动技术 [M]. 长沙：中南大学出版社，2010.

[13] 刘军营. 液压与气压传动 [M]. 西安：西安电子科技大学出版社，2008.

[14] 明仁雄. 液压与气压传动学习指导 [M]. 北京：国防工业出版社，2009.

[15] 赵静一. 液压气动系统常见故障分析与处理 [M]. 北京：化学工业出版社，2009.

[16] 齐晓杰. 汽车液压、液力与气压传动技术 [M]. 北京：化学工业出版社，2005.

[17] 万会雄. 液压与气压传动 [M]. 北京：国防工业出版社，2008.

[18] 蔺国民，严黎明，于彩云，等. 一种液压传动跷跷板：202011345874.2[P]. 2020-11-25.

[19] 成大先. 机械设计手册：液压传动 [M]. 北京：化学工业出版社，2010.

[20] 何发明. 液压与气动技术学习及训练指南 [M]. 北京：高等教育出版社，2002.

[21] 蔺国民. 一种行程控制自动换向液压回路：201710772142.3[P]. 2017-08-31.

[22] 胡海清，陈爱民. 液压与气动控制技术 [M]. 北京：北京理工大学出版社，2006.

[23] 侯会喜. 液压与气动技术 [M]. 北京：冶金工业出版社，2008.

[24] 湛从昌. 液压可靠性与故障诊断 [M]. 北京：冶金工业出版社，2009.

[25] 龚烈航. 液压系统污染控制 [M]. 北京：国防工业出版社，2010.

[26] 王积伟. 液压与气压传动习题集 [M]. 北京：机械工业出版社，2006.

[27] 王晓燕，陈闽鄂，吴少爽. 液压与气动技术（项目化教程）[M]. 北京：化学工业出版社，2014.

[28] 何大均. 液压传动习题与选解 [M]. 重庆：科学技术文献出版社，2007.